计算机类本科系列教材

关系数据库设计、技术与实践教程

范剑波　李　俊　安　鹏　编著
刘良旭　李庆风　楼建明　参编

電子工業出版社
Publishing House of Electronics Industry
北京·BEIJING

内 容 简 介

本书内容集关系数据库设计、技术和实践于一体，设计的目标是帮助学生掌握关系数据库结构设计和行为设计的方法；技术的目标是帮助学生掌握关系数据库 SQL 语言；实践的目标是帮助学生通过实验能进行数据库应用系统的开发。本书分三篇共 10 章，第 1 篇设计篇，内容包括关系数据库基础、关系数据库建模、关系数据库模式设计和关系数据库设计；第 2 篇技术篇，内容包括 SQL Server 2012 综述、SQL Server 的 T-SQL I 和 SQL Server 的 T-SQL II；第 3 篇实践篇，内容包括 SQL Server 基础实验、SQL Server 综合实验和数据库设计实验。本书建议总学时为 48～64 学时，其中上机实验为 16 学时，部分章节内容可根据需要选讲。

本书可作为应用型高等学校计算机类及相关专业本科生或专科生的教材，也可供 IT 行业的科技人员和工程技术人员参考。

图书在版编目（CIP）数据

关系数据库设计、技术与实践教程 / 范剑波，李俊，安鹏编著. — 北京 : 电子工业出版社，2020.8
ISBN 978-7-121-39408-9

Ⅰ. ①关… Ⅱ. ①范… ②李… ③安… Ⅲ. ①关系数据库系统－高等学校－教材 Ⅳ. ①TP311.138

中国版本图书馆 CIP 数据核字（2020）第 153667 号

责任编辑：凌 毅
印　　刷：涿州市般润文化传播有限公司
装　　订：涿州市般润文化传播有限公司
出版发行：电子工业出版社
　　　　　北京市海淀区万寿路 173 信箱　邮编 100036
开　　本：787×1 092　1/16　印张：15　字数：403 千字
版　　次：2020 年 8 月第 1 版
印　　次：2024 年 7 月第 4 次印刷
定　　价：45.00 元

凡所购买电子工业出版社图书有缺损问题，请向购买书店调换。若书店售缺，请与本社发行部联系，联系及邮购电话：(010)88254888，88258888。

质量投诉请发邮件至 zlts@phei.com.cn，盗版侵权举报请发邮件至 dbqq@phei.com.cn。

本书咨询联系方式：(010)88254528，lingyi@phei.com.cn。

前　言

数据库技术是计算机科学技术中发展最快的领域之一，也是应用最广的技术之一，它已成为计算机信息系统与应用系统的核心技术和重要基础。宁波工程学院明确应用型定位与“争试点创示范”目标，2015 年成为浙江省应用型建设试点示范高校，2016 年入选国家产教融合发展工程建设高校，其中计算机应用技术专业于 1998 年成为教育部计算机示范性专业，计算机科学与技术专业于 2010 年被教育部列入“卓越工程师教育培养计划”首批试点专业，2018 年顺利通过本科专业审核评估和国际工程教育专业认证，2020 年 3 月入选教育部“双万计划”中的省级一流专业。本书第一作者曾是该专业的负责人，本着“应用型本科教材的编写应注重与工程应用相结合，注重与能力培养相联系，注重与目标达成相一致”的指导思想，与课程团队一起对 10 多年来数据库课程教学与科研工作的实践进行总结并编撰成书。

从 2004 年起，我们就建立了数据库课程体系：程序设计类（面向对象程序设计、Java 程序设计/C#程序设计）→数据库设计类（数据库理论与技术、数据库技术课程设计）→数据库应用开发实践类（Web 应用设计与开发基础、Java Web/.NET Web 应用开发、Android/iOS 平台应用与开发）→毕业设计提高类（网络数据库应用系统开发）。该课程体系与 IT 职业岗位需求直接相关，是培养卓越软件工程师的核心内容，在教学计划中处于关键地位，为学生完成应用开发实践和毕业设计提供了技术支持。另外，“数据库课程体系的改革研究与实践”项目被评为浙江省高等学校教学成果奖二等奖（浙教高教〔2009〕153 号），“数据库课程体系教学团队”被评为浙江省高等学校省级教学团队（浙教高教〔2009〕212 号），《数据库理论与技术》教材被评为浙江省重点建设教材（浙教高教〔2011〕10 号）。

本书的特色如下：

（1）内容集关系数据库设计、技术和实践于一体。设计的目标是帮助学生掌握关系数据库结构设计和行为设计的方法；技术的目标是帮助学生掌握关系数据库 SQL 语言；实践的目标是帮助学生通过实验能进行数据库应用系统的开发。第 1～4 章属于关系数据库基础理论，第 5～10 章属于关系数据库技术、实践。

（2）注重实用性、简明性和易读性，所有难点、重要知识点均通过例子、图示等进行解释和总结。第 1～7 章中，每章均有 3 个典型案例介绍，用来帮助学生加深对重要知识点的理解；第 8～10 章中的实验内容均为平时教学过程的积累。

（3）附录 A 中提供的“数据库理论与技术”课程教学大纲是按照国际工程教育专业认证的要求编写的，有助于向读者展示工程教育的 OBE 理念；附录 B 中提供的“数据库理论与技术”课程模拟试题及参考答案，有助于任课教师根据教学大纲的要求给学生出题，也有助于学生根据教学大纲的要求进行复习。

（4）配套资源情况：**本书配有电子课件、程序源代码等教辅资源**，读者可登录华信教育资源网（www.hxedu.com.cn）下载，或者向作者（jbfan@163.com）索取。另外，“数据库理论与技术”课程的慕课平台网址为 https://mooc1.chaoxing.com/course/206435382.html，有兴趣的读者可以通过慕课平台进行学习。

本书分三篇共 10 章。第 1 篇设计篇，内容包括关系数据库基础、关系数据库建模、关系数据库模式设计和关系数据库设计；第 2 篇技术篇，内容包括 SQL Server 2012 综述、SQL Server 的 T-SQL I 和 SQL Server 的 T-SQL II；第 3 篇实践篇，内容包括 SQL Server 基础实验、SQL Server 综合实验和数据库设计实验。本书建议总学时为 48～64 学时，其中上机实验 16 学时，部分章节内容可根据需要选讲。

本书可作为应用型高等学校计算机类及相关专业本科生或专科生的教材，也可供 IT 行业的科技人员和工程技术人员参考。

本书主要由宁波工程学院范剑波教授编写，李俊博士校对了各章节的内容，安鹏教授对本书在教学改革方面提出了很好的建议，刘良旭教授、李庆风教授和楼建明教授在教学、教材编写与出版过程中给予了积极的帮助，在此一并表示衷心的感谢。

限于作者水平，书中难免存在错误和不妥之处，殷切期望广大读者给予指正。

作者

2020 年 7 月

目　　录

第1篇　设计篇

第 2 篇 技术篇

第3篇 实践篇

第 1 篇　设计篇

☞ 关系数据库基础

☞ 关系数据库建模

☞ 关系数据库模式设计

☞ 关系数据库设计

第1章　关系数据库基础

☞本章目标

本章主要介绍数据库系统的应用和研究、文件系统与数据库系统、数据描述和数据模型、关系模型的基本概念、关系代数、典型案例分析等内容，其中学习并掌握好数据描述和数据模型、关系代数、典型案例分析尤为重要，不仅能加深对本章内容的理解，而且能对后续章节的学习打下比较扎实的基础。

1.1　数据库系统的应用和研究

1.1.1　数据库系统的应用

数据库系统是在计算机系统中引入数据库技术以后所形成的系统，其应用的范围非常广泛。数据库系统在以下行业或领域有代表性的应用。

① 银行业：用于存储客户的信息、账户、贷款及银行的交易记录等。

② 航空业：用于存储订票和航班的信息等。航空业是最先以地理分布的方式使用数据库的行业之一。

③ 大学：用于存储学生的个人信息、课程和成绩等。

④ 信用卡交易：用于记录信用卡消费的情况并产生每月消费清单。

⑤ 电信业：用于存储通话记录，产生每月账单，维护预付电话卡的余额和存储通信网络的信息。

⑥ 金融业：用于存储股票、债券等金融票据的持有、出售和买入的信息，也可用于存储实时的市场数据以便客户能够进行联机交易，公司能够进行自动交易。

⑦ 销售业：用于存储客户信息、产品及购买情况等。

⑧ 联机的零售商：用于存储产品的销售数据，以及实时跟踪订单、生成推荐品清单，还有实时产品评估的维护等。

⑨ 制造业：用于管理供应链，跟踪工厂中产品的生产情况、仓库和商店中产品的详细清单及产品的订单等。

⑩ 人力资源：用于存储雇员个人信息、工资、所得税和津贴等，以及产生工资单。

正如以上所列举的，数据库系统的应用已经成为当今几乎所有企业、学校、行政和事业单位不可缺少的部分。但在早期，很少有人直接和数据库系统打交道，所以人们并没有意识到他们在与数据库间接地打着交道。例如，通过打印的报表（如信用卡的对账单）或通过代理（如银行的出纳员和机票预订代理等）间接与数据库发生联系。20世纪90年代末的互联网革命急剧地增加了用户对数据库的直接访问。例如，当你访问一家在线书店，浏览一本书时，其实你正在访问存储在某个数据库中的数据，并且当你确认了一个网上订购后，你的订单也就保存在了某个数据库中；当你访问一家银行网站，检索你的账户余额和交易信息时，这些信息也是从银行的数据库系统中提取出来的。

尽管用户界面隐藏了访问数据库的细节，大多数人甚至没有意识到他们正在和一个数据库打交道，然而访问数据库已经成为当今几乎每个人生活中不可缺少的部分，这已经从另一个角度肯定了数据库系统应用的重要性。如今，像 Oracle 这样的数据库系统厂商已成为世界上最大的软件公司之一，并且在微软和 IBM 等这些有多样化产品的公司中，数据库系统的产品也是其产品线的一个重要组成部分。

1.1.2 数据库系统的研究

数据库系统是一个实际可运行的，按照数据库的方式存储、维护和向应用系统提供数据或信息支持的系统，也可以说是在计算机系统中引进了数据库技术后所形成的系统，它包括计算机基本系统（指硬件和操作系统、实用程序等软件）、数据库管理系统（指基于某种数据模型对数据进行管理的系统软件）、数据库（指以一定的组织方式存储在一起的相互关联的数据的集合）和工作人员（指数据库管理员、系统分析员、数据库设计员、应用程序员和用户）。数据库系统的研究包括以下 3 个方面。

1．数据库管理系统的研究

主要围绕数据库管理系统（DBMS）应具有什么样功能和应如何实现的问题进行研究。当前，数据库管理系统的研究已从集中式数据库管理系统向分布式数据库管理系统（DDBMS）、知识库管理系统（KBMS）等方向延伸，并扩展到各种应用领域。

2．数据库理论的研究

主要围绕关系数据库理论、事务理论、逻辑数据库、面向对象数据库、知识库等方面的研究，探索新思想的表达、提炼、简化，最后使其为人们所理解。还包括研究新算法以提高数据库效率。

3．数据库设计方法及工具的研究

数据库设计的主要含义是在数据库管理系统的支持下，按照应用要求为某一部门或组织设计一个结构良好、使用方便、效率较高的数据库及其应用系统。目前这一领域正在进行数据库设计方法、设计工具和理论的研究，数据模型和数据建模的研究，计算机辅助数据库设计方法及其软件系统的研究，数据库设计规范和标准的研究等。

1.2 文件系统与数据库系统

1.2.1 数据、信息和数据处理

数据是数据库系统研究和处理的对象，它是对信息的一种符号化表示。数据分为狭义数据和广义数据，其中狭义数据是指字符（含数字等）、文字等数据，广义数据是指声音、图像和视频等数据。总体上说，凡是能输入计算机中并能被计算机处理的东西都是数据。而信息则是现实世界中各种事物的存在特征、运动形态及不同事物间的相互联系等在人脑中的抽象反映，进而形成概念。

注意：数据与信息是分不开的，二者既有联系又有区别，数据是信息的载体，信息是数据的内涵。

数据处理是指对各种数据进行收集、存储、整理、分类、统计、加工、利用、传播等一系列活动的统称。数据处理的目的就是要从大量的、原始的数据中抽取、推导出对人们有价

值的信息，以便能作为行动和决策的依据；同时，借助计算机科学地保存和管理这些数据，以便能充分利用这些宝贵的信息资源。

数据库技术所研究的问题就是如何科学地组织和存储数据，如何高效地获取和处理数据。数据库技术作为数据管理的最新技术，目前已广泛应用于各个领域。数据库系统已成为当今计算机系统的重要组成部分。

1.2.2 文件系统的特点与局限性

在 20 世纪 50 年代末至 60 年代，计算机不仅用于科学计算，而且已经用于数据处理。当时计算机已经有了磁鼓、磁盘等直接存取的外部存储设备（外存），为计算机进行事务管理奠定了硬件基础；同时数据结构设计和数据管理研究的软件技术也得到了迅速的发展，出现了专门的管理数据的软件，即“文件系统”。在文件系统阶段，数据管理的主要特点可概括为如下几点。

① 数据以文件的形式保存在计算机的外存中，用户可以随时通过程序对文件进行查询、修改和增删等处理。

② 文件系统有专用的数据管理软件，它能对驻留在外存中的数据文件实施统一的管理，这种专用的数据管理软件相当于现在操作系统的文件管理。由于应用程序不再需要了解数据在存储介质上的实际地址，因而大大减少了程序设计的工作量。

③ 文件组织形式不再局限于顺序文件，还出现了索引文件和链表文件等。因此，文件访问形式既可以是顺序存取，也可以是直接存取。

④ 数据的存取基本上以记录为单位。

文件系统的上述特点使得这项技术在 20 世纪 60 年代中得到了充分的发展，把计算机应用推向了一个新的高潮。但由于文件数据结构的设计仍然是基于特定用途的，所以数据结构与程序之间的依赖关系并未根本改变，从而限制了它的进一步发展。

在 20 世纪 60 年代中期以后，计算机在数据处理领域的应用迅速发展，由个别部门的应用逐步发展成多个部门的普遍应用，由简单孤立的单项应用发展为彼此相关的复杂应用，从而使管理的规模更加庞大，数据量急剧增长，共享性也更强。这就带来了数据管理上的一些新问题，现举一例加以说明。

【例 1.1】 某学校的学生处、教务处和图书馆均要使用计算机对学生的有关信息进行管理，但其各自处理的内容不同，如用文件系统实现，可按如下方式进行组织。

学生处要处理的信息包括：学号，姓名，系名，年级，专业，年龄，性别，籍贯，政治面貌，家庭住址，个人履历，社会关系，……。为此，学生处的应用程序员必须定义一个文件 F1，该文件结构中的记录应包括上述数据项。

教务处要处理的信息包括：学号，姓名，系名，年级，专业，课名，成绩，学分，……。显然，教务处的应用程序员需定义一个文件 F2，该文件结构中的记录应包括上述数据项。

图书馆要处理的信息包括：学号，姓名，系名，年级，专业，图书编号，图书名称，借阅日期，归还日期，滞纳金，……。因此，图书馆的应用程序员必须定义一个文件 F3，该文件结构中的记录应包括上述数据项。

当上述 3 个部门都使用计算机对学生的有关信息进行管理时，就要在计算机的外存中分别保存 F1、F2 和 F3 这 3 个文件，而且这 3 个文件中均有学生的学号、姓名、系名、年级和专业等信息，这些重复存储的数据冗余将会产生以下问题：

第一，数据冗余不仅浪费存储空间，更严重的是带来潜在的不一致问题。由于数据存在多个副本，所以当发生数据更新时，就很可能发生某些副本被修改而另一些副本被遗漏的情况，从而使数据发生不一致，进而影响数据的正确性和可靠性。比如，某学生因故需从计算机科学与技术专业转到网络工程专业，当学生处得到该信息后，将该学生所属的专业名改为网络工程，因而F1文件中保存了正确的信息。但若教务处和图书馆没有得到此信息，或者没有及时更改F2和F3文件，就会造成了数据的不一致。

第二，文件是为某一特定应用服务的，每个文件对应于一个应用程序（见图1.1），这就造成了应用程序与数据结构过分地互相依赖，而且系统很难扩充。一旦数据结构发生改变，就必须修改应用程序中文件结构的定义；反之，应用程序的改变，也会影响文件结构的改变。例如，学生处在管理学生信息时发现，随着时间的推移，登记学生年龄是不合适的，应改为登记学生的出生日期，这样必须在F1的文件结构定义中修改这个数据项，同时还要修改涉及这个数据项的应用程序。

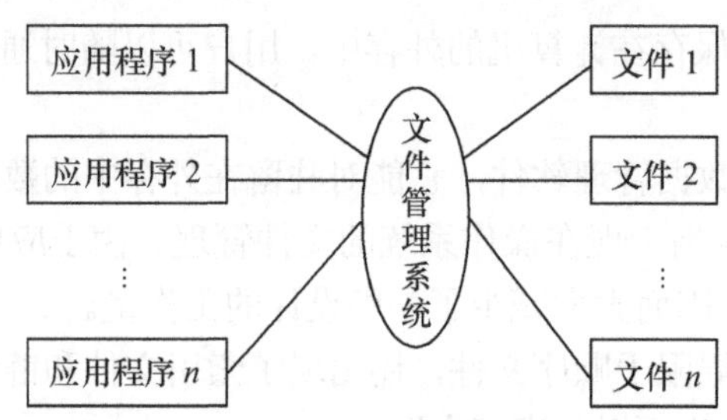

图1.1　文件系统阶段应用程序与数据之间的关系

第三，文件系统缺乏对数据操作进行控制的方法。对于数据的安全性、完整性和并发访问异常等问题的控制，完全要应用程序自己负责，这使得应用程序的编制相当烦琐。

综上所述，传统的文件系统有许多缺点，不能满足人们的要求，因此迫切需要新的数据管理技术来实现对数据的共享，实现数据与程序的独立性，并提供安全性、完整性和并发控制的功能。也就是说，在操作系统之上必须有一个软件系统——数据库管理系统（DBMS），在建立、运用和维护数据库时，对数据库进行统一的控制，这就是数据库技术。

1.2.3　数据库系统的发展及其特点

数据库技术从20世纪60年代末产生到现在，只不过50余年的历史，但其发展速度很快、使用范围很广。以下几个事件标志着数据库技术日益成熟的过程。

第一，1969年，IBM公司研制、开发了DBMS的商品化软件IMS（Information Management System），它是层次模型数据库系统的典型代表（第一代数据库系统）。

第二，20世纪60年代末70年代初，美国数据系统语言协会下属的数据库任务组（Data Base Task Group，DBTG）对数据库方法进行了系统的研究、讨论，并提出了DBTG报告。该报告确定并建立了数据库系统的许多概念、方法和技术，它是网状模型数据库系统的典型代表（第一代数据库系统）。

第三，1970年，IBM公司的E. F. Codd在美国计算机学会会刊“Communication of the ACM”上发表了题为“大型共享数据库数据的关系模型”的著名论文，提出了数据库的关系模型，开创了数据库关系方法和关系数据理论的研究，为关系数据库技术奠定了理论基础。1974年，IBM公司推出了一种基于关系方法实现数据库存取的SQL（Structured Query Language）语言，并先后成功研制了能实现 SQL 语言的关系数据库管理系统原型 System R 和产品 DB2，表明关系模型数据库管理系统获得了成功。目前，有影响的基于关系模型的数据库管理系统很多，国际上较流行的有 Oracle、SQL Server、MySQL、Sybase、DB2 等，国内的有北京人大金仓信息技术股份有限公司的 Kingbase、武汉达梦数据库有限公司的 DM、天津南大通用数据技术股份有限公司的 GBase、北京神舟航天软件技术有限公司的神舟 OSCAR 等，它们都是关系模型数据库系统的典型代表（第二代数据库系统）。目前关系模型数据库系统已经淘汰了网状模型和层次模型数据库系统，成为当今最为流行的商用数据库系统。E. F. Codd 作为关系数据库的创始人和奠基人，获得了 1981 年 ACM 图灵奖。

第四，从 20 世纪 80 年代以来，数据库技术在商业领域的巨大成功刺激了其他领域对数据库技术需求的迅速增长，这些新的领域为数据库应用开辟了新的天地。另外，在应用中提出的一些新的数据管理需求也直接推动了数据库技术的研究与发展，尤其是面向对象数据库系统（Object Oriented DataBase System）的研究与发展。1990 年，美国高级 DBMS 功能委员会发表了名为“第三代数据库系统宣言”的文章，提出了第三代 DBMS 应具有的 3 个基本特征：①应支持数据管理、对象管理和知识管理；②必须保持或继承第二代数据库系统的技术；③必须对其他系统开放。

数据库技术与网络通信技术、人工智能技术、面向对象程序设计技术、并行计算技术等互相渗透、互相结合，成为当前数据库技术发展的主要特征。我国数据库技术的发展主要以 1977 年的第一次数据库技术研讨会为标志，以后几乎每年召开一次全国性的学术交流会，会议起到了交流我国数据库应用与有关科研成果、指导我国数据库学术发展的作用。经过 40 多年的努力，我国数据库技术水平已从初期的学习、理解、试探阶段发展到消化、改造和创新阶段。

与文件系统相比，数据库系统提供了对数据的更高级、更有效的管理，主要有如下几个特点。

1．数据结构化

数据库系统是从整体观点来看待和描述数据的，数据不再是面向某一应用，而是面向整个应用系统。在图 1.2 中，学生表作为主记录，是为教务处、学生处和图书馆所共享的，若某学生需要转专业，只要修改学生表中这个学生的专业名称即可，就不会出现不一致的情况。除共享的学生表外，各部门均有自己私有的明细记录，如选课表、课程表、借阅表、图书表、人事表、个人履历表和社会关系表，其中学生的个人履历和社会关系属于非定长字段，故要

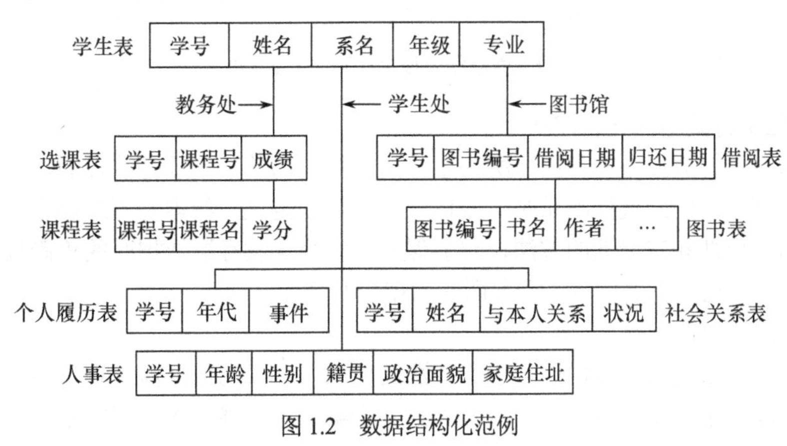

图 1.2　数据结构化范例

单独形成个人履历表和社会关系表。由于数据库是高度结构化的，数据库表之间和数据库表中字段之间是相互联系的，所以当数据库应用需求改变或增加时，只要重新选取不同子集或者加上少部分数据，便可实现更多的用途，满足新的需求，使得系统很容易扩充。文件系统则很难达到这一点。数据结构化是数据库系统与文件系统的根本区别。

✍思考题：

（1）在数据库表中如何处理非等长字段？

（2）不同数据库表之间如何进行连接？

（3）数据库表怎样进行扩充和删减？

2．数据共享性

数据共享的意义是多种应用、多种语言互相覆盖地共享数据集合。在文件系统中，每个数据文件是特定的应用所私有的。数据库系统从整体观点来看待和描述数据，它将不同应用的共同数据集中在一起作为主记录，而将每个不同应用的数据作为明细记录，并且主记录和明细记录之间通过公共属性进行连接。这样的做法大大减少了数据冗余度，实现了数据的共享，又可避免数据之间的不一致。

3．数据和程序的独立性

在文件系统阶段，应用程序如果需要对数据文件进行访问，则事先必须在程序中对数据文件的结构进行定义，这样数据和程序就高度关联。对数据文件结构的任何调整，势必要引起程序的修改，这说明数据和程序不具备独立性。而在数据库系统阶段，由于数据库是在应用程序外集中统一定义的，因此对数据库中数据库表的结构进行调整，可以做到只少量修改或不修改应用程序。例如，在图 1.2 中，假如学生处要登记每个学生的出生日期，那么可以在学生表中加一个出生日期的字段。如果教务处和图书馆不需要访问该字段，则其原来的应用程序可以不改变。在数据库系统阶段，提高数据和程序的独立性是数据库系统所追求的一个主要目标，其应用程序与数据的关系如图 1.3 所示。

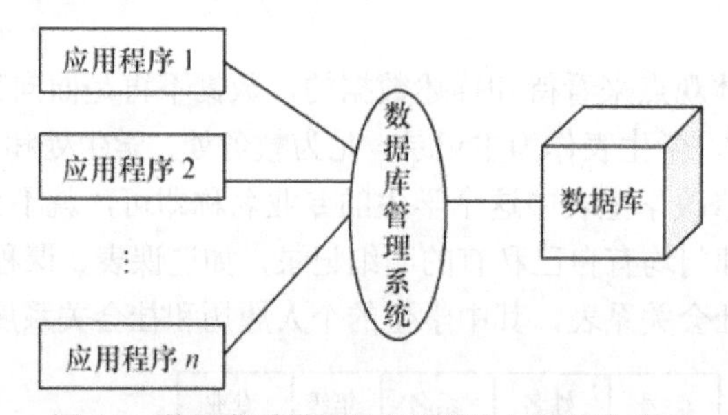

图 1.3　数据库系统阶段应用程序与数据的关系

4．对数据实行集中统一的控制

由于数据库中的数据为各种用户所共享，而计算机的共享一般是并发的，即多个用户可以同时使用数据库，因此数据库系统除提供统一的数据定义、检索及更新操作手段外，还需提供控制数据安全性和完整性的方法，并能保障系统在并发存取数据时的正确执行。一个较完善的数据库系统通常提供以下 4 个方面的数据控制功能。

（1）数据的安全性

数据的安全性是指保护数据以防止不合法的使用所造成的数据泄密和破坏。例如，系统用检查口令或其他手段来检查用户的身份，只有合格用户才能进入数据库系统。系统提供用户保密级别和数据存取权限的定义机制，当用户对数据库执行操作时，系统自动检查用户能否执行这些操作，检查通过后才执行允许的操作。

（2）数据的完整性

数据的完整性指数据的正确性、有效性与相容性。数据库中的数据是对客观世界中某些实体性质的反映，它有一定的语义，如性别只能取“男”或“女”；会计记账时，收支应当平衡，即收入之和减支出之和等于剩余数；月份是 1～12 之间的正整数；学生的学号是唯一的，等等。系统可以提供必要的功能，保证数据库中的数据在输入、修改过程中始终符合原来的定义和规定。

（3）并发控制

当多个用户的并发进程同时存取、修改数据库时，可能会发生互相干扰而得到错误的结果，并使数据的完整性遭到破坏，因此系统必须对多用户的并发存取动作加以控制和协调。

（4）数据库恢复

在运行系统时，可能会出现各种各样的故障，如硬盘损坏、电源故障、软件错误、机房失火或人为破坏等。当发生故障时，很可能丢失数据库中的部分数据或全部数据，因此系统必须采取一系列的措施，保证将数据库从错误的状态恢复到某个正确的状态，以确保数据不被损坏。

鉴于数据库系统的上述特点，大型复杂的信息管理系统大多以数据库系统为核心，因而数据库系统在计算机应用中起着越来越重要的作用。

1.3 数据描述和数据模型

1.3.1 数据描述的领域

在数据处理中，数据描述将涉及不同的领域。从事物的特性到计算机中的数据表示，经历了以下 3 个领域：现实世界、信息世界和机器世界。

1．现实世界

现实世界是指存在于人们头脑之外的客观世界，具体到人物、事情和物体。例如，仓库管理中涉及的货物管理，包括货物的存放、货物的进出、货物的检查等，这里就可能有许多报表、图表，这些都是数据库技术接触到的最原始的数据。数据库设计者对这些原始数据进行综合分析，抽取出数据库技术需要处理的数据，如库存单、进库单、出库单、报表统计、查询格式等。

2. 信息世界

信息世界是现实世界在人们头脑中的反映，人们把它用文字和符号记载下来。在信息世界中，数据库技术使用下列一些术语。

① 实体（Entity）：客观存在并可相互区分的事物，称为实体。从具体的对象到抽象的事件，都可以用实体抽象地表示。实体可以是具体的对象，如一个学生、一个教师、一门课程等；实体也可以是抽象的事件，如一个学生选了一门课程、某个教师订了一份报纸等，都可称为实体。

② 属性（Attribute）：属性是实体所具有的某一特性。一个实体可由若干属性来刻画，每个属性有一个值域（指属性值的变化范围），其类型可以是整数型、实数型或字符串型等。

③ 实体集（Entity Set）：性质相同的同类实体的集合，称为实体集。例如，学生集合就是一个实体集，课程集合也是一个实体集。

④ 键码（Key）：能唯一标识每个实体的属性或属性集，称为键码。如学生的学号可以作为学生的键码。

同类实体就是具有相同属性的实体，它们具有共同的特征和性质，一般称为实体类型。例如，学生（学号，姓名，年龄，性别，年级，系，专业）是一个具有7个属性的实体类型，而（'20201010801'，'徐晨飞'，20，'男'，'20级'，'计算机系'，'计科'）则是对应于上述实体类型的一个学生实体的值。属性也有类型和值，“姓名”是属性类型，而“张三”是姓名属性的一个值。

3. 机器世界

信息世界的信息在机器世界中以数据形式存储，机器世界中数据描述的术语有以下4个。

① 记录（Record）：字段值的有序集合称为记录。一般用一个记录描述一个实体，所以记录又可以定义为能完整地描述一个实体的字段值的集合。例如，一个学生记录（'20201010801'，'徐晨飞'，20，'男'，'20级'，'计算机系'，'计科'）就是由有序的字段值的集合组成的。

② 字段（Field）：标记实体属性的命名单位称为字段，它是可以命名的最小信息单位。字段的命名往往和属性名相同，如学生有学号、姓名、年龄、性别等字段。

③ 表（Table）：同一类记录的集合称为表。表是描述实体集的，所以它又可以定义为描述一个实体集的所有记录的集合，如所有的学生记录组成了一个学生表。

④ 关键字（Key）：能唯一标识表中每个记录的字段或字段集，称为记录的关键字。这个概念与实体键码的概念相对应，如学生的学号可以作为学生记录的关键字。

同样，记录也有记录类型和值之分，字段也有字段类型和值之分，在此略去。信息世界和机器世界术语的对应关系见表1.1。

表 1.1　信息世界和机器世界术语的对应关系

信息世界	实体	属性	实体集	键码
机器世界	记录	字段	表	关键字

1.3.2　实体联系的种类

现实世界中的事物是相互联系的，这种联系必然要在信息世界中有所反映，即实体并不是孤立静止存在的。实体的联系有两类：一类是同一实体内部的联系，反映在数据上是同一记录内部各字段间的联系；另一类是实体与实体之间的联系，反映在数据上是同一类型记录或不同类型记录之间的联系。在文件系统中，一般只考虑记录内部关键码与其他字段的联系，而不去考虑不同类型记录之间的联系，因而数据的整体结构差。在数据库系统中，不但要考虑记录内部各字段间的联系，而且还要考虑不同类型记录之间的联系。下面讨论记录之间的联系，我们用实体集的联系来称呼。

实体集的联系也有两种：一种是同一实体集中各个实体之间的联系；另一种是不同实体集的各个实体之间的联系（包括一对一、一对多、多对多联系）。数据库技术主要考虑不同实体集之间的联系。在这两种联系中，前一种实现较复杂，往往要转化为后一种联系实现。下面先研究两个不同实体集的实体间联系的情况。

1．一对一联系

如果实体集 E1 中每个实体至多和实体集 E2 中一个实体有联系，反之亦然，那么实体集 E1 对 E2 的联系称为“一对一联系”，记为 1∶1。例如，中国公民和身份证号码之间是一对一联系，因为一个中国公民只有一个身份证号码，而一个身份证号码只对应于一个中国公民。又如，学校和校长之间也是一对一联系。

2．一对多联系

如果实体集 E1 中每个实体与实体集 E2 中任意个（零个或多个）实体有联系，而 E2 的每个实体至多和 E1 中一个实体有联系，那么称 E1 对 E2 的联系是“一对多联系”，记为 1∶n。例如，班级与学生之间是一对多联系，因为一个班可有若干个学生，但一个学生只能属于一个班。又如，工厂里车间和工人之间也是一对多联系。

3．多对多联系

如果实体集 E1 中每个实体与实体集 E2 中任意个（零个或多个）实体有联系，反之亦然，那么称 E1 对 E2 的联系是“多对多联系”，记为 m∶n。例如，学生与课程之间为多对多联系，因为一个学生可选多门课程，一门课程可由多个学生选。又如，商品和顾客之间也是多对多联系。

上述两个实体集实体间的 3 种联系如图 1.4 所示。

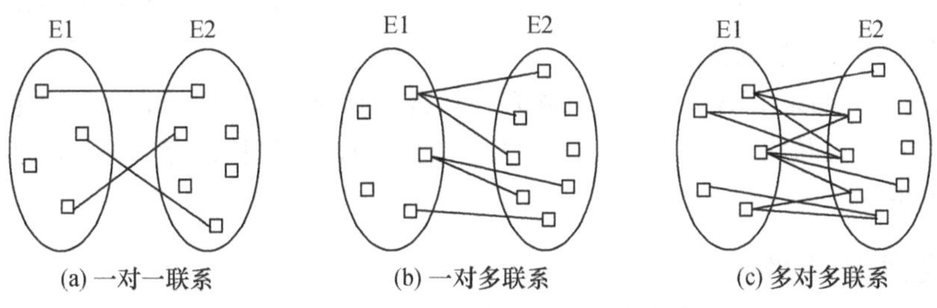

(a) 一对一联系　　(b) 一对多联系　　(c) 多对多联系

图 1.4　两个实体集实体间的 3 种联系

1.3.3　数据模型的层次

数据库中存储的是数据，数据反映了现实世界中有意义、有价值的信息，它不仅反映数据本身的内容，而且反映数据之间的联系。那么如何抽象表示、处理现实世界中的数据和信息呢？这就需要使用数据模型这个工具。数据模型可以看作一种形式化的描述数据、数据之间联系及有关语义约束规则的抽象方法，它是我们将现实世界转换为数据世界的桥梁。在数据库技术中，通常将表示实体类型及实体间联系的模型称为“数据模型”。

1．数据模型的两个层次

第一层次数据模型是独立于计算机系统的模型，它完全不涉及信息在系统中的表示，只是用来描述某个特定组织所关心的信息结构，这类模型称为“概念数据模型”，如实体-联系模型（E-R 图）、语义网络模型等。概念数据模型是对现实世界进行抽象并建立信息世界的数据模型，其语义表达能力很强，概念简单、清晰，易于用户理解，是用户和数据库设计人员之间进行交流的工具。

第二层次数据模型是依赖于计算机系统的模型，它直接面向数据库的逻辑结构，这类模型涉及计算机系统和数据库管理系统，这类模型称为“结构数据模型”，如网状模型、层次模型、关系模型和面向对象模型等。结构数据模型是现实世界中的信息最终在机器世界中得到的反映，它通常有一组严格定义的语法和语义，人们可以使用它来定义、操纵数据库中的数据。

一般在数据库设计时，先调研某个企业、组织或部门的情况，为其建立概念数据模型；然后将概念数据模型转换为结构数据模型，最终在计算机中得以实现。图 1.5 展示了现实世界中客观对象的抽象过程。

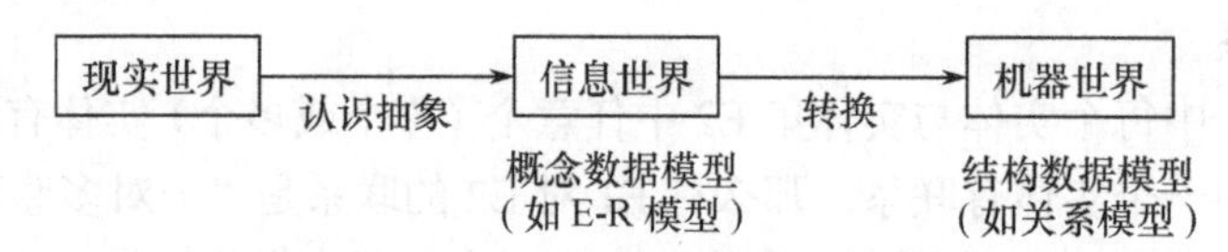

图 1.5　现实世界中客观对象的抽象过程

2．结构数据模型的组成部分

结构数据模型有严格的形式化定义，以便在计算机系统中实现。结构数据模型应包含数据结构、数据操作和数据完整性约束 3 部分。

① 数据结构是指对实体类型和实体间联系的表达及实现。关系模型的数据结构就是一些相关的二维表，如学生表、选课表和课程表等。数据结构是对系统静态特性的描述。

② 数据操作是指对数据库的检索和更新（包括插入、删除、修改）操作的实现。关系模型要定义这些操作的确切含义、操作符号、操作规则（如优先级别）及实现操作的语言。数据操作是对系统动态特性的描述。

③ 数据完整性约束给出了数据及其联系应具有的制约和依赖规则，用以限定符合结构数据模型的数据库状态及状态的变化，以保证数据的正确、有效和相容。关系模型应反映和遵守完整性约束条件。

1.3.4　数据模型的实例

1．概念数据模型的实例

概念数据模型通常用实体-联系模型（简称 E-R 模型）来描述。E-R 模型直接从现实世界中抽象出实体类型及实体间的联系，然后用 E-R 图来表示。设计 E-R 图的方法称为 E-R 方法。在 E-R 图中有如下 4 个基本成分。

① 矩形框：表示实体类型（考虑问题的对象）。

② 菱形框：表示联系类型（实体间的联系）。

③ 椭圆形框：表示实体类型和联系类型的属性。

相应的命名均记入各种框中。对于键码的属性，在属性名下画一条横线。

④ 直线：联系类型与其涉及的实体类型之间以直线连接，并在直线上标明联系的种类（1∶1，1∶n，m∶n）。

【例 1.2】已知两个实体集，用 E-R 图说明它们之间的联系，如图 1.6 所示。

【例 1.3】已知教务管理涉及的实体集有：系（属性有系号、系名、系主任、电话），教师（属性有教师号、姓名、性别、年龄、职称、专业），学生（属性有学生号、姓名、性别、年龄、专业、入学时间），课程（属性有课程号、课程名、学时数、教室、教材）。这些实体间的联系如下：一个系有多个教师，一个教师只能属于一个系；一个系有许多学生，但一个学生只能在一个系注册；在某个时间、某个地点和某个方向，一个教师可指导多个学生，但某个学生在某个时间、某个地点和某个方向只能被一个教师所指导；一个教师可讲授多门课程，

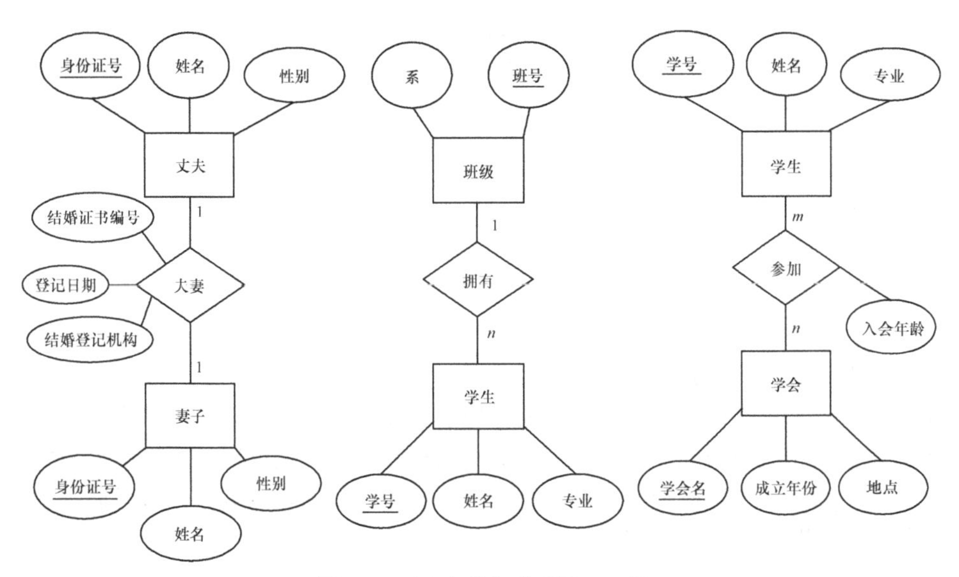

图 1.6　两个实体集联系的 E-R 图

一门课程可由多个教师讲授，每个教师讲授某门课程都有一个评价；一个学生可选修多门课程，一门课程允许多个学生选修，每个学生选修某门课程都有一个分数。图 1.7 给出了某学校教务管理的 E-R 图。

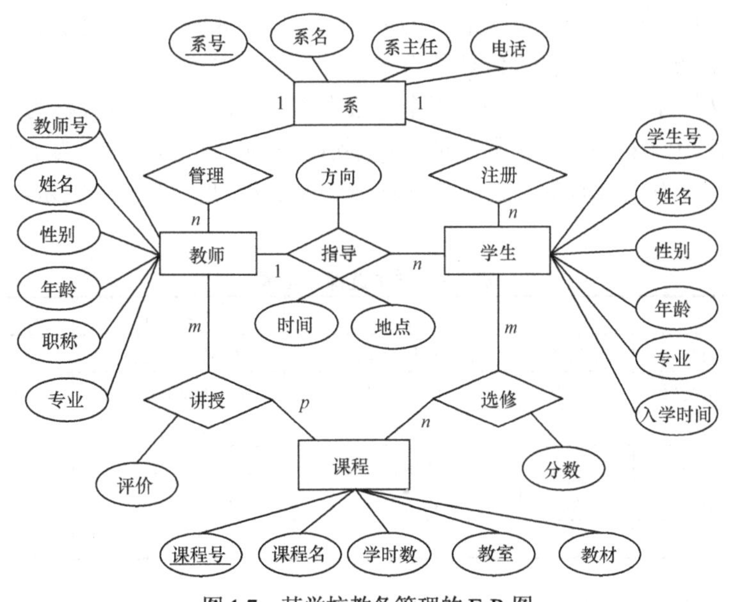

图 1.7　某学校教务管理的 E-R 图

上面的例子展示了实体之间最基本的联系，类似地，也可以定义多个（≥3）实体集实体间的各种联系和单个实体集内部实体的联系。

【例 1.4】用 E-R 图举例说明 3 个实体集实体间的联系和一个实体集内部实体的联系，如图 1.8 所示。

例如，若干个飞行员驾驶一架飞机执行某一次航班，这就是 3 个实体集实体间的联系。又如，职工实体集内部具有领导与被领导的联系，即一个职工（经理）“领导”若干个职工，而一个职工仅被另外一个职工（经理）直接领导，这就是一个实体集内部实体之间一对多联系。

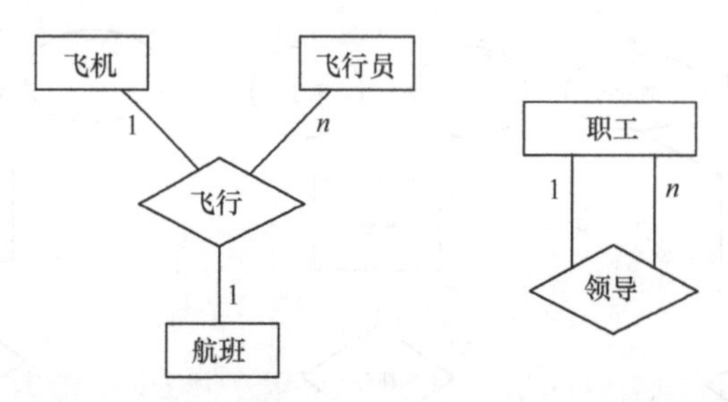

图 1.8　3 个实体集实体间联系和一个实体集内部实体联系的 E-R 图

2．结构数据模型的实例

鉴于网状模型和层次模型已经淘汰，关系模型已经成为占主导地位的结构数据模型，所以关系模型数据库系统成为当今最为流行的商用数据库系统。关系模型用二维表来表示实体类型及实体间的联系，关系模型的实例就是若干个相关联二维表的集合。为了避免重复，这部分内容将在 1.4 节中介绍。

1.4　关系模型的基本概念

1.4.1　关系的通俗解释

在现实生活中，表达数据之间关联性的最常用、最直观的方法莫过于制成各种各样的表格，而且人们不需要进行专门的训练就能看懂这种表格，关系模型就是在这样的背景下提出来的。在关系模型中，信息被组织成若干个二维表的结构，每个二维表称为一个关系或表，每个表中的信息只用来描述客观世界中的一件事情，例如，在学校中，为了表示学生与专业的“所属”关系、学生与课程的“选修”关系、教师与课程的“任教”关系，可以制成表 1.2 所示表格。

表 1.2　学生选课登记表

学号	姓名	专业	选修课程	任课教师
18101010150	南浩浩	计算机科学与技术	数据库理论与技术	张三
18201010251	黄海海	电子科学与技术	单片机原理及应用	李四
18401010352	金逸逸	电气工程及其自动化	现代检测技术	王五
18401010453	王俊俊	电子信息工程	无线传感网络应用	沈六
18501010554	姚杰杰	网络工程	信息安全技术	陈七
⋮	⋮	⋮	⋮	⋮

下面结合表 1.2 介绍关系模型中的基本概念。

1．表（Table)

表也称关系，由表名、列名及若干行组成。例如，在表 1.2 中，表名是学生选课登记表；列名包括学号、姓名、专业、选修课程和任课教师；每一行数据描述了一个学生选修课程的具体情况。上面表的结构也称为关系模式，可以表示成：学生选课登记表（学号，姓名，专业，选修课程，任课教师）。

2．列（Field）

列也称属性，表中的每一列均包含同一类的信息。例如，专业表示学生所属专业，姓名表示学生的称呼等。表中列的顺序与要表达的信息无必要的联系，因此列是无序的。

3．行（Row）

行也称元组，表中每一行由若干个属性值组成，用来描述一个对象的信息。例如，表中第一行数据（'18101010150'，'南浩浩'，'计算机科学与技术'，'数据库理论与技术'，'张三'）就是一个元组。行的次序也是不重要的，一般可以互换，但在一个表中不能出现完全相同的两行。

4．键码（Key）

键码也称关键字，若表中某个属性或属性组的值能唯一地标识一个元组，它就是键码。例如，（学号，选修课程）就是键码，因为它的值能唯一地标识一个元组。

5．域（Domain）

域是属性的取值范围，表中每一列都以某个域为基础并从该域中取得数据。例如，学号的域是 11 位字符等。在关系模型中允许多个列从同一域中取值。

表名和列名的命名规定：表名在整个数据库中必须唯一；列名在一个表中必须唯一，但在不同的表中可以出现相同的列名；表名和列名应尽可能带有一定的含义并尽量简单。

1.4.2 关系的数学定义

关系模型是建立在集合代数基础上的，下面用集合代数来定义作为二维表的关系。

定义 1.1 域（Domain）是值的集合。

例如，整数、0～100 的正整数、{男，女}、实数等都可以是域。

定义 1.2 若给定一组域 D_1，D_2，…，D_n（这些域中可以有相同的域），则 D_1，D_2，…，D_n 的笛卡儿积为：$D_1 \times D_2 \times \cdots \times D_n = \{(d_1,d_2,\cdots,d_n)|d_i \in D_i, i=1,2,\cdots,n\}$，其中每个元素$(d_1,d_2,\cdots,d_n)$叫作一个 n 元组（或简称为元组），元素中每个值 d_i 称为一个分量。

若 $D_i(i=1,2,\cdots,n)$ 为有限集，其基数为 $m_i(i=1,2,\cdots,n)$，则 $D_1 \times D_2 \times \cdots \times D_n$ 的基数为

$$m = \prod_{i=1}^{n} m_i$$

笛卡儿积可表示为一个二维表。如果给出 3 个域：D_1=男人集合＝{李杰，张峰}，D_2=女人集合={王梅，吴芳}，D_3=儿童集合={李飞，张玉，张祥}，则有

$D_1 \times D_2 \times D_3$＝{(李杰，王梅，李飞)，(李杰，王梅，张玉)，(李杰，王梅，张祥)，
(李杰，吴芳，李飞)，(李杰，吴芳，张玉)，(李杰，吴芳，张祥)，
(张峰，王梅，李飞)，(张峰，王梅，张玉)，(张峰，王梅，张祥)，
(张峰，吴芳，李飞)，(张峰，吴芳，张玉)，(张峰，吴芳，张祥)}

共有 12 个元组，这 12 个元组的集合可构成一个表，但该表无任何实际意义。

定义 1.3 若 $D_1 \times D_2 \times \cdots \times D_n$ 为笛卡儿积，则它的有意义子集称为在域 $D_1 \times D_2 \times \cdots \times D_n$ 上的关系，可用 $R(D_1, D_2, \cdots, D_n)$ 表示。这里 R 表示关系的名字，n 是关系的目或度。

关系是一个二维表，表的每一行对应一个元组，表的每一列对应一个域。因为域是可以相同的，故为了加以区分，对每一列起一个名字，称为属性 A_i。关系的一般表示形式为：$R(A_1,A_2,\cdots,A_n)$。

一般只有取笛卡儿积的某个子集才有一定意义。例如在上述笛卡儿积中，我们规定一个家庭由李杰、王梅和他们的孩子李飞组成，另一个家庭由张峰、吴芳和他们的孩子张玉、张祥组成，这样可以得到一个关系：家庭关系表（丈夫，妻子，孩子），这个关系的 3 个元组只

是上述笛卡儿积全部元组的子集，详见表1.3。

在关系数据库中，要求关系的每个分量必须是不可分的数据项，这样的关系称为规范化的关系（或满足第一范式）。表1.3满足第一范式；而表1.4不满足第一范式，因为“孩子”分量又可以分为两个分量，这样的关系在关系数据库中是不允许出现的。

表 1.3 家庭关系表 1

丈夫	妻子	孩子
李杰	王梅	李飞
张峰	吴芳	张玉
张峰	吴芳	张祥

表 1.4 家庭关系表 2

丈夫	妻子	孩子	
		第一个	第二个
李杰	王梅	李飞	
张峰	吴芳	张玉	张祥

总之，关系数据库中的关系有以下性质：

① 每一列中的分量是同一类型的数据，来自同一个域；

② 不同的列可出自同一个域，每一列称为属性，要给予不同的属性名；

③ 列的顺序可以任意交换，行的顺序也可以任意交换；

④ 关系中的任意两个元组不能完全相同；

⑤ 每个分量必须是不可分的数据项。

1.4.3 关系模型的组成和特点

1. 关系模型的组成

关系模型由数据结构、关系操作集合和关系的完整性3部分组成，下面分别加以介绍。

（1）数据结构

在关系模型中，无论是实体还是实体之间的联系，均由单一的结构类型即关系来表示。也就是说，任何一个关系模型都是由若干个互相关联的表组成的。

在关系数据库中，对每个关系中信息内容的结构的描述，称作此关系的关系模式，它包括关系名、组成此关系的各属性名、属性向域的映像、属性之间数据的依赖关系等。

关系模式与关系是彼此密切相关但又有所区别的两个概念，它们之间的关系是一种“型与值”的关联关系。关系模式描述关系的信息结构及语义限制，它是相对稳定和不随时间改变的；关系则是在某一时刻关系模式的所有元组的集合，它是随时间改变而动态变化的。例如，某校建立了一个学生注册信息表，其结构为：S(SNO,SNAME,AGE,SEX)，该表中记录了所有在校学生的注册信息。但由于学生的转学、退学、毕业、入学经常发生，因而关系 S 是动态变化的，但其关系模式 S(SNO,SNAME,AGE,SEX)及有关的定义域限制一般是不会改变的。

（2）关系操作集合

关系模型给出了关系操作的能力和特点，但不对DBMS的语言给出具体的语法要求。关系语言的特点是高度非过程化，用户不必请求数据库管理员为自己建立特殊的存取路径，存取路径的选择由DBMS的优化机制来完成。此外，用户也不必求助于循环、递归来完成数据操作。

早期的关系操作能力是用代数方式或逻辑方式来表示的，但这两种方式已被证明其功能是等价的，所以1.5节将只介绍关系代数的内容，而将关系演算的内容省略了。

关系操作方式的特点是集合操作，即操作的对象和结果是集合，也称为一次一集合的方式；非关系型的数据操作方式则为一次一记录的方式。

（3）关系的完整性

关系的完整性包括实体完整性、引用完整性和用户定义完整性 3 类，实体完整性和引用完整性是关系模型必须满足的完整性约束条件，应该由关系系统自动支持。

① 实体完整性：在任何关系的任一元组中，主键码值的任一分量都不允许为空值。

这种规定基于以下考虑：在一个关系中，主键码是唯一标识一个元组的，因而它也是唯一标识该元组所表示的作为现实世界事物抽象的某个实体的。如果主键码的属性中某些分量为空值，则将难以判断该元组与其他元组的区别，而禁止主键码属性值中出现空值可以避免这一问题。现举一个例子说明。在邮政部门传递信件时，通信地址和姓名是作为主键码属性的，如果这两项中任一项为空值，即任一项为未知值，那么信件将无法投寄到目的地或不能送到收信人的手中。

② 引用完整性：若某个属性或属性组不是 A 表的主键码，但它是另一个 B 表的主键码，则该属性或属性组称为 A 表的外键码。在关系模型中，外键码或者取空值或者等于 B 表中某个元组的主键码值。

若有两个基本表：学生（学号，姓名，系号）和系（系号，系名，系主任），则学生表的主键码为学号，系表的主键码为系号，同时系号也是学生表的外键码。根据引用完整性，学生表中外键码系号的取值有两种可能：取空值，表明该学生尚未分配到任何系；或者取系表中某个元组中的系号，因为该学生不能属于一个不存在的系。

③ 用户定义完整性：由用户针对某一具体数据库的约束条件来定义完整性。它应该根据应用环境来决定，并能反映某一具体应用所涉及的数据必须满足的语义要求。例如，性别只能是“男”或“女”两种可能，年龄的取值只能限制在 1～150 之间才合乎情理等。

需要解释的是，这 3 类完整性在关系数据库管理系统中一般都能满足。

2. 关系模型的特点

与其他结构数据模型相比，关系模型的突出优点在于：

① 关系模型对各种用户提供统一的单一数据结构形式，即表。表具有高度的简明性和精确性，这使各类用户易于掌握和应用，从而提高了应用与开发的效率。

② 数据库的操作都可归结为关系的运算，而关系是建立在集合代数基础上的，从而使数据库的理论建立在坚实的数学基础上，为数据库技术的进一步发展奠定了基础。

③ 具有高度的数据独立性，用户的应用程序完全不必关心物理存储细节。当存储结构变化时，应用程序可不受影响，这将大大减少系统维护的工作量。

④ 数据库管理人员的工作得到了简化，易于对数据库重组和控制。

当然，基本关系模型也存在不足之处。例如，相当多的关系数据库管理系统在多表查询时效率往往低于网状系统；另外，统一的表格形式结构无法有效地区分现实世界中事物之间的各种不同类型的联系，这使关系模型在表达数据语义特性方面的能力受到限制。尽管如此，关系模型仍为当前数据库技术中最重要的结构数据模型，它在数据库领域中发挥着巨大的作用。

1.5 关系代数

数据库系统的目标就是维护信息并使之满足个人或组织的需要。用户可以使用数据库系统对数据进行查询和更新（含插入、删除、修改）等操作，这些操作归结到关系数据库中就是关系的操作。

关系的数据操纵语言按照表达查询的方式可分为两大类：第一类是使用关系运算来表达查询要求的方式，称为关系代数；第二类是使用谓词来表达查询要求的方式，称为关系演算。关系演算又可按谓词变元的基本对象是元组变量还是域变量而分为元组关系演算和域关系演算两种。这 3 种语言在表达能力上是彼此等价的，它们可以作为评估实际数据库系统中数据操纵语言能力的标准或基础。本节只介绍关系代数。

关系代数是以关系为运算对象的一组高级运算的集合，它的运算可分为两类：一类是传统的集合运算，包括并运算、交运算、差运算和笛卡儿积，这类运算将关系看成元组的集合，其运算是从关系的“水平”方向（行的角度）来进行的；另一类是专门的关系运算，包括选择、投影、连接、自然连接和除法，这类运算不但要涉及行，而且也要涉及列。

1.5.1 传统的集合运算

传统的集合运算是二目运算。设关系 R 和关系 S 具有相同的度（属性个数相同），且相应的属性值取自同一个域，则称它们是并相容的。对于并相容的两个关系可以定义如下 3 种运算。

1. 并运算

两个并相容的关系 R 和 S 的并记为 $R \cup S$，它是一个新的关系，由属于 R 或属于 S 的元组组成，可形式化地定义为

$$R \cup S = \{t \mid t \in R \vee t \in S\}$$

其中 t 是 R 的元组变量，表示 R 中的任一元组。

2. 交运算

两个并相容的关系 R 和 S 的交记为 $R \cap S$，由属于 R 且属于 S 的元组组成，可形式化地定义为

$$R \cap S = \{t \mid t \in R \wedge t \in S\}$$

其中 t 是 R 的元组变量，表示 R 中的任一元组。

3. 差运算

两个并相容的关系 R 和 S 的差由属于 R 但不属于 S 的元组组成，可形式化地定义为

$$R - S = \{t \mid t \in R \wedge t \notin S\}$$

其中 t 是 R 的元组变量，表示 R 中的任一元组。

实际上，由于交运算可以用差运算来表达，即 $R \cap S = R-(R-S) = S-(S-R)$，所以交运算不是一种基本的关系代数运算。读者也可以用集合图形的方法来表达并、交和差运算，以便更容易理解这 3 种运算。图 1.9 给出了上述并、交、差运算的一个实例。

4. 笛卡儿积运算

设 R 为 m 元关系，S 为 n 元关系，它们的笛卡儿积表示为 $R \times S$，这个新关系具有 $m+n$ 元，元组的前 m 个分量是 R 中的一个元组，后 n 个分量是 S 中的一个元组，可形式化地定义为

$$R \times S = \{(a_1, a_2, \cdots, a_m, b_1, b_2, \cdots, b_n) \mid (a_1, a_2, \cdots, a_m) \in R \wedge (b_1, b_2, \cdots, b_n) \in S\}$$

图 1.10 给出了笛卡儿积的一个实例。

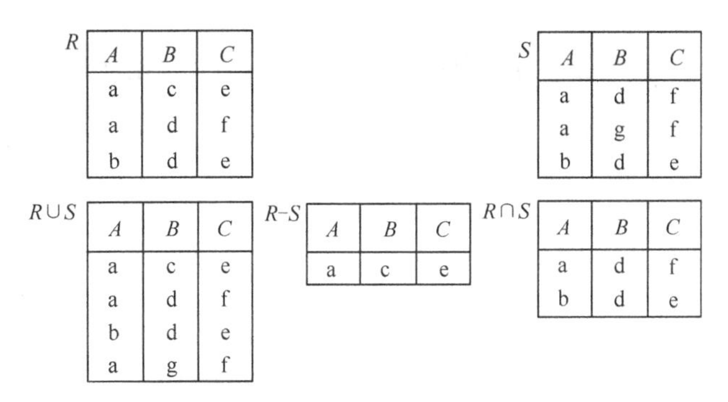

R

A	B	C
a	c	e
a	d	f
b	d	e

S

A	B	C
a	d	f
a	g	f
b	d	e

R∪S

A	B	C
a	c	e
a	d	f
b	d	e
a	g	f

R−S

A	B	C
a	c	e

R∩S

A	B	C
a	d	f
b	d	e

图 1.9　并、交、差运算的一个实例

T

A	B	C
1	2	3
4	5	6
7	8	9

Q

B	D
5	7
8	2

T×Q

A	T.B	C	Q.B	D
1	2	3	5	7
1	2	3	8	2
4	5	6	5	7
4	5	6	8	2
7	8	9	5	7
7	8	9	8	2

图 1.10　笛卡儿积运算的一个实例

1.5.2　专门的关系运算

1．选择运算

选择是指从某个给定的关系中筛选出满足限定条件的元组子集，它是一元关系运算，可形式化地定义为

$$\sigma_F(R) = \{t \mid t \in R \wedge F(t)=\text{"真"}\}$$

其中 t 是 R 的元组变量，F 是筛选关系 R 中元组限定条件的布尔表达式，它由逻辑运算符∨（或）、∧（与）、¬（非）连接各算术表达式组成。

2．投影运算

投影是指从某关系中选取一个列的子集，它从给定的关系中保留指定的属性子集而删去其余属性。设某关系 $R(X)$，X 是 R 的属性集，A 是 X 的一个子集，则 R 在 A 上的投影可形式化地定义为

$$\pi_A(R)=\{t[A] \mid t \in R\}$$

其中 t 是 R 的元组变量，$t[A]$表示只取元组 t 中相应于 A 属性中的分量。

3．连接运算

连接是指从两个关系的笛卡儿积中选取属性之间满足一定条件的元组，可形式化地定义为

$$R \underset{A\theta B}{\bowtie} S = \left\{ \overset{\frown}{rs} \;\middle|\; r \in R \wedge s \in S \wedge r[A]\theta s[B] \right\}$$

其中 r 是 R 的元组变量，s 是 S 的元组变量，A 是关系 R 中的属性组，B 是关系 S 中的属性组，它们的度数相同且可比较，θ 为算术比较运算符（＜，≤，=，＞，≥，≠）。

4．自然连接运算

自然连接只要求参与运算的两个关系在同名属性上具有相同的值。由于同名属性上的值相同，所以在产生的结果关系中同名属性也只出现一次，可形式化地定义为

$$R \bowtie S = \left\{ \overset{\frown}{rs}[\bar{B}] \;\middle|\; r \in R \wedge s \in S \wedge r[B] = s[B] \right\}$$

其中 r 是 R 的元组变量，s 是 S 的元组变量，B 是公共的属性或属性组，$\bar{B}$ 表示 s 中 B 的补集。

图 1.11 给出了上述选择、投影、连接和自然连接的一个实例，其中 T 和 Q 表见图 1.10。

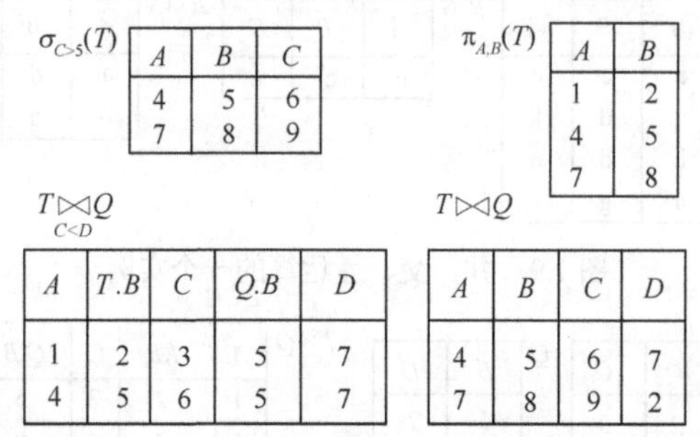

$\sigma_{C>5}(T)$

A	B	C
4	5	6
7	8	9

$\pi_{A,B}(T)$

A	B
1	2
4	5
7	8

$T \underset{C<D}{\bowtie} Q$

A	T.B	C	Q.B	D
1	2	3	5	7
4	5	6	5	7

$T \bowtie Q$

A	B	C	D
4	5	6	7
7	8	9	2

图 1.11　选择、投影、连接和自然连接的一个实例

归纳总结：对于连接运算和自然连接运算，可以得到如下异同点。

（1）相同点：连接运算和自然连接运算的基础均是笛卡儿积，它们均属于连接运算。

（2）不同点：①连接运算中的两个关系不需要公共属性，而自然连接运算则需要公共属性；②连接运算中的连接条件θ可以取 6 种关系运算符，而自然连接运算则只能取等号；③连接运算后的属性个数是两个关系属性个数之和，而自然连接运算后的属性个数应去掉重复的属性。

5．除法运算

一个 m 元关系 R 除以一个 n 元关系 S（其中 $m>n$，S 非空关系并且 R 中存在 n 个属性与 S 的 n 个属性定义在相同的域中）所得到的结果是一个$(m-n)$元的新关系，它表示满足以下条件的元组集合：

$$R \div S = \{t^{(m-n)} \mid 对任一\ t^{(n)} \in S，都有\ t^{(m-n)}.t^{(n)} \in R\}$$

其中 $t^{(m-n)}.t^{(n)}$表示将一个$(m-n)$元的元组和一个 n 元的元组拼合成为一个 m 元的新元组。

图 1.12 给出了 3 个除法运算的实例。

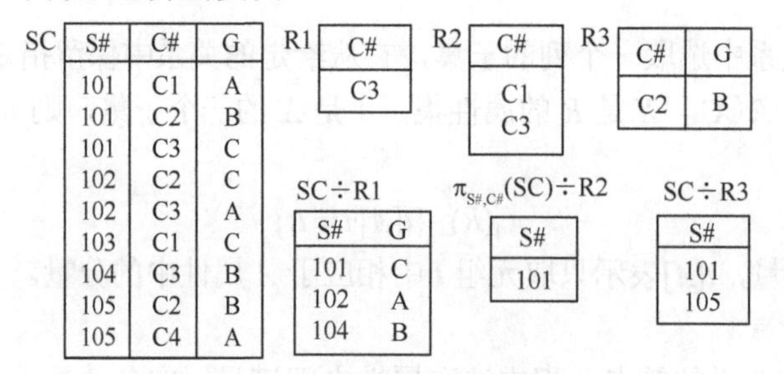

SC

S#	C#	G
101	C1	A
101	C2	B
101	C3	C
102	C2	C
102	C3	A
103	C1	C
104	C3	B
105	C2	B
105	C4	A

R1

C#
C3

R2

C#
C1
C3

R3

C#	G
C2	B

SC÷R1

S#	G
101	C
102	A
104	B

$\pi_{S\#,C\#}(SC) \div R2$

S#
101

SC÷R3

S#
101
105

图 1.12　3 个除法运算的实例

注意：在进行 SC÷R1 运算时，先在 SC 关系中减去 R1 的属性 C#，然后在得到的 SC 关系中按元组的值进行分组（有 9 组）；如果某一分组关于 C#的像集包含 C3，则这一组的元组值（S#,G）就是要求的一个结果。对每一组执行上述操作，就能得到最终结果。其他例子同此类似，在此不再赘述。

1.5.3　关系代数表达式的实例

前面介绍了 9 种关系代数运算，它们的共同特点是，都在集合一级进行。在关系代数中，把由上述关系代数运算经过有限次复合而成的式子称作关系代数表达式。利用关系代数表达式可以对数据库的各种查询和更新请求进行处理，运算结果仍是一个关系。

【例 1.5】 设有学生-课程关系数据库实例：学生表 S(S#,SN,SD,SA)、课程表 C(C#,CN,CT)和学生选课表 SC(S#,C#,G)，分别如图 1.13(a)、(b)、(c)所示，下面的关系代数表达式将对这 3 个关系进行运算。

S

学号 S#	姓名 SN	系名 SD	年龄 SA
S1	A	CS	20
S2	B	CS	21
S3	C	MA	19
S4	D	CI	19
S5	E	MA	20
S6	F	CS	22

(a)

C

课程号 C#	课名 CN	任课教师 CT
C1	G	L
C2	H	M
C3	I	N
C4	J	O
C5	K	P

(b)

SC

学号 S#	课程名 C#	成绩 G
S1	C1	A
S1	C2	A
S1	C3	A
S1	C5	B
S2	C1	B
S2	C2	C
S2	C4	C
S3	C2	B
S3	C3	C
S4	C4	B
S4	C5	D
S5	C2	C
S5	C3	B
S5	C5	B
S6	C4	A
S6	C5	A

(c)

图 1.13　学生-课程关系数据库实例

（1）查询计算机科学系 CS 的学生：

$$\sigma_{SD='CS'}(S) \quad 或 \quad \sigma_{3='CS'}(S)$$

其中 σ 的下角标 3 是属性 SD 在 S 中的序号。

（2）检索选修课程号为'C2'的学生的学号、姓名、课程号、课程名和成绩：

$$\pi_{S\#,SN,C\#,CN,G}(S \bowtie \sigma_{C\#='C2'}(SC) \bowtie C)$$

（3）检索选修全部课程的学生名单：

$$\pi_{S\#,SN}(S \bowtie (\pi_{S\#,C\#}(SC) \div \pi_{C\#}(C)))$$

（4）将新开课程记录('C6', 'Q', 'R')插入关系 C 中：

$$C \cup \{('C6', 'Q', 'R')\}$$

（5）将学号为'S3'的学生的'C4'课程的成绩修改为'A'：

$$(SC-\{('S3', 'C4', ?)\}) \cup \{('S3', 'C4', 'A')\}$$

或者

$$(SC-\sigma_{S\#='S3' \wedge C\#='C4'}(SC)) \cup \{('S3', 'C4', 'A')\}$$

修改操作用关系代数可分两步实现，先删去原来元组，再插入新的元组。在本例第一种解法中，由于 SC 的键码为（S#，C#），所以成绩用？代替不影响系统检索，不会产生二义性。

在上面介绍的 9 种关系代数运算中，并、差、笛卡儿积、选择和投影运算是 5 种基本的关系代数运算，其他 4 种运算可以用这 5 种的组合加以表示。

$$R \cap S = R-(R-S)$$

$$R \underset{A\theta B}{\bowtie} S = \sigma_{R.A\theta S.B}(R \times S)$$

$$R \bowtie S = \pi_{i_1, i_2, \ldots, i_m} \sigma_{R \cdot A_1 = S \cdot A_1 \wedge \ldots \wedge R \cdot A_k = S \cdot A_k} (R \times S)$$

$$R(W_1) \div S(W_2) = \pi_{W_1 - W_2}(R) - \pi_{W_1 - W_2}(\pi_{W_1 - W_2}(R) \times S - R)$$

其中A_1，A_2，…，A_k为R和S的公共属性名，i_1，i_2，…，i_m是从$R \times S$中舍去$S.A_1$，$S.A_2$，…，$S.A_k$后按$R \times S$中列的次序排列的其他分量的序号。

在以关系为基本数据结构的数据库中，以上述5种基本关系代数运算为基础构造的数据子语言，可以实现人们所需要的对数据的所有查询和更新操作。E. F. Codd把关系代数的这种处理能力称为关系完备性，这一概念后来进一步发展为关系数据库管理系统的一个重要的评价标准，即在一个实际数据库管理系统中，如果它的关系操纵语言与关系代数等价，即5种基本关系代数运算均可用其操纵语言来实现，则说明该系统的关系操作是完备的，可以实现人们对数据库的任何查询和更新操作。

本书在第2篇中将详细介绍关系型数据库管理系统SQL Server 2012，SQL Server中的T-SQL语言不仅具有关系完备性，而且具有丰富的数据定义、数据更新、数据查询、视图、存储过程、触发器、安全性、完整性、数据库恢复、并发控制、函数等功能，而且还具有流程控制语言和游标等功能，它充分体现了关系数据语言的特点和优点。

1.6 典型案例分析

1.6.1 典型案例1——高校组织结构E-R图的设计（1）

1. 案例描述

某高校中有若干个院（系），每个院（系）有若干个教研室和班级，每个教研室有若干个教师，其中有的教授和副教授每人各带若干个研究生，每个班级有许多学生，每个学生选修若干门课程，每门课程可由许多学生来选修；同时此学校中也有若干个职能处（室），每个职能处（室）有若干个科，每个科有若干个职员。请用E-R图画出该学校的概念数据模型。

2. 案例分析

实体的联系有两类：一类是同一实体内部的联系，反映在数据上是同一记录内部各字段间的联系；另一类是实体与实体之间的联系，反映在数据上是同一类型记录或不同类型记录之间的联系。实体集的联系也有两种：一种是同一实体集中各个实体之间的联系；另一种是不同实体集的各个实体之间的联系（包括一对一、一对多、多对多联系），数据库技术主要考虑不同实体集之间的联系。

学校中有若干个院（系）和若干个职能处（室），每个院（系）有若干个教研室和班级，每个职能处（室）有若干个科，这说明学校与院（系）、学校与职能处（室）、院（系）与教研室和班级之间均是一对多联系；每个教研室有若干个教师，每个班级有许多学生，每个科有若干个职员，这说明教研室与教师、班级与学生、科与职员之间也都是一对多联系；每个学生选修若干门课程，每门课可由许多学生来选修，这说明学生与课程之间是多对多联系；教师中有的教授和副教授每人各带若干个研究生，这说明教师中的教授和副教授与学生中的研究生之间应该是一对多联系。

3. 案例实现

某高校概念数据模型的E-R图如图1.14所示，在学习第2章关系数据库建模的子类实体集概念后，关于学生与教师的联系还有另外的解决方法。

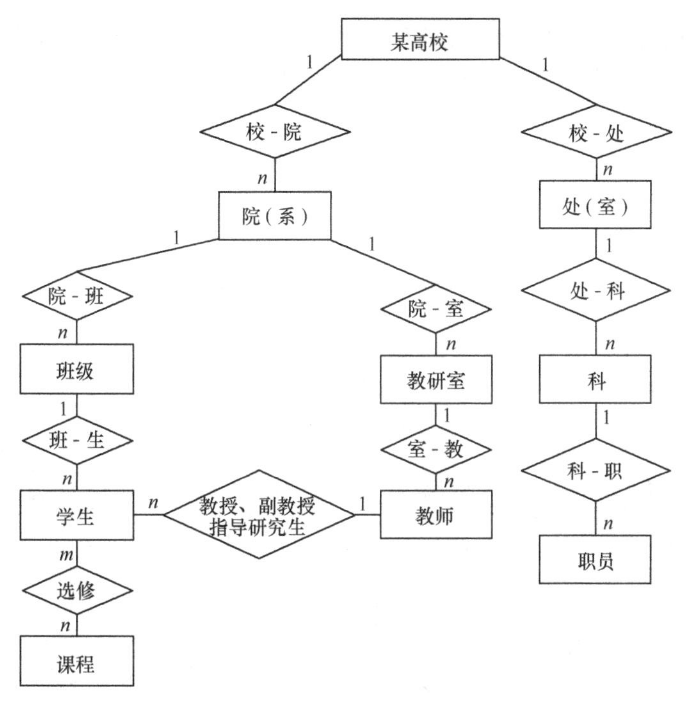

图 1.14　某高校概念数据模型的 E-R 图

1.6.2　典型案例 2——不同部门学生数据的结构化

1．案例描述

某高校的学生处、教务处和图书馆均要使用计算机对学生的有关信息进行管理，但其各自处理的内容不同。学生处要处理的信息包括：学号，姓名，系名，年级，专业，年龄，性别，籍贯，政治面貌，家庭住址，个人履历，社会关系，……。教务处要处理的信息包括：学号，姓名，系名，年级，专业，课名，成绩，学分，……。图书馆要处理的信息包括：学号，姓名，系名，年级，专业，图书编号，图书名称，借阅日期，归还日期，滞纳金，……。要求用数据库系统的方式来实现数据的结构化。

2．案例分析

数据库系统是从整体观点来看待和描述数据的，它将不同应用的共同数据集中在一起作为主记录，而将每个不同应用的数据作为明细记录，并且主记录和明细记录之间通过公共属性进行连接。这样的做法大大减少了数据冗余度，实现了数据的共享，又可避免数据之间的不相容和不一致。

从案例描述中可以看出，这 3 个部门要处理的信息中均有学号、姓名、系名、年级和专业信息，应该集中起来作为主记录（学生实体集），以减少数据冗余。学生处信息除主记录公共信息外，还有学生的年龄、性别、籍贯、政治面貌、家庭住址、个人履历、社会关系等非公共信息，其中前 5 个信息为等长字段，后 2 个信息为非等长字段，这些应该进行分离。分离后通过公共字段学号进行连接，具体形成 3 个明细记录（人事实体集、个人履历实体集、社会关系实体集）。教务处信息除主记录公共信息外，还有课名、成绩、学分等非公共信息，教务处主要关心的是课程信息（课程号、课程名、学分等）以及学生选课以后的成绩，具体可以形成两个明细记录（课程实体集、选课联系）。图书馆信息除主记录公共信息外，还有图书编号、图书名称、借阅日期、归还日期、滞纳金等非公共信息，图书馆主要关心的是图书信息（图书编号、书名、作者等）以及学生借阅图书的信息，具体可以形成两个明细记录（图书实体集、借阅联系）。

3．案例实现

根据上述分析，可以用E-R图画出教务处、学生处和图书馆概念数据模型，如图1.15所示。

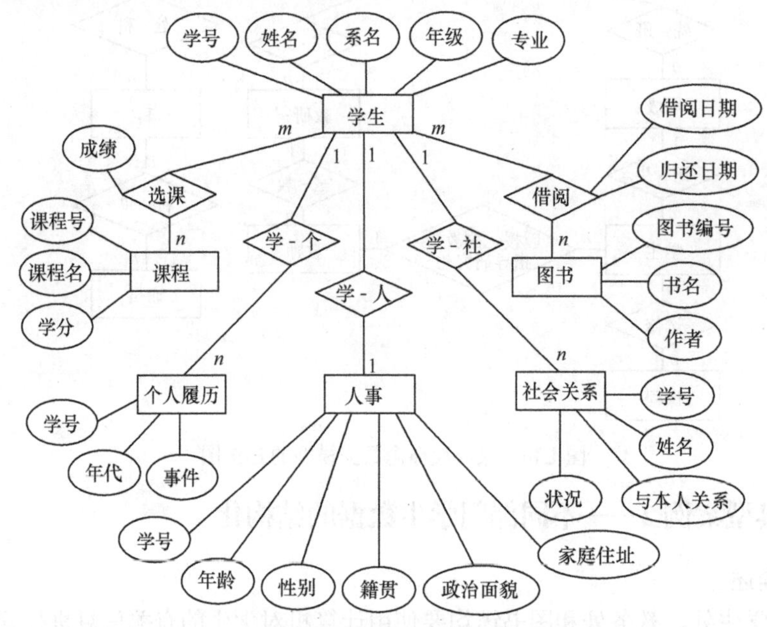

图1.15　教务处、学生处和图书馆概念数据模型

在学习第4章中的E-R图向关系模型转换的规则后，可以得到如下关系模式：学生（<u>学号</u>，姓名，系名，年级，专业），人事（<u>学号</u>，年龄，性别，籍贯，政治面貌，家庭住址），个人履历（<u>学号</u>，年代，事件），社会关系（<u>学号</u>，姓名，与本人关系，状况），课程（<u>课程号</u>，课程名，学分），选课（<u>学号，课程号</u>，成绩），图书（<u>图书编号</u>，书名，作者），借阅（<u>学号，图书编号</u>，借阅日期，归还日期）。

上述每个关系模式相当于一个二维表框架，也即得到了数据结构化图，如图1.16所示。

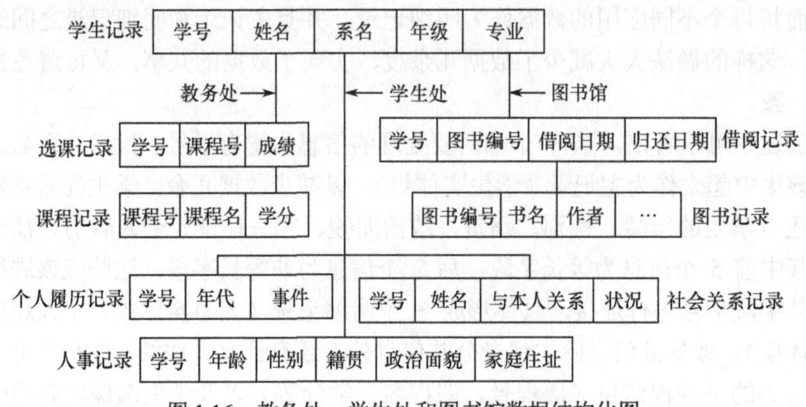

图1.16　教务处、学生处和图书馆数据结构化图

1.6.3 典型案例3——关系代数表达式的查询

1．案例描述

已知一个教学数据库的 3 个关系模式：S(SNO,SNAME,AGE,SEX)，SC(SNO,CNO,GRADE)，C(CNO,CNAME,TEACHER)，试用关系代数表达式表达下列查询要求：

（1）检索'LIU'老师所授课程的课程号、课程名。

（2）检索年龄大于 23 岁的男学生的学号与姓名。

（3）检索学号为'S1'学生所学课程的课程名与任课教师名。

（4）检索至少选修'LIU'老师所授课程中一门课的女学生姓名。

（5）检索'WANG'学生不学课程的课程号。

（6）检索至少选修两门课程的学生学号。

（7）检索全部学生都选修课程的课程号与课程名。

（8）检索选修课程包含'LIU'老师所授全部课程的学生学号。

2．案例分析

（1）此检索只涉及课程表 C 的 3 个属性，属于最简单的单表查询。

（2）此检索只涉及学生表 S 的 4 个属性，其中性别 SEX 用'm'或' f '来表示，也属于最简单的单表查询。

（3）此检索涉及 SC 的一个属性和 C 的两个属性，但两个表必须通过公共属性 CNO 进行自然连接，这属于两个表的连接查询。

（4）此检索涉及 C 的一个属性和 S 的两个属性，由于 S 和 C 没有公共属性，不能进行自然连接，所以必须引入中间表 SC，使得 S 和 SC 先通过 SNO 进行自然连接，然后与 C 通过 CNO 进行自然连接，这属于 3 个表的连接查询。

（5）此检索只要先求出'WANG'学生选修课程的课程号（需要 S 和 SC 通过 SNO 进行自然连接），然后所有课程减去这些课程即可。

（6）此检索首先需要 SC 与 SC 进行笛卡儿积，然后做第一个 SC 中学号和第二个 SC 中学号相等并且第一个 SC 中课程号和第二个 SC 中课程号不相等的选择（这样能保证至少选修 2 门课程），最后关于第一个 SC 中学号进行投影即可。

（7）此检索要用到除法运算，其中全部学生都选修课程的课程号可表示为：$\pi_{SNO,CNO}(SC) \div \pi_{SNO}(S)$；而要求全部学生都选修课程的课程号和课程名，还必须先与 C 通过 CNO 进行自然连接，然后关于课程号和课程名进行投影方可。

（8）此检索要先求出'LIU'老师所授全部课程，可表示为：$\pi_{CNO}(\sigma_{TEACHER='LIU'}(C))$，然后用$\pi_{SNO,CNO}(SC)$除以这些课程即可。

3．案例实现

（1）检索'LIU'老师所授课程的课程号、课程名

$$\pi_{CNO,CNAME}(\sigma_{TEACHER='LIU'}(C))$$

（2）检索年龄大于 23 岁的男学生的学号与姓名

$$\pi_{SNO,SNAME}(\sigma_{AGE>23 \wedge SEX='m'}(S))$$

（3）检索学号为'S1'学生所学课程的课程名与任课教师名

$$\pi_{CNAME,\ TEACHER}(\sigma_{SNO='S1'}(SC \bowtie C))$$

（4）检索至少选修'LIU'老师所授课程中一门课的女学生姓名

$$\pi_{SNAME}(\sigma_{SEX='女'\wedge TEACHER='LIU'}(S \bowtie SC \bowtie C))$$

（5）检索'WANG'学生不学课程的课程号

$$\pi_{CNO}(C) - \pi_{CNO}(\sigma_{SNAME='WANG'}(S \bowtie SC))$$

（6）检索至少选修两门课程的学生学号

$$\pi_1(\sigma_{1=4\wedge 2\neq 5}(SC \times SC))$$

（7）检索全部学生都选修课程的课程号与课程名

$$\pi_{CNO,CNAME}((\pi_{SNO,CNO}(SC) \div \pi_{SNO}(S)) \bowtie C)$$

（8）检索选修课程包含'LIU'老师所授全部课程的学生学号

$$\pi_{SNO,CNO}(SC) \div \pi_{CNO}(\sigma_{TEACHER='LIU'}(C))$$

小　结

本章主要介绍了数据库系统特点、数据描述和数据模型、关系代数、典型案例分析等内容，要求理解数据库系统的数据结构化、数据共享性、数据和程序独立性、对数据实行集中统一控制的特点；掌握数据描述和数据模型，包括实体联系的种类、概念数据模型、结构数据模型、用 E-R 图表示概念数据模型的方法等；掌握关系代数语言，包括关系模型概念、关系模型完整性规则、关系代数 5 种基本运算和 4 种组合运算等，学会计算关系代数表达式的值，并能根据查询请求写出关系代数表达式的表示形式。

本章最后分析了 3 个典型案例。对于案例 1，要求学生掌握不同实体集之间联系（一对一、一对多、多对多联系）的定义，并分析高校组织结构中有多少个实体集及实体集之间有什么联系；对于案例 2，要求学生掌握如何从整体观点来看待和描述数据，并将不同应用的共同数据集中在一起作为主记录，而将每个不同应用的数据作为明细记录，同时主记录和明细记录之间通过公共属性进行连接；对于案例 3，要求学生掌握关系代数的 9 种运算，并根据题意分析涉及几个表、每个表有几个属性、不同表之间有没有公共属性进行连接、用什么运算解题等。

学习本章应把注意力放在掌握基本概念和基本知识上，为进一步学习后续章节打好基础，同时希望读者在学习和实际运用中加以练习与体会。

习　题

1.1　试述数据库系统的特点。

1.2　试举出 3 个实例，要求实体集之间分别具有一对一、一对多和多对多的联系。

1.3　为计算机经销商设计一个数据库，要求包括生产厂商、产品和顾客实体集。生产厂商的信息包括厂商名称、地址、电话；产品的信息包括品牌、型号、价格；顾客的信息包括身份证号、姓名、手机。试用 E-R 图来描述这个数据库，注意要为实体集之间的联系选择适当的类型，并且指出每个实体集的键码。

1.4　为大学生选课设计一个数据库，要求包括学生、系、教师和课程实体集，以及哪位学生选了哪门课、哪个教师教了哪门课、学生的成绩、一个系提供了哪些课程等信息。请用 E-R 图进行描述，注意为每个联系选择适当的类型，并指出每个实体集的键码。

1.5　某工厂中生产若干种产品，每种产品由不同的零件组成，有的零件可用在不同的产品上。这些零件由不同的原材料制成，不同零件所用的材料可以相同。这些零件按所属的不同产品分别放在仓库中，原材料按照类别放在若干个仓库中。请用 E-R 图画出该工厂产品、零件、材料和仓库的概念数据模型。

1.6　叙述关系模型的实体完整性、引用完整性和用户定义完整性的含义，并各举一例说明。

1.7　已知关系 R 和关系 S，求下列运算结果。

R

P	Q	T	Y
2	b	c	d
9	z	e	f
2	b	e	f
9	z	d	e
7	g	e	f
7	g	c	d

S

T	Y	B
c	d	m
c	d	n
e	f	n

（1）$T_1 = \sigma_{Q='g'}(R \times S)$

（2）$T_2 = \pi_{P,Q,B}(R \times S)$

（3）$T_3 = R \div \pi_{T,Y}(S)$

1.8　已知 3 个关系模式：S(SNO,SNAME,SAGE,SEX)、SC(SNQ,CNO,GRADE)和 C(CNO,CNAME,HOURS)，请用关系代数表达式实现下列操作（假设每门课都有人选）：

（1）求各课成绩不及格学生的课程号、姓名及成绩；

（2）求选修了所有课程的学生姓名；

（3）求选修'01'号课且成绩大于 80 分的所有男生的姓名；

（4）将学号为'S45'的学生的'C6'课程的成绩改为 90 分；

（5）求选修学时数少于 50 的课程的学生学号和姓名；

（6）求所有学生均选修课程的课程号和课程名。

第2章　关系数据库建模

☞本章目标

本章主要介绍关系数据库建模概述、E-R图的设计、E-R图的子类和继承、E-R图的约束建模、典型案例分析等内容，学习并掌握好E-R图的设计、E-R图的约束建模、典型案例分析尤为重要，不仅能加深对本章内容的理解，而且能对后续关系数据库设计中正确地将概念数据模型向关系模型进行转换提供重要的保障。

2.1　关系数据库建模概述

要设计一个有用的数据库，首先要考虑在数据库中存放什么信息，然后分析这些信息之间有什么联系，最后再确定数据库的结构。数据库的结构通常称为数据库模式，它是用某种语言或表示法来描述的。在本书中，数据库建模主要使用两种方法。第一种方法是先将现实世界中的想法用信息世界中的实体-联系模型（用E-R图表示）进行描述，然后将其转换成机器世界中的关系模型，最后在关系DBMS上实现。第二种方法是先将现实世界中的想法用对象定义语言（简称ODL，一种面向对象的数据模型）进行描述，然后直接在面向对象DBMS上实现，或者将ODL转换成为关系模型并在关系DBMS上实现。

综上所述，数据库建模过程如图2.1所示。首先是数据库设计者对数据库建模的一些想法，随后可以将这些想法用E-R图或ODL加以描述，接着通常将其转换成关系模型，最后将这种设计用关系DBMS来实现。

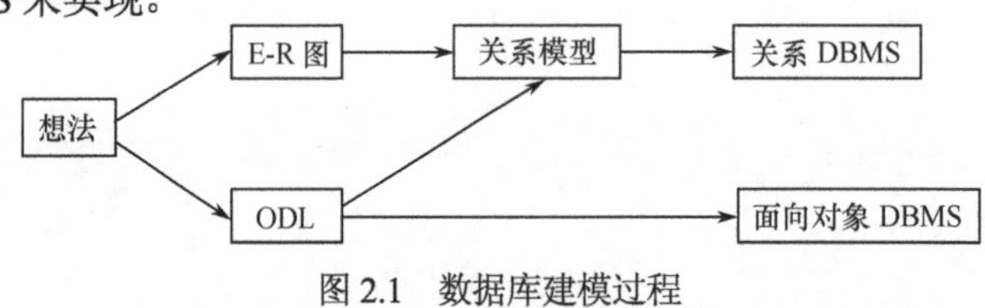

图2.1　数据库建模过程

2.2　E-R图的设计

2.2.1　E-R图的设计方法

1. E-R图的组成部分

数据库建模最常用的模型是实体-联系模型（用E-R图表示），它具有3个主要部分：

① 实体集，在E-R图中用矩形框来表示实体集，实体是实体集的成员。

② 联系，在E-R图中用菱形框来表示联系，联系与其涉及的实体集之间要用直线连接，并在直线上标明联系的种类（1∶1，1∶n，m∶n）。

③ 属性，在E-R图中用椭圆形框来表示实体集和联系的属性。对于键码的属性，在属性名下画一条横线。

归纳总结： 对于如何画好 E-R 图，可以归纳为以下几点。

① 要求掌握不同实体集之间联系（一对一、一对多、多对多联系）的定义；

② 要求分析实际案例中哪些信息需要保存并作为实体集来对待，确定出实体集有多少个，以及每个实体集包含哪些属性和键码是什么；

③ 要求分析哪些实体集之间是有联系的，若有联系，则联系的种类是什么（1∶1，1∶n，m∶n）。

下面举例加以说明。

【例 2.1】 用 E-R 图来表示一个简单的学生选课数据库，如图 2.2 所示。

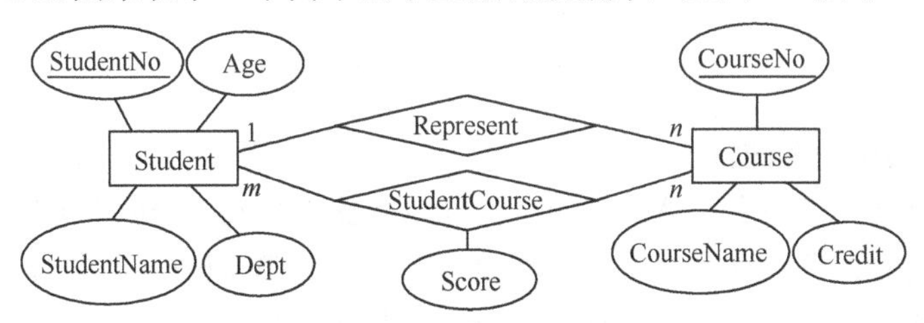

图 2.2　学生选课数据库的 E-R 图

由于一个学生可以选修多门课程且一门课程可以让多个学生来选修，所以 Student（学生）与 Course（课程）之间的 StudentCourse（学生选课）联系属于多对多联系。又由于一门课程只能有一名课代表且一个学生允许担任几门课的课代表，所以 Student（学生）与 Course（课程）之间的 Represent（课代表）联系属于一对多联系。从图 2.2 中可以看出，不仅实体集可以有属性，实体集之间的联系也可以有属性。例如，Student 与 Course 之间的 StudentCourse 联系可以产生一个称为 Score（成绩）的属性，这个属性加在 Student 或 Course 实体集里都不合适，只有作为联系的属性才合适。

需要说明的是，E-R 图中用联系这一术语来描述实体集之间的连接关系，实际上是由参与联系的实体对组成的联系集。例如，对于学生选课联系 StudentCourse，假设张三选修'面向对象程序设计'课程，李四选修'数据库理论与技术'课程，王五选修'计算机专业英语'课程，则三对实体组成的联系集如下所示：

StudentName	CourseName
张三	面向对象程序设计
李四	数据库理论与技术
王五	计算机专业英语

然而，我们通常并不用联系集这一术语来描述实体集之间的联系，而常用实体之间的联系来表示实体集之间的联系。也就是说，在概念上，我们要准确理解实体与实体集、联系与联系集之间的差别，但在使用上，常把实体集说成实体、联系集说成联系。对于关系模式和关系也常有类似的情况，把关系模式简单地说成关系。对于这类问题，在阅读本书或其他参考书时均应予以注意。

【例 2.2】 用 E-R 图来表示一个电影资料数据库，如图 2.3 所示。

在图 2.3 中，由于一部电影可以有一批演员且每个演员可以出演多部电影，所以 Movie（电影）与 Actor（演员）之间的联系 Act（表演）是多对多联系。又由于每家制片公司拥有多部电影且每部电影只归一家制片公司所有，所以 Studio（制片公司）与 Movie（电影）之间的联系 Own（拥有）是一对多联系。由于每家制片公司只有一位公司总裁且每位公司总裁只在一家制片公司任职，所以 Studio（制片公司）与 President（公司总裁）之间的联系 Lead（领导）是一对一联系。关于这 4 个实体集包含属性的含义，读者可以根据英文的意思进行理解。

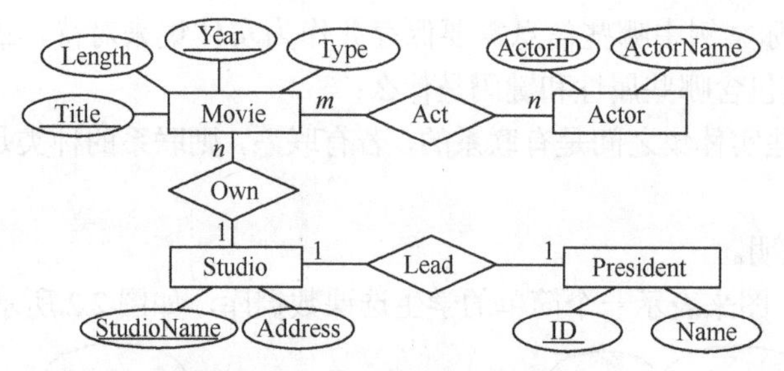

图 2.3　电影资料数据库的 E-R 图

2. E-R 图中联系的多向性

联系有时不仅局限于两个实体集之间，也可能涉及 3 个或 3 个以上的实体集，这时就构成了多向联系。假设在学生选课数据库中增加一个实体集 Teacher（教师），这样学生选课联系就涉及 3 个实体集：Student，Course，Teacher，现举例如下。

【例 2.3】假设同样一门课可能同时有几个教师开设，而每个教师都可能开设几门课，学生可以在选课的同时选择教师。这时，只用学生和课程之间的联系已经无法完整地描述学生选课的信息了，必须用到如图 2.4 所示的三向联系 S_C_T。对于特定的学生和课程，只有一个教师与它们相对应。一个学生可以选修一个教师开的几门课，而一个教师开的一门课也可以有多个学生去选修。

图 2.4　三向联系的例子

在多向联系中，如果从多端若干个实体集中各取出一个实体，那么这几个实体将与一端中唯一的实体相关。虽然用多向联系能更形象地反映某些现实世界，但从数据库建模的角度，用二元联系更为方便。其实，这种多向联系很容易转换成二元联系，其方法为：把多向联系用一个实体集来取代，如例 2.3 中的三向联系 S_C_T 就可以用实体集 S_C_T 取代，同时增加 3 个新的多对一的二元联系，如图 2.5 所示。

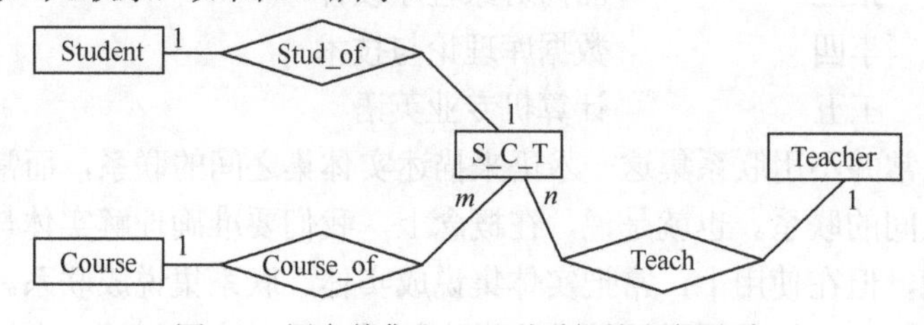

图 2.5　用实体集和二元联系代替多向联系

2.2.2　E-R 图的设计原则

前面已经学习了关系数据库建模和 E-R 图的设计，虽然还有很多的细节没有讨论，但已经可以用这些知识来粗略地设计一个简单的关系数据库结构了。掌握了基本的设计方法之后，我们要做的事情是讨论设计的原则，怎样才是一个好的设计？应避免什么样的问题？这些对于数据库的设计都是很重要的。

1. 真实性

最基本的设计原则是：实体集和属性应当是真实的，应当反映客观现实。如果给学生实体集强加一个属性 Price（价格），尽管这个属性对实体集 Product（产品）是有意义的，但对学生实体集却毫无意义。又如，现实世界中每个学生都能选修多门课程，每门课程也都有多个选修的名额，所以学生与课程之间的联系一定是多对多的，如果硬要给它规定成多对一或一对一联系，那就不能反映客观现实了。所以，在设计时，首先要对客观世界进行准确、全面的分析，然后在此基础上进行合理、正确的抽象。

2. 避免冗余

在设计过程中还要注意，任何事物都只表达一次，否则既浪费空间，又容易造成不必要的麻烦。例如在学生选课数据库中，假设有一个联系 Represent（课代表），如果硬要给联系 Represent 加一个属性：RepreAge（课代表年龄）（见图 2.6），虽然不违反规则，但显然是多余的，因为学生实体集中已经有这个属性了，这将造成数据冗余。更严重的问题是，在每年的固定时间修改学生实体集中的年龄属性值时，有可能忘记修改 RepreAge，这就会造成数据的不一致。要避免这种问题的出现，就必须避免数据冗余。

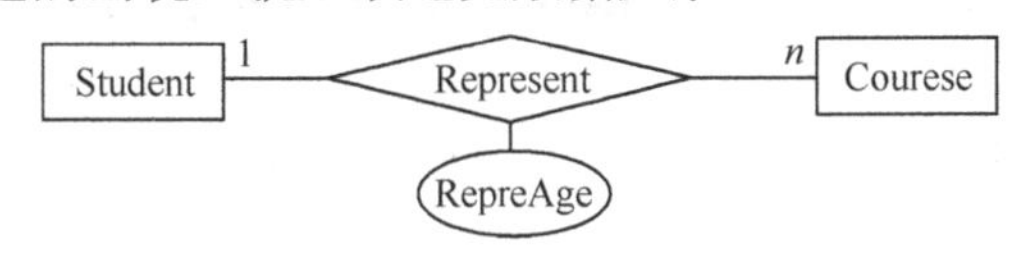

图 2.6　含有多余属性的联系

3. 简单性

在设计数据库的过程中，一定要设法避免引入过多的元素，应尽量简单明了。比如在设计电影资料数据库时，假定存在一个实体集：Holding（电影所有权），用来表示电影和制片公司之间的联系。可以在每部电影和代表该电影的唯一所有权之间建立一对一的联系 Represents（代表），而制片公司到电影所有权的联系 Owns（拥有）是一对多的，如图 2.7 所示。在现实世界中，这样的设计谈不上有错，但是新增加的这个实体集 Holding 并没有起到有效的作用，事实上没有它会更好，因为它使得电影与制片公司之间的联系变得更加复杂，既浪费空间，又容易出错。

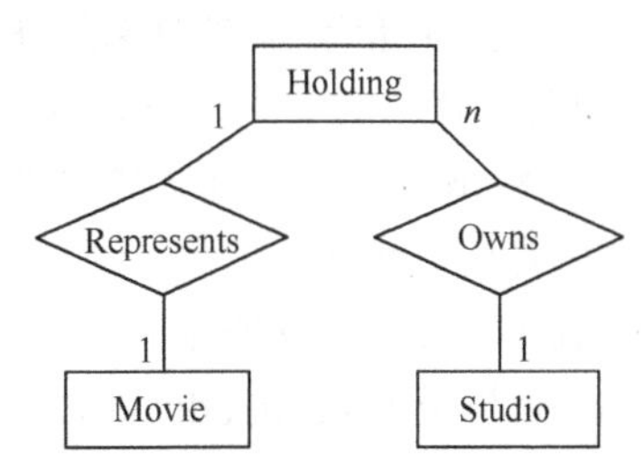

图 2.7　具有多余实体集的不良设计

4. 合理选择元素类型

很多时候，我们需要面对这样的选择：究竟是把某种元素作为属性，还是单独作为一个实体集？一般来说，属性比实体集或者联系实现起来都简单，但是，我们必须要慎重考虑，合理选择元素的类型。

考虑一下电影资料数据库，在这个数据库中，把 President（公司总裁）作为一个实体集合适吗？假如删除公司总裁这个实体集，而把公司总裁的姓名作为制片公司的一个属性，不是更好吗？ 既节省了存储空间，又降低了复杂程度，符合数据库设计对简单性的要求。

另一方面，是否可以把 Studio（制片公司）这个实体集也删除掉，把制片公司的名称、地址、公司总裁的姓名都作为 Movie（电影）的属性？如果这样做，则会产生极大的冗余，对每部电影都要重复制片公司的名称、地址和公司总裁的姓名；而且，假如一家制片公司刚刚成立，还没有制作一部电影，那么我们将无法获得该公司的名称、地址和公司总裁的姓名了。

这里需要说明一下，实体集中的属性有关键属性与非关键属性之分，关键属性就是所谓的键码。在建立数据库时，键码属性值必须唯一确定，若未定，则相应实体的各属性值均不能存入数据库。在例 2.2 中，Title 和 Year 合在一起是键码，它们要遵守实体完整性的规定。

另外，假如在原先的公司总裁实体集中，除 Name 这个属性外，还有 E-mail、Tel 等属性，那么还是把公司总裁继续作为一个实体集来对待比较合适。

注意： 若某个事物具有比名称更多的信息（属性），则作为实体集来实现更加合适；然而，若它除名称外不具有其他信息，则作为属性可能更合理。

2.3 E-R 图的子类和继承

2.3.1 E-R 图的子类

实体是实体集的成员，实体集是同类实体的集合。在面向对象数据模型里，实体相当于对象，实体集相当于类。另外，如果某个实体集中含有一部分实体，而这部分实体具有某些附加的特性，并且这些特性对集合中其他实体成员来说是没有的，我们就称这部分实体组成的集合为子实体集或子类。

假定类 A 是类 B 的子类，类 A 对应于 E-R 图中的实体集 A，类 B 对应于 E-R 图中的实体集 B，为了表示出 A 和 B 之间的关系，我们用一种称作“属于”（isa）的特殊联系将实体集 A 和 B 相连。任何只与子类 A 有关的属性和联系都连到实体集 A 的方框上，而与类 A 和 B 都有关的属性则联系到实体集 B 的方框上。“isa”联系用一个三角形和两条连向实体集的线来表示，三角形的尖端指向超类，三角形中还要写上“isa”的字样，如图 2.8 所示。

比如，Student（学生）这个类，类中可能有某些对象是 Postgraduate（研究生），他们应该有一个 Tutor（导师）的属性，但对于普通的学生就没有这个属性。对于这种情况，一种有效的解决办法是把类中的某些对象组织成子类，除作为整体的类的特性外，每个子类有自己的附加属性和（或）联系。E-R 图就是用这种称为“属于”（isa）的特殊联系来表示类与子类的层次关系的。下面举个例子加以说明，如图 2.9 所示。

【例 2.4】用 E-R 图表示类 Student 与子类 Postgraduate 之间的联系，为方便起见，未画出实体集 Student 与 Course 的联系。

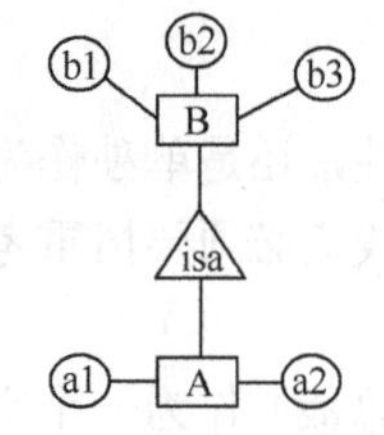

图 2.8 类 B 与子类 A 的联系

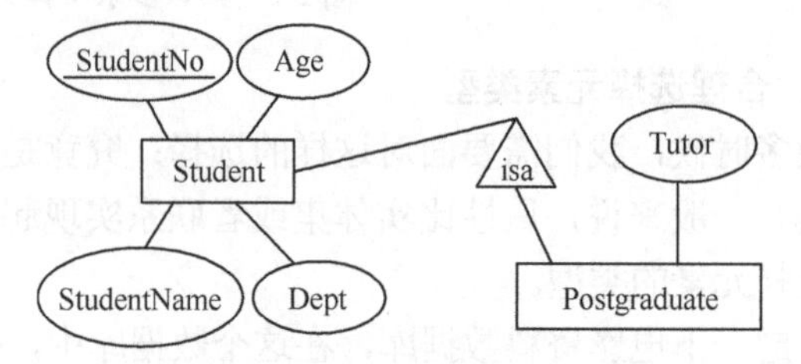

图 2.9 表示类 Student 与子类 Postgraduate 之间联系的 E-R 图

2.3.2 E-R 图的继承

在一个电影资料数据库里，Movie（电影）是一个类，而 Cartoon（动画片）和 Murder（谋杀片）就是它的两个子类，这两个子类继承了 Movie（电影）类的特性。对于 Movie 类中的一个对象《谁陷害了兔子罗杰》，它既属于动画片类又属于谋杀片类。在如图 2.10 所示的 E-R 图中，我们不需要有动画-谋杀片相对应的类。对于《谁陷害了兔子罗杰》这个 Movie 类中的一个对象，它有属于 Movie 类的 4 个属性 Title、Year、Length、Type 和两个联系 Act、Own，有属于 Cartoon 子类的一个联系 Voice，还有属于 Murder 子类的一个属性 Weapon，即该对象具有属于 3 个类 Movie、Cartoon 和 Murder 的分量。换句话说，通过“属于”（isa）联系将这 3 个类的分量连成一个实体。从这个例子可以看出，“属于”（isa）联系与普通联系的不同之处是，“属于”（isa）联系只是把一个较复杂的实体从结构上划分为不同的层次。

【例 2.5】 用 E-R 图表示类 Movie 与子类 Murder、Cartoon 之间的联系。

E-R 图如图 2.10 所示。

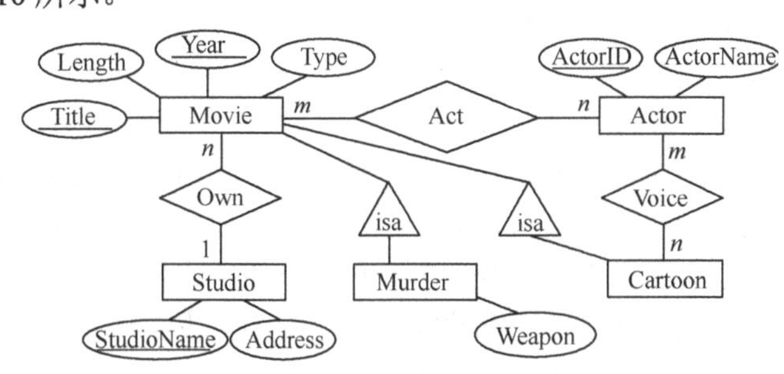

图 2.10 在 E-R 图中表示子类的例子

2.4 E-R 图的约束建模

在建模过程中，使用 E-R 图中的实体集和联系，可以表示数据库中最基本的数据结构。然而，现实世界中还有很多重要的方面不能用前面介绍过的方法来建模，这些信息往往对数据具有一定的约束。常见的约束信息一般可以分为以下几类。

2.4.1 实体集的键码

在 E-R 图中，在实体集的范围内键码（Key）能唯一标识一个实体的属性或属性集。一个实体集（或类）中的任何两个实体（或对象）在构成键码的属性集上的取值决不能相同，否则键码就不能唯一标识一个实体（或对象）。

例如，对于实体集 Student（学生）来说，StudentNo（学号）是键码，该实体集中的任何两个实体（任何两个学生）绝对不能具有相同的学号。又如，在电影资料数据库中，由于个别几十年前的老电影现在又掀起了重拍的风潮，且电影名都不变，因此我们不能把属性 Title（电影名）作为 Movie 实体集的键码，而应当把两个属性 Title 和 Year 的集合作为键码，因为在同一年制作两部完全同名的电影是不太可能的。对于电影资料数据库中的其他两个实体集：Actor（演员）和 Studio（制片公司），也应该认真考虑把什么属性或属性集作为键码。对于制片公司而言，恐怕不会有哪两个公司的名字是完全相同的，因此我们可以把属性 Name（公司名）作为 Studio 实体集的键码。对于演员而言，同样有可能出现重名的情况，我们可以将 ID

（身份证号）作为 Actor 实体集的键码。

实际情况并不总像上面叙述的那么复杂，我们往往在设计数据库时要为重要的实体集建立有效的键码。例如，学校为所有学生分配唯一的学号，公司为所有职工分配唯一的员工号等，这样就可以很方便地区分数据库中的实体。又例如，在学生选课数据库中有两个实体集 Student（学生）、Course（课程）和一个联系 StudentCourse（学生选课）。显而易见，Student 实体集的键码是属性 StudentNo（学号），Course 实体集的键码是属性 CourseNo（课程号），因为这两个属性就是为了作为键码而建立的。而 StudentCourse 联系的键码是属性 StudentNo 和 CourseNo 的集合，这个属性集的取值能够唯一确定一个学生的选课记录。

在 E-R 图中，假如实体集的某个属性在键码的属性集中，就在该属性名下面画一条横线。在图 2.10 中，对于实体集 Movie 来说，Title 和 Year 属性的组合作为键码。在有多个键码的情况下，E-R 图不提供正式的表示法来表示所有的键码。通常我们会选择一个键码作为主键码，并把它看作是实体集的唯一键码，用下画线来标明。至于其他的键码，称为候选键码，一般不在 E-R 图上标出，或者在图的旁边做出注释。

2.4.2 单值约束

单值约束要求实体的某个属性值是唯一的，键码是单值约束的主要来源。由于键码能唯一地标识一个实体，因此，当键码值给定时，该实体的其他属性值也就唯一地确定了。明确键码是单值约束的来源，会给数据库的管理带来很大方便。比如，我们要查询学生数据库，当按键码学号来查询时，只要找到一个和给定学号匹配的学生实体就可以了，而不必担心是否会遗漏其他学号相同的学生；如果按非键码属性，比如年龄来查询，则只能找出与给定年龄相匹配的所有学生。

通常在进行数据库设计时，会要求实体的某个属性只有唯一的值。例如，每个学生实体有唯一的学号，每部电影有唯一的名称和年份，并且每部电影只属于唯一的制片公司等。若实体集的属性是键码的一部分，则要求实体集中每个实体的该属性值都存在；若实体集的属性不是键码的一部分，则允许该属性值不存在，即可以对该属性建立“null”值（空值）来表示允许该属性的值任选。

例如，对于 Movie 实体集，已经确定它的键码是（Title,Year），我们要求这两个属性在所有电影对象中都存在；而属性 Length 和 Type 不是键码的一部分，所以可以选择“null”值或“not null”值。

2.4.3 完整性约束

一个实体的键码属性（集）值不能为空，称为实体完整性；而一个实体的某个属性（集）值只能引用另一个实体确实存在的键码属性（集）值，则称为引用完整性。

在例 2.1 中，我们介绍了学生选课数据库的 E-R 图。如果将此 E-R 图转换为关系模型（转换规则将在 4.4.2 节介绍），那么可以得到以下 3 个关系模式（下画线部分属性或属性集为键码）：

```
Student(StudentNo,StudentName,Age,Dept)
StudentCourse(StudentNo,CourseNo,Score)
Course(CourseNo,CourseName,Credit,Rep_StudentNo)
```

在学生选课数据库中，StudentCourse 表中的学号 StudentNo 只能取 Student 表中的

StudentNo 属性值之一，同样 StudentCourse 表中的课程号 CourseNo 也只能取 Course 表中的 CourseNo 属性值之一。若要删除某个学生实体，则除了删除该学生的学号及其相关的属性值，还应同时删除与该学号对应的所有选课实体。若要在 StudentCourse 表中插入选课实体，则 StudentNo 和 CourseNo 的取值应满足引用完整性。若要在 Course 表中修改课程号，同样要保证在 StudentCourse 表中相应的课程号得到同步更新，以保证满足引用完整性。

2.4.4 其他类型约束

域约束要求某个属性的值应处于特定的范围内或者取自特性值的集合。例如，学生的学号是 11 位字符且是学号集合中的一个元素，学生选课的课程号是 5 位字符且必须是课程号集合中的一个元素，这样域约束把属性值约束在一个有限的集合之内。在说明一个属性时，要求带上属性的类型，这个类型就是域约束最基本、最初级的形式。

一般约束是要求在数据库中设置一些规定。例如，规定一个电影实体不能通过联系 Act 与 8 个以上的演员实体相连。在 E-R 图中，我们可以在联系 Act 和实体集 Actor 的连线旁边标出“≤8”这个数量限制。

约束是关系数据库模式的一部分，设计者应把约束和结构设计（如实体集、属性和联系）一起说明，一旦说明了某种完整性约束，就不允许对数据库进行任何违背该约束的插入、修改和删除操作。设计者应把对约束建模放在一个重要的位置，不能草率行事。假如我们在建立学生数据库时，仅仅因为当时还没有两个同名的学生，就简单地把学生姓名 StudentName 作为 Student 实体集的键码，那么当数据库中的数据越来越多，直到发现有学生重名的现象时，就要对整个数据库的结构做出调整。所以，在关系数据库设计时要妥善考虑，将学号 StudentNo 这个属性作为 Student 实体集的键码。

2.5 典型案例分析

2.5.1 典型案例 4——高校组织结构 E-R 图的设计（2）

1．案例描述

一般高校中有若干个院（系），每个院（系）有若干个教研室和班级，每个教研室有若干个教师，其中有的教授和副教授每人各带若干个研究生，每个班级有许多学生，每个学生选修若干门课程，每门课程可由许多学生来选修；同时高校中也有若干个职能处（室），每个职能处（室）有若干个科，每个科有若干个职员。请用 E-R 图画出高校的概念数据模型。

2．案例分析

学校中有若干个院（系）和若干个职能处（室），每个院（系）有若干个教研室和班级，每个职能处（室）有若干个科，这说明学校与院（系）、学校与职能处（室）、院（系）与教研室和班级之间均是一对多联系；每个教研室有若干个教师，每个班级有许多学生，每个科有若干个职员，这说明教研室与教师、班级与学生、科与职员之间也都是一对多联系；每个学生选修若干门课程，每门课可由许多学生来选修，这说明学生与课程之间是多对多联系；教师中有的教授和副教授每人各带若干个研究生，这说明教授和副教授是教师的子类、研究生是学生的子类，并且教授和副教授与研究生之间应是一对多联系。

3．案例实现

某高校组织结构的 E-R 图如图 2.11 所示。

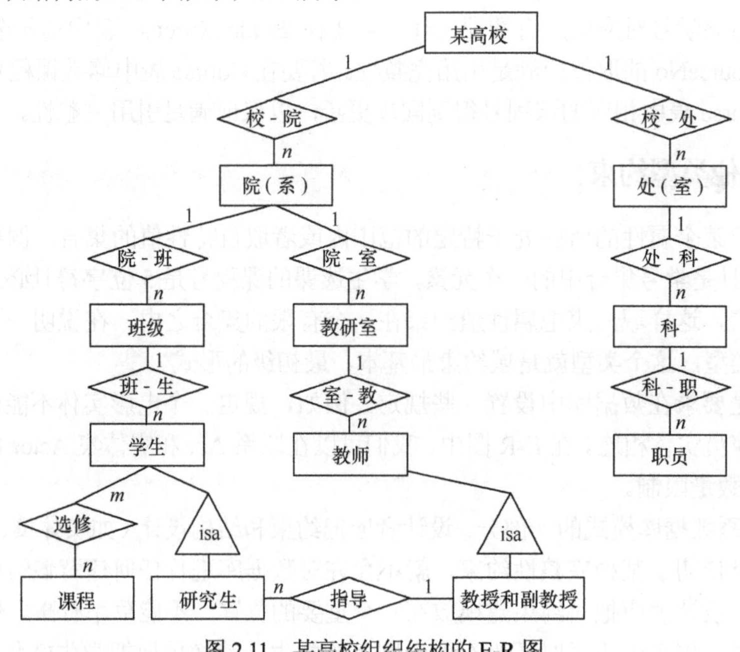

图 2.11　某高校组织结构的 E-R 图

2.5.2　典型案例 5——在线考试系统 E-R 图的设计

1．案例描述

经过需求分析，在线考试系统包括以下一些主要功能。

① 考生相关功能：考生的注册、登录、答题、提交试卷、成绩查询等。

② 试卷生成和评分功能：根据最新设置的试卷结构，随机从试题库中生成试卷；根据考生提交的答案对照正确答案给出分数；试卷的维护功能。

③ 试题库的管理功能：试题（目前可用题型包括判断题、选择题和填空题）的增加、修改、删除等功能。

④ 其他管理功能：成绩统计、学生信息的查询与管理、学生补考功能等。

根据以上功能，我们可以将整个系统划分为前、后台共五大功能模块，前台包括考生注册和考生考试两大功能模块，后台包括管理员信息管理、题库管理、考试管理三大功能模块。其中，考生注册主要用于新生的注册，以便于能取得今后考试的资格；考生考试主要实现考生登录、答题、交卷、以往成绩查询和查看以往考卷答案等功能。管理员信息管理主要用于管理员信息的修改；题库管理主要用于对不同类型的试题进行增加、删除、修改等操作，目前能支持的题型限于判断题、选择题和填空题；考试管理主要用于设置试卷的题型、分数，生成试卷，补考设置等，还包括对考试成绩的查询和统计、对考生信息进行查询和维护等功能。

根据以上信息，要求画出在线考试系统的 E-R 图。

2．案例分析

根据以上内容可以知道，在线考试系统主要包含考生信息和试卷信息两个实体集，此外还应包括考试信息、判断题信息、选择题信息、填空题信息、管理员信息等。其中，考生信息和试卷信息之间是多对多联系，每份试卷是根据试卷信息从判断题信息、选择题信息和填空题信息中随机挑选试题组成试卷的。

3. 案例实现

考生信息属性包括：考生学号，考生姓名，考生密码，考生性别，考生班级，注册日期；试卷信息属性包括：试卷编号，判断题数量，判断题每题分数，选择题数量，选择题每题分数，填空题数量，填空题每题分数，出卷日期；考试信息属性包括：试卷编号，考生学号，考生成绩，考试日期，是否补考，补考成绩，补考日期；判断题信息属性包括：判断题编号，判断题内容，标准答案，添加日期；选择题信息属性包括：选择题编号，选择题内容，标准答案，添加日期；填空题信息属性包括：填空题编号，填空题内容，标准答案，添加日期；管理员信息属性包括：管理员姓名，管理员密码。在线考试系统的 E-R 图如图 2.12 所示，但限于篇幅，E-R 图中省略了部分属性，也省略了次要实体。

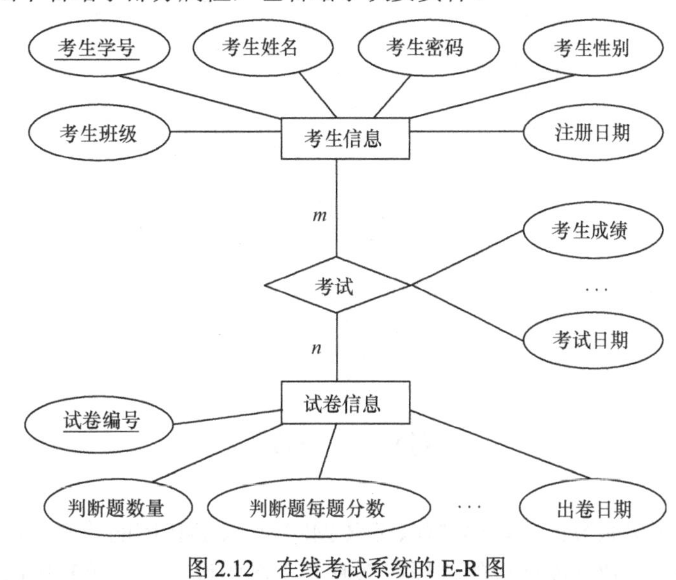

图 2.12　在线考试系统的 E-R 图

2.5.3　典型案例 6——图书网上销售系统 E-R 图的设计

1. 案例描述

经过需求分析，图书网上订购的流程大致包括：进入购物网站浏览图书、选择希望购买的图书放入购物袋、确认要购买的图书和数量、填写个人有关信息与支付方式、产生订单。基于图书网上订购的流程，我们可以设计以下基本功能。

① 图书展示功能：展示完整的图书目录信息提供给客户进行查询，并可直接点选图书放入“购物袋”中。另外也包括本期促销图书展示功能，以刺激客户的购买欲。

② 购物袋功能：展示目前客户已点选的图书，包括图书名称、价格、数量等，并计算订单总金额。

③ 网上结账功能：当客户选购完毕后可立即在网上进行结账，这时客户输入个人资料（如姓名、电话、地址）及付款资料（如微信、支付宝、银行卡等）作为出货与付款的依据。

④ 订单确认功能：在结账完毕后立即产生订单，并显示出来以供客户确认。

根据以上信息，要求画出图书网上销售系统的 E-R 图。

2．案例分析

根据以上内容可以知道，图书网上销售系统主要包含图书信息和客户信息两个实体集，此外还应包括订购信息、购物袋信息。其中，图书信息和客户信息之间是多对多联系；订购信息属性包括：订单编号、图书编号、数量和单价；购物袋信息属性包括：临时编号、已选购的图书编号、要选购的数量，其中购物袋信息是一个临时表，而订购信息中的单价是为了计算方便起见加入的，它与图书信息中的图书价格含义相同。

3．案例实现

经过以上简单分析可以知道，图书网上销售系统主要包含图书信息、客户信息两个实体集，具体可用如图 2.13 所示的 E-R 图来表示。

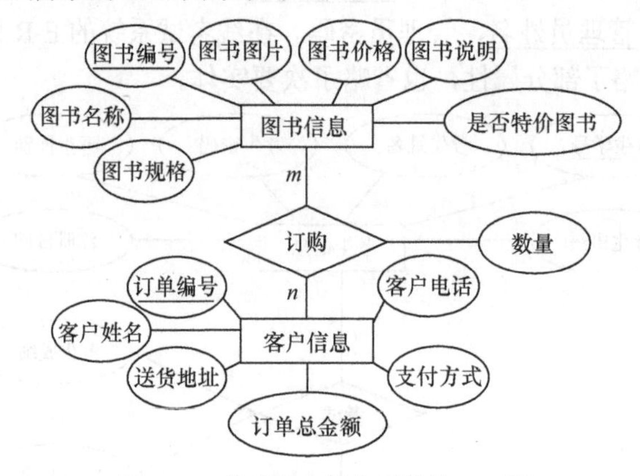

图 2.13　图书网上销售系统的 E-R 图

小　　结

本章主要介绍了关系数据库建模概述、E-R 图的设计、E-R 图的约束建模和典型案例分析等内容，要求理解关系数据库建模的过程；掌握 E-R 图的设计，包括 E-R 图的设计方法和设计原则；了解 E-R 图的子类和继承；掌握 E-R 图的约束建模，包括实体集的键码、单值约束、完整性约束和其他类型约束。

本章最后分析了 3 个典型案例。对于案例 4，要求学生掌握高校组织结构中有多少个实体集及实体集之间有什么联系，特别地，按题意要弄清楚教授和副教授是教师的子类、研究生是学生的子类，并且教授和副教授与研究生之间是一对多的联系。对于案例 5，要求学生掌握在线考试系统主要包含考生信息和试卷信息两个实体集，且两者之间的联系（考试信息）是多对多的联系，此外还应包括各种题型信息和管理员信息，每份试卷是根据各种题型信息按规定比例来组成的。对于案例 6，要求学生掌握图书网上销售系统主要包含图书信息和客户信息两个实体集，且两者之间的联系（订购）是多对多的联系，此外还应包括购物袋信息，而购物袋信息是一个临时表。

学完本章之后，要求读者理解数据库建模主要包括：确定最基本的数据结构和对约束建模，掌握用 E-R 图来建立简单的概念数据模型。同时，读者还应掌握数据库中的一个重要概念——键码，并对实体完整性和引用完整性有初步的了解。

习　　题

2.1　简述 E-R 图的设计方法和设计原则。

2.2　房屋租赁公司利用数据库记录房主的房屋和公司职员的信息。其中，房屋信息包括编号、地址、面积、朝向、租金价格，职员信息包括编号、姓名、联系的客户、约定客户见面时间、约定客户看房的编号。房屋租赁公司的 E-R 图如图 2.14 所示。

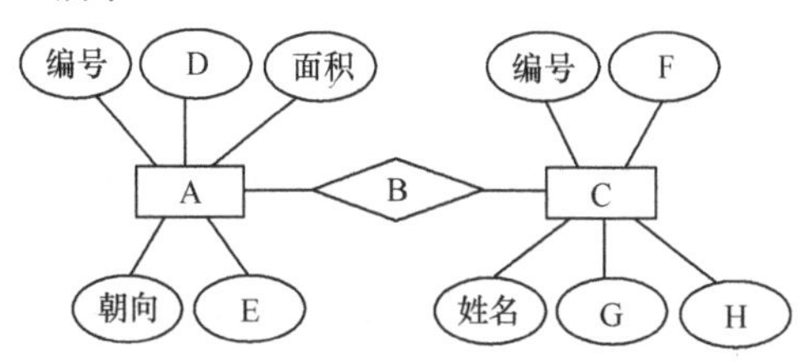

图 2.14　房屋租赁公司的 E-R 图

在下面括号中填入合适的答案，并在图 2.14 中标出实体联系的类型。

A：(　　)　B：(　　)　C：(　　)　D：(　　)

E：(　　)　F：(　　)　G：(　　)　H：(　　)

2.3　研究生（Postgraduate）是大学生（Student）的子类，同样博士生导师（Director）是教师（Teacher）的子类，请用 E-R 图进行描述。

2.4　E-R 图中的实体集相当于面向对象概念中的（　　　），实体集的成员称为实体，它相当于面向对象概念中的（　　　）。

2.5　现有某图书销售系统，实体集包含出版社、图书、读者、书店和城市等。其中，出版社包含编号、名称和地址；图书包含编号、名称、出版时间、版次；读者包含编号、姓名、电话；书店包含书店编号、联系电话；城市包含编号、名称。系统涉及的实体集之间的约束有：①出版社可以出版多本图书，一本图书只能在一个出版社出版；②一个书店可以出售多本图书给多个读者，每个读者从多个书店购买多本图书，一本图书通过多个书店出售给多个读者，书店把图书出售给读者后要记录售书日期和售书数量信息；③每个书店只能位于一个城市，一个城市可以有多个书店。请根据以上信息画出合理的图书销售数据库的概念数据模型（E-R 图），要求给出实体集、联系、属性和主键码（联系要标明是 1∶1，1∶n 还是 m∶n；主键码加下画线）。

2.6　从现实生活中列举 3 个例子，用 E-R 图来表示实体集之间满足一对一、一对多和多对多的联系。

2.7　试用自己的语言来表达实体完整性和引用完整性的概念，并分别举例进行说明。

第3章　关系数据库模式设计

☞本章目标

本章主要介绍关系规范化问题的提出、函数依赖的概念、关系模式的键码、关系的规范化、模式分解的优劣和典型案例分析等内容，学习并掌握好函数依赖的概念、关系模式的键码、关系的规范化和典型案例分析尤为重要，不仅能加深对本章内容的理解，而且有利于在后续的关系数据库逻辑结构设计中对一组关系模式进行优化时提供技术支持。

3.1　关系规范化问题的提出

在关系数据库设计中，如何把现实世界表达成关系数据库模式，并且这种模式设计是合理和有效的，这些是人们一直十分关注的问题。

关系数据库模式是若干关系模式的集合，所谓关系数据库的模式设计实际上就是从多种可能的组合中选取一个合适的或者说性能好的关系模式集合作为关系数据库模式。

为了对关系模式集合的性能好坏有一个直观的认识，我们用一个实例组成不同的关系模式集合，施加不同的影响，以便评价关系数据库模式设计的优劣。

【例 3.1】某高校要建立一个关系数据库来描述学生和系的一些情况，面临的对象有：学生的学号（SNO）、学生的姓名（SNAME）、系的名称（DEPT）、系的负责人（MN）、学生选修的课程号（CNO）、课程名称（CNAME）和学生选修课的成绩（GRADE）。由现实世界的已知事实可以得知上述对象之间有如下联系：

- 一个系有若干个学生，但一个学生只属于一个系；
- 一个系只有一个负责人；
- 一个学生可以选修多门课程，每门课程应有许多学生选修；
- 每个学生选修的每一门课程都有一个成绩。

根据上述情况，我们至少可以考虑以下两种关系数据库模式设计的选择方案：

方案 1：采用一个总的关系模式，即

SA(SNO,SNAME,DEPT,MN,CNO,CNAME,GRADE)

方案 2：采用 4 个关系模式，即

S(SNO,SNAME,DEPT)、D(DEPT,MN)、SC(SNO,CNO,GRADE)和 C(CNO,CNAME)

比较起来，第一个方案可能带来下列问题。

1．数据冗余

如果某个学生选修多门课程，则由于每选修一门课程必须存储一个数据记录，因此他的姓名及其所在系的信息将被重复保存。

2．更新异常或潜在的不一致

由于数据存储冗余，当更新某些数据项（如学生所在的系）时，有可能一部分涉及的元组被修改而另一部分元组却没有被修改，这就造成存储数据的不一致。

3．插入异常

如果一个系刚刚成立，尚无学生或者虽然有了学生但尚未安排课程，就无法把这个系及其负责人的信息存入数据库，这是因为在关系模式 SA 中，主键码为（SNO,CNO），而关系模型的实体完整性约束不允许主键码属性为空值，因此在学生未选修课程或系里未分配学生之前，相应元组无法插入。

4．删除异常

如果某个系的学生全部毕业了，我们在删除该系全体学生信息的同时，把这个系及其负责人的信息也一同删除了，这显然是人们所不希望的。

由于上述几个问题，方案 1 不是一个好的关系数据库模式设计，而在方案 2 中这些问题都不存在，因而方案 2 在性能上优于方案 1。一个好的模式应具有较少的数据冗余，同时不会发生插入异常、删除异常和更新异常。上述关系模式中的异常统称为存储异常。现在的问题在于：产生这种存储异常的根源何在？

对例 3.1 的两个关系模式设计方案进行对比研究可以发现，存储异常的存在是与每个关系模式内部各属性值之间的内在相关性直接有关的。在关系模式 SA 中，键码为（SNO,CNO），它的值唯一地决定了其他所有属性的值，形成一种函数依赖关系，即属性 SNAME、DEPT、MN、CNAME、GRADE 的值都函数依赖于键码。但另一方面，这些属性对于键码的函数依赖程度又有所不同。GRADE 是真正函数依赖于整个键码的，而 SNAME、DEPT 的值则实际上只受 SNO 的影响而与 CNO 无关，即只是部分函数依赖于键码（SNO,CNO），而 MN 直接函数依赖于 DEPT 而间接传递函数依赖于 SNO，正是这种部分函数依赖和传递函数依赖造成了上述的存储异常，从而导致了人们对这些数据依赖关系的深入研究。

3.2　函数依赖的概念

数据依赖是现实世界事物之间的相互关联性的一种表达，是属性固有语义的体现。人们只有对一个数据库所要表示的现实世界进行认真的分析，才能归纳出与客观事实相符合的数据依赖。数据依赖中最常见、最重要的一种依赖是函数依赖，下面介绍函数依赖的概念。

3.2.1　函数依赖定义

定义 3.1　设 $R(U)$是属性集 U 上的关系模式，X、Y 是 U 的子集。若对于 $R(U)$的任意一个可能的关系 r，r 中不可能存在两个元组在 X 上的属性值相等、在 Y 上的属性值不等，则称“X 函数决定 Y”或“Y 函数依赖于 X”，记作 $X \rightarrow Y$。

一般来讲，只能根据语义来确定一个函数依赖。根据例 3.1 语义可得出 SA 的函数依赖：F={SNO→SNAME,SNO→DEPT,DEPT→MN,CNO→CNAME,(SNO,CNO)→GRADE}。又如，“姓名→年龄”只有在没有同名人的条件下成立，如果允许有相同名字，则年龄就不再函数依赖于姓名了。设计者也可以对现实世界做出不允许同名人出现的强制规定，但在一般情况下这是不合情理的。解决的办法是：用“学号→年龄”来代替“姓名→年龄”。

注意： 函数依赖不是指关系模式 R 的某个或某些关系满足的约束条件，而是指 R 的一切关系均要满足的约束条件。例如，学生选课 SC(SNO,CNO,GRADE)关系模式，假定在当前的记载中，每个学生只选了一门课程，我们也不能就此断言，SNO 的属性值可以唯一地确定 CNO 值，因为当前每个学生只选一门课的事实并不限定他只能选一门课，只有当制度规定每个学生只能选一门课时，上述论断才真正构成一个函数依赖。

下面介绍一些记号和术语。

① $X \to Y$，但 $Y \not\subset X$，则称 $X \to Y$ 是非平凡函数依赖。若不特别声明，我们总是讨论非平凡函数依赖。

② 若 $X \to Y$，$Y \to X$，则记作 $X \leftrightarrow Y$。

③ 若 Y 不函数依赖于 X，则记作 $X \nrightarrow Y$。

3.2.2 完全函数依赖和部分函数依赖

定义 3.2 在 $R(U)$中，如果 $X \to Y$，并且对于 X 的任何一个真子集 X'，都有 $X' \nrightarrow Y$，则称 Y 对 X 完全函数依赖，记作

$$X \xrightarrow{f} Y$$

在 $R(U)$中，如果 $X \to Y$，并且存在 X 的一个真子集 X_0，使得 $X_0 \to Y$，则称 Y 对 X 部分函数依赖，记作

$$X \xrightarrow{p} Y$$

上述完全函数依赖和部分函数依赖定义可以用图 3.1 表示。

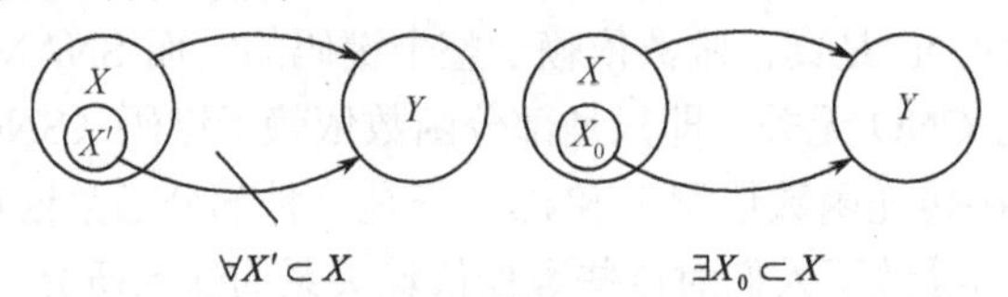

图 3.1 完全函数依赖和部分函数依赖图形表示

在 SC(SNO,CNO,GRADE)中，(SNO,CNO)→GRADE，但 SNO↛GRADE，CNO↛GRADE，$\varnothing \nrightarrow$GRADE，故

$$(\text{SNO,CNO}) \xrightarrow{f} \text{GRADE}$$

在 SA(SNO,SNAME,DEPT,MN,CNO,CNAME,GRADE)中，(SNO,CNO)→SNAME，但 SNO→SNAME，故

$$(\text{SNO,CNO}) \xrightarrow{p} \text{SNAME}$$

回顾前面的讨论可以看出，部分函数依赖的存在是关系模式产生存储异常的一个内在原因。另一类值得特别注意的函数依赖是传递函数依赖，它是导致关系模式存储异常的另一个原因。

3.2.3 传递函数依赖

定义 3.3 在 $R(U)$中，如果 $X \to Y$ ($Y \not\subset X$)，$Y \nrightarrow X$，$Y \to Z$，则称 Z 对 X 传递函数依赖，记作 $X \xrightarrow{t} Z$。

加上条件 $Y \nrightarrow X$，是因为如果 $Y \to X$，则 $X \leftrightarrow Y$，实际上是 $X \to Z$，而不是传递函数依赖。

上述传递函数依赖定义可以用图 3.2 表示。

现在考虑关系模式 R（学号，系，系负责人），在该模式中显然存在下列函数依赖：

$$F=\{\text{学号}\to\text{系，系}\to\text{系负责人}\}$$

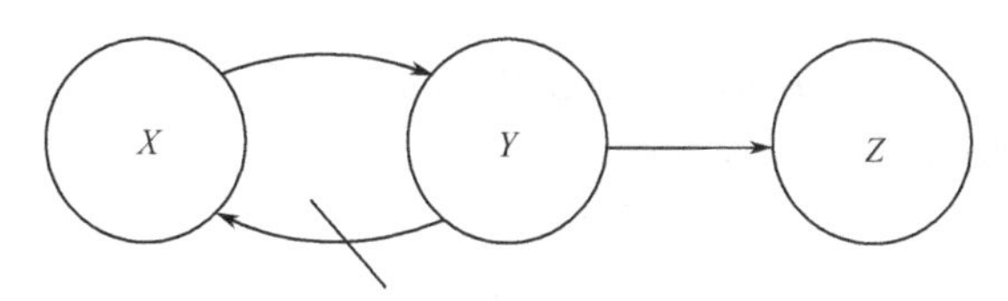

图 3.2　传递函数依赖图形表示

因为每个系有多个学生，所以系和系负责人的信息就要多次重复存储。另外，若该系学生全部毕业，则系和系负责人之间的从属关系数据就无法保留，造成这种数据冗余和更新异常的主要原因是系负责人这一属性对于学号不是直接函数依赖，而是一种传递函数依赖。

3.2.4　函数依赖规则

若已知关系 R（A，B，C），它满足函数依赖 $A \to B$ 和 $B \to C$，则可断定 R 也满足 $A \to C$。为了证明 $A \to C$，需要考察 R 的任意两个在属性 A 上取值一致的元组，证明它们在属性 C 上也取值一致。

设两个在属性 A 上取值一致的元组(a,b_1,c_1)和(a,b_2,c_2)，由于 R 满足 $A \to B$，并且这两个元组在 A 上一致，故它们在 B 上也必然一致，即 $b_1=b_2$。所以这两个元组实际上就是(a,b,c_1)和(a,b,c_2)，其中 $b=b_1=b_2$。同样，由于 R 满足 $B \to C$，而且两个元组在 B 上一致，则它们必然在 C 上也一致，即 $c_1=c_2$。至此，我们已经证明了关系模式 R 的任意两个在 A 上一致的元组在 C 上也一致，而这就是函数依赖 $A \to C$。下面介绍函数依赖的 3 个推理规则。

1．分解 / 合并规则

① 把一个函数依赖 $A_1A_2\cdots A_n \to B_1B_2\cdots B_m$ 用一组函数依赖 $A_1A_2\cdots A_n \to B_i(i=1,2,\cdots,m)$来代替，这种转换称为“分解规则”。

② 把一组函数依赖 $A_1A_2\cdots A_n \to B_i(i=1,2,\cdots,m)$用一个函数依赖 $A_1A_2\cdots A_n \to B_1B_2\cdots B_m$ 来代替，这种转换称为“合并规则”。

2．平凡依赖规则

在介绍平凡依赖规则之前，先介绍平凡函数依赖和非平凡函数依赖这两个概念。

设 $A=\{A_1A_2\cdots A_n\}$，$B=\{B_1B_2\cdots B_m\}$，对于函数依赖 $A_1A_2\cdots A_n \to B_1B_2\cdots B_m$：

① 如果 B 是 A 的子集，则称该依赖为平凡函数依赖。

② 如果 B 中至少有一个属性不在 A 中，则称该依赖为非平凡函数依赖。

③ 如果 B 中没有一个属性在 A 中，则称该依赖为完全非平凡函数依赖。

例如，对于关系 Student(SNO,SNAME,SDEPT,MNAME,CNAME,GRADE)，其属性含义依次为学号、姓名、所在系、系主任姓名、课程名、成绩。我们先列举 3 个函数依赖：

SNO, CNAME, GRADE → CNAME, GRADE，此函数依赖属于平凡函数依赖；

SNO, CNAME→CNAME, GRADE，此函数依赖属于非平凡函数依赖；

SNO, CNAME→SNAME, GRADE，此函数依赖属于完全非平凡函数依赖。

如果函数依赖右边的属性中有一些也出现在左边，那么可以将右边的这些属件删除，即函数依赖 $A_1A_2\cdots A_n \to B_1B_2\cdots B_m$ 等价于 $A_1A_2\cdots A_n \to C_1C_2\cdots C_K$，其中 $C=\{C_1C_2\cdots C_K\}$是 B 的子集，但不在 A 中出现。我们称这个规则为“平凡依赖规则”。

3．传递规则

传递规则能将两个函数依赖级联成一个新的函数依赖。

如果$A_1A_2\cdots A_n \to B_1B_2\cdots B_m$和$B_1B_2\cdots B_m \to C_1C_2\cdots C_K$在关系$R$中成立，则$A_1A_2\cdots A_n \to C_1C_2\cdots C_K$在$R$中也成立，这个规则就称为传递规则。

证明过程在前面已有叙述，读者也可自行证明。

例如，若在前面提到的关系Student中有两个函数依赖：SNO→SDEPT，SDEPT→MNAME，则根据传递规则，可以得到一个新的函数依赖：SNO→MNAME。

3.3 关系模式的键码

3.3.1 键码的定义

定义3.4 已知$R\langle U,F\rangle$是属性集U上的关系模式，F是属性集U上的一组函数依赖。设K为$R\langle U,F\rangle$中的属性或属性组合，若$K \to U-K$且K的任何真子集都不能决定U，则K为R的键码。

包含键码的属性集称为超键码，它是"键码的超集"的简称。

若键码多于一个，则选定其中之一作为主键码。包含在任何一个键码中的属性，称为主属性，不包含在任何键码中的属性称为非主属性。最简单的情况：单个属性是键码。最极端的情况：整个属性组是键码，称为全码。

【例3.2】考虑关系模式：人（身份证号，姓名，性别，住址，出生年月），且有函数依赖集：F={身份证号→（姓名，性别，住址，出生年月)，(姓名，住址）→（身份证号，性别，出生年月）}。由定义3.4可知该模式有两个键码，一个是身份证号，另一个是（姓名，住址）。对于公安部门，它选身份证号作为主键码，用身份证号作为人的唯一标识；对于邮电部门，它选（姓名，住址）作为主键码，用姓名和住址作为投寄信件的唯一标识。在该模式中，身份证号、姓名、住址这3个属性为主属性，性别和出生年月为非主属性。下面再举一个全码的例子。

【例3.3】考虑关系模式R（演奏者，作品，听众）。假设一个演奏者可以演奏多个作品，某一作品可被多个演奏者演奏，听众也可以欣赏不同演奏者的不同作品，这个关系模式的码为（演奏者，作品，听众)，即全码。

定义3.5 关系模式R中属性或属性组X并非R的键码，但X是另一个关系模式的键码，则称X是R的外键码。

例如在关系模式SC(SNO,CNO,GRADE)中，SNO不是键码，但SNO是关系模式S(SNO,SNAME,DEPT,AGE)的键码，则SNO对关系模式SC来说是外键码。

键码与外键码提供了一个表示关系间联系的手段，如在关系模式S和SC中，通过SNO可以自然连接两个模式，从而使SNAME、DEPT和AGE属性与CNO和GRADE属性之间建立一定的关联关系，以方便用户访问。

3.3.2 闭包的计算

假设$A=\{A_1,A_2,\cdots,A_n\}$是属性集，F是函数依赖集。属性集A在函数依赖集F下的闭包是这样的属性集X，它使得满足函数依赖集F中的所有函数依赖的每个关系也都满足$A \to X$。也就是说，$A_1A_2\cdots A_n \to X$是蕴含于F中的函数依赖。我们用$\{A_1,A_2,\cdots,A_n\}^+$来表示属性集$A_1A_2\cdots A_n$的闭包。为了简化闭包的计算，允许出现平凡函数依赖，所以$A_1,A_2,\cdots,A_n$总在$\{A_1,A_2,\cdots,A_n\}^+$中。

若要求解属性集$\{A_1,A_2,\ldots,A_n\}$在某函数依赖集下的闭包，则具体的计算过程如下：

① 属性集X最终将成为闭包。首先，将X初始化为$\{A_1,A_2,\ldots,A_n\}$。

② 然后，反复检查某个函数依赖$B_1B_2\cdots B_m \rightarrow C$，使得所有的$B_1B_2\cdots B_m$都在属性集$X$中，但$C$不在其中，于是将$C$加到属性集$X$中。

③ 根据需要多次重复步骤②，直到没有属性能加到X中。由于X是只增的，而任何关系的属性数目必然是有限的，因此最终再也没有属性可以加到X中。

④ 最后得到的不能再增加的属性集X就是$\{A_1,A_2,\ldots,A_n\}^+$的正确值。

【例 3.4】让我们来考虑一个关系$R(A,B,C,D,E,F)$，其函数依赖集为$F=\{AB\rightarrow C, BC\rightarrow AD, D\rightarrow E, CF\rightarrow B\}$，试计算$\{A,B\}$的闭包$\{A,B\}^+$。

从$X=\{A,B\}$出发。首先，函数依赖$AB\rightarrow C$左边的所有属性都在X中，而C不在X中，于是可以把该依赖右边的属性C加到X中，因此$X=\{A,B,C\}$。

然后，将$BC\rightarrow AD$分解为$BC\rightarrow A$和$BC\rightarrow D$。对于$BC\rightarrow A$，因它的左边包含在X中，但它的右边也包含在X中，故不符合条件；对于$BC\rightarrow D$，因它的左边包含在X中，但它的右边不包含在X中，故将属性D加到X中，即$X=\{A,B,C,D\}$。再对于$D\rightarrow E$，因它的左边包含在X中，但它的右边不包含在X中，故将属性E加到X中，即$X=\{A,B,C,D,E\}$。再对于$CF\rightarrow B$，因它的左边不包含在X中，故不符合条件。因此，$\{A,B\}^+=\{A,B,C,D,E\}$。

从上述闭包的计算过程可以进一步理解闭包的实际含义：对于给定的函数依赖集F，属性集A函数决定的属性集合就是属性集A在函数依赖集F下的闭包。

如果知道如何计算任意属性集的闭包，就能检验给定的任一函数依赖$A_1A_2\cdots A_n\rightarrow B$是否蕴含于函数依赖集$F$。首先利用函数依赖集$F$计算$\{A_1,A_2,\cdots,A_n\}^+$。如果$B$在$\{A_1,A_2,\cdots,A_n\}^+$中，则$A_1A_2\cdots A_n\rightarrow B$蕴含于$F$；反之，如果$B$不在$\{A_1,A_2,\cdots,A_n\}^+$中，则该依赖并不蕴含于$F$。

学会计算某属性集的闭包，还可以根据给定的函数依赖集推导蕴含于该依赖集的其他函数依赖。下面看一个具体的例子。

【例 3.5】已知关系模式$R(A,B,C,D)$，其函数依赖集$F=\{AB\rightarrow C,C\rightarrow D,D\rightarrow A\}$，求蕴含于给定函数依赖的所有非平凡函数依赖和键码。

首先，考虑各种属性组合的闭包；然后，依次分析各属性集的闭包，从中找出该属性集所具有的新的函数依赖；最后，根据各属性集的闭包求出键码等。

单属性：$A^+=A$，$B^+=B$，$C^+=ACD$，$D^+=AD$

新依赖：$C\rightarrow A$ （1）

双属性：$AD^+=AD$，$\underline{AB}^+=ABCD$，$AC^+=ACD$，$\underline{BC}^+=ABCD$，$\underline{BD}^+=ABCD$，$CD^+=ACD$

新依赖：$AB\rightarrow D$，$AC\rightarrow D$，$BC\rightarrow A$，$BC\rightarrow D$，$BD\rightarrow A$，$BD\rightarrow C$，$CD\rightarrow A$ （2）

三属性：$ABC^+=ABCD$，$ABD^+=ABCD$，$ACD^+=ACD$，$BCD^+=ABCD$

新依赖：$ABC\rightarrow D$，$ABD\rightarrow C$，$BCD\rightarrow A$ （3）

四属性：$ABCD^+=ABCD$

新依赖：无

从上面的分析可以得出，蕴含于给定函数依赖的非平凡函数依赖总共有11个。从这个例子还可以看出，只要计算出各种属性组合的闭包，关系模式的键码自然而然就找到了。因为键码函数决定所有其他属性，所以键码属性的闭包必然是属性全集。于是，反过来看，若某属性集的闭包为属性全集，则该属性集即为键码。当然，判断时，应从最小属性集开始，以区别键码和超键码。

在本例中，有 3 个键码 *AB*、*BC* 和 *BD*，分别用下画实线表示；有 4 个超键码 *ABC*，*ABD*，*BCD* 和 *ABCD*，分别用下画虚线表示。

3.4 关系的规范化

对于同一个应用问题，选用不同的关系模式集合作为关系数据库模式，其性能的优劣是大不相同的。为了区分关系数据库模式的优劣，人们常常把关系数据库模式分为各种不同等级的范式。范式可以理解成符合某种级别的关系模式的集合，人们常称某一关系模式 *R* 属于第几范式，就是表示该关系的某种级别。一般地，若 *R* 属于 BC 范式，则可写成 *R*∈BCNF。

对于各种范式之间的联系，有 5NF⊂4NF⊂BCNF⊂3NF⊂2NF⊂1NF 成立。一个低一级范式的关系模式，通过模式分解可以转换为若干个高一级范式的关系模式的集合，这种过程就称为规范化。本节主要讨论第一范式（1NF）、第二范式（2NF）、第三范式（3NF）和 BC 范式（BCNF），并且介绍如何将具有不合适性质的关系模式转换为更合适的形式。

3.4.1 第一范式（1NF）

定义 3.6 设 *R* 是一个关系模式，如果 *R* 中每个属性值域中的每个值都是不可分解的，则称 *R* 是属于第一范式的，记作 *R*∈1NF。

【例 3.6】考察如表 3.1 所示的学生课程记录表 1。

表 3.1 学生课程记录表 1

	学号	课程
t1→	3721	{程序设计，人工智能，数据结构}
t2→	3843	{编译原理，操作系统}

在上述关系模式中，由于课程属性的值是可分解的，故学生课程记录表 1∉1NF。

存在问题：上述学生课程记录表 1 不属于 1NF，会产生以下问题。

① 如果 3721 学生想把选修课改为{编译原理，操作系统}，则系统在处理时将面临一种二义性：是修改元组 t1 中的课程属性值呢？还是把 t2 元组中的学号属性值扩充为{3721,3843}？

② 若要在学生课程记录表 1 中加入一个属性“成绩”，那么随之而来的约束条件（学号，课程）→成绩在这种非 1NF 中也难以表示。

解决办法：将课程属性的属性值拆开，变成一个属性值只有一个值的形式，如表 3.2 所示的学生课程记录表 2。

表 3.2 学生课程记录表 2

学号	课程
3721	程序设计
3721	人工智能
3721	数据结构
3843	编译原理
3843	操作系统

显然，学生课程记录表 2∈1NF。

3.4.2 第二范式（2NF）

定义 3.7 若 $R\in$1NF，且每个非主属性完全函数依赖于键码，则 $R\in$2NF。

【例 3.7】 考察学生、系、选课情况的关系模式：SA(<u>SNO</u>,SNAME,DEPT,MN,<u>CNO</u>,CNAME,GRADE)，其函数依赖 F_{SA}={SNO→SNAME,SNO→DEPT,DEPT→MN,CNO→CNAME,(SNO,CNO)→GRADE }。

通过分析可知：SA 的键码为(SNO,CNO)，因此 SNAME、DEPT、MN、CNAME 和 GRADE 均是非主属性。这些非主属性中只有 GRADE 是完全函数依赖于键码(SNO,CNO)，其他属性 SNAME、DEPT、MN 和 CNAME 只依赖于 SNO 或 CNO，故全是部分函数依赖于键码，由定义 3.7 可知，SA$\notin$2NF。

存在问题：一个关系模式 R 不属于 2NF，就会产生以下问题。

① 插入异常：假如要插入一个还未选课的学生，由于该学生无 CNO 信息，其相应的键码值一部分为空，所以该学生的固有信息无法插入。

② 删除异常：假定某个学生只选一门课，如 S4 选了一门课 C3，现在 C3 这门课他也不选了，那么 C3 这个数据项就要删除。因为 C3 是主属性，故删除了 C3 后整个元组就不存在了，也就是删除了 S4 的其他信息，从而造成删除异常。

③ 修改复杂：如某个学生从网络工程系转到计算机科学与技术系，这本来只需修改此学生元组中的系分量，但因为关系模式 SA 中还含有系负责人属性，学生转系将同时改变系负责人，因而还必须修改元组中的系负责人分量。另外，如果这个学生选修了 K 门课，则系和系负责人要重复存储 K 次。这不仅造成存储冗余度大，而且必须无遗漏地修改 K 个元组中全部系和系负责人的信息，从而造成了修改的复杂化。

解决办法：按"一事一地"的原则对关系模式 SA 进行投影分解，具体步骤如下。

① 根据关系模式 SA 的函数依赖集 F_{SA} ={ SNO→SNAME,SNO→DEPT,DEPT→MN,CNO→CNAME,(SNO,CNO)→GRADE }，画出函数依赖图。

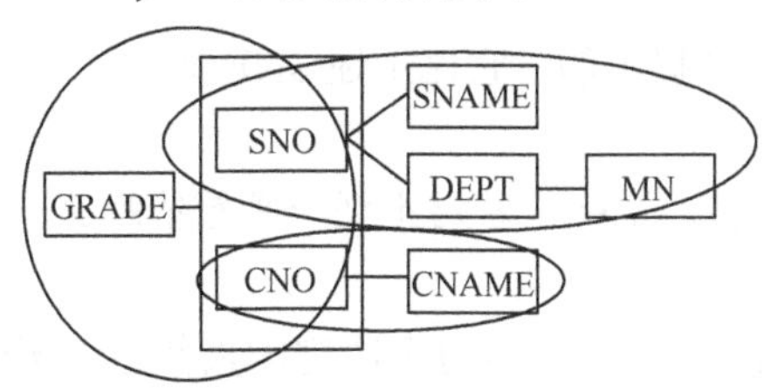

② 按"一事一地"的原则，在函数依赖图中画 3 个圈，并将它拉开形成如下 3 个关系模式：SD(<u>SNO</u>,SNAME,DEPT,MN)，F_{SD}={ SNO→SNAME,SNO→DEPT,DEPT→MN}，SD$\in$2NF；

C(<u>CNO</u>,CNAME)，F_C={ CNO→CNAME }，C$\in$2NF；

SC(<u>SNO,CNO</u>,GRADE)，F_{SC}={ (SNO,CNO)→GRADE }，SC$\in$2NF。

按照定义 3.7，上述 3 个关系模式均属于第二范式。

3.4.3 第三范式（3NF）

定义 3.8 若 $R\in$2NF，且每个非主属性均不传递函数依赖于键码，则 $R\in$3NF。

由定义 3.7 可以证明，若 $R\in$3NF，则每个非主属性既不部分函数依赖于键码也不传递函数依赖于键码，即若 $R\in$3NF，则必然 $R\in$2NF。

【例 3.8】 考察上一节的 SD(<u>SNO</u>,SNAME,DEPT,MN)、C(<u>CNO</u>,CNAME)和 SC(<u>SNO,CNO</u>,

GRADE)关系模式。

按照定义 3.8，关系模式 C 和 SC 中没有非主属性对键码的传递函数依赖，故 C∈3NF，SC∈3NF。但 SD 中存在非主属性系负责人 MN 对键码 SNO 的传递函数依赖，因此 SD∉3NF。

存在问题：一个关系模式 *R* 不属于 3NF，就会产生以下问题。

① 插入异常：当新成立一个系，该系还没有招收任何学生时，即无键码 SNO 的值，那么该系的有关信息就无法插入 SD 表中。

② 删除异常：若某个系的全部学生都已毕业，则在删除相应学生信息时，系和系负责人的信息也跟着被删除了。

③ 修改复杂：若一个系有 400 名学生，则系和系负责人的信息就要重复存储 399 遍，造成了数据冗余，并会引起修改困难。比如，某系更换了系负责人，则必须无遗漏地修改 400 个元组中的系负责人信息，从而造成修改的复杂化。

解决办法：按"一事一地"的原则对关系模式 SD 进行投影分解，具体步骤如下。

① 根据关系模式 SD 的函数依赖集 F_{SD}={ SNO→SNAME,SNO→DEPT,DEPT→MN }画出函数依赖图。

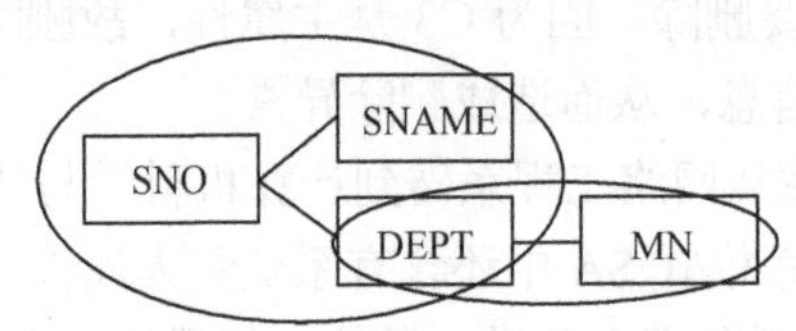

② 按"一事一地"的原则，在函数依赖图中画两个圈，并将它拉开形成如下两个关系模式：S(SNO,SNAME,DEPT)，F_S={ SNO→SNAME,SNO→DEPT }，S∈3NF；

D(DEPT,MN)，F_D={ DEPT→MN }，D∈3NF；

按照定义 3.8，上述两个关系模式均属于第三范式。

3.4.4 BC 范式（BCNF）

BCNF 是由 Boyce 与 Codd 提出的，它比上述 3NF 又进了一步，通常认为 BCNF 是修正的第三范式。

定义 3.9 关系模式 *R*<*U*,*F*>∈1NF，若对于任一函数依赖 $X \to Y$（$Y \not\subset X$），*X*（决定因素）必含有键码，则 *R*∈BCNF。

也就是说，在关系模式 *R*<*U*,*F*>中，若每个决定因素都包含键码，则 *R*∈BCNF。

由于 3NF 不能很好地处理含有多个键码和键码是组合项的情况，因此人们定义了一个更强的范式 BCNF。一个满足 BCNF 的关系模式有以下特点：所有非主属性对每个键码都是完全函数依赖；所有的主属性对每个不包含它的键码也是完全函数依赖；没有任何属性完全函数依赖于非键码的任何一组属性。

可以证明，若 *R*∈BCNF，则 *R*∈3NF；但是若 *R*∈3NF，则 *R* 未必属于 BCNF。

【例 3.9】 正例：考察关系模式 SJP（学生，课程，名次）。

该模式中的元组含义是：每个学生、每门课程有一定的名次；每门课程中每一名次只有一个学生。由语义可得到下面的函数依赖集：

F={（学生，课程）→名次，（课程，名次）→学生}

所以（学生，课程）与（课程，名次）都可以作为键码。这个关系模式中显然没有非主属性对键码的传递函数依赖或部分函数依赖，所以 SJP∈3NF。另外，从函数依赖集 *F* 可以看出，每个决定因素都包含键码，故 SJP∈BCNF。

【例 3.10】 反例：考察关系模式 SJT（学生，课程，教师）。

该模式中的元组含义是：某个学生学习某个教师开设的某门课程。现假定存在以下附加条件：

- 对于每门课、每个学生的讲课教师只有一位；
- 每位教师只讲授一门课；
- 每门课可由不同教师讲授。

因此，由语义可得到如下的函数依赖集：

$$F=\{（学生，课程）\rightarrow 教师，教师\rightarrow 课程\}$$

用函数依赖图可表示如下：

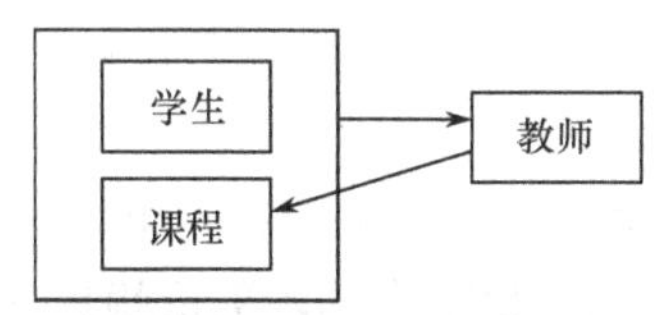

在 SJT 关系模式中，可求出两个键码（学生，课程）和（学生，教师），由于没有任何非主属性对键码的部分函数依赖或传递函数依赖，所以 SJT∈3NF；但 SJT∉BCNF，因为教师→课程，而教师不包含键码。

存在问题：不满足 BCNF 范式的关系模式同样存在着更新异常。

例如，在 SJT（学生，课程，教师）中，如果存在元组(S4,J3,T1)，当我们删除信息“学生 S4 学习 J3 课”时，将同时失去“T1 教师主讲 J3 课”这一信息。产生更新异常的原因是，属性教师是决定因子，却不是键码。

解决办法：设关系模式为 $R(A,B,C)$，其中 A，B，C 均为属性集，若存在违背 BCNF 的函数依赖 $A\rightarrow B$（违例），则可以 BCNF 的违例为基础把关系模式分解为：①$\{A,B\}$ ②$\{A,C\}$或$\{R-B\}$。按此规则可将 SJT 分解为两个关系模式：

TJ（<u>教师</u>，课程）和 ST（<u>学生，教师</u>）

按定义 3.9 进行判别，显然 TJ∈BCNF，ST∈BCNF。

3NF 和 BCNF 是在函数依赖条件下对模式分解所能达到的分离程度的测度。若一个关系模式经过分解达到了 BCNF，则在函数依赖范畴内已实现了彻底的分离，并已消除了插入异常、删除异常和修改复杂的问题。

3.5 模式分解的优劣

3.5.1 模式分解的等价性

当某些关系模式存在存储异常现象时，可以通过模式分解的方法使范式等级提高，从而得到一个性能较好的关系数据库的模式设计。但是，我们还须考虑另一个重要因素，就是所产生的分解与原来的关系模式是否等价？人们从不同的角度去观察问题，对“等价”的概念形成了以下 3 种不同的含义。

① 分解具有无损连接：当对关系模式 R 进行分解时，R 的元组将分别在相应属性集上进行投影而产生若干新的关系。若对若干新的关系进行自然连接得到的元组的集合与原关系完

全一致，则称分解具有无损连接。

② 分解保持函数依赖：当对关系模式 R 进行分解时，R 的函数依赖集也将按相应的模式进行分解。若分解后各关系模式的函数依赖集的并集与原函数依赖集保持一致，则称分解保持函数依赖。

③ 分解既要保持函数依赖，又要具有无损连接。

这 3 种含义是实行分解的 3 个不同的准则。按照不同的分解准则，关系模式所能达到的分离程度各不相同，各种范式就是对分离程度的测度。下面先给出分解的定义。

定义 3.10 设 $R(W)$是一个关系模式，$\rho=\{R_1(W_1),R_2(W_2),\cdots,R_k(W_k)\}$是一个关系模式的集合，如果 $W_1\cup W_2\cup\cdots\cup W_k=W$，则称 ρ 是 $R(W)$的一个分解。

从下面的例子可以知道：只要求 $R(W)$分解后的各关系模式所含属性的“并”等于 W，这个限定是很不够的，能否消除存储异常，不仅依赖于分解后各模式的范式，而且依赖于分解的方式。

【例 3.11】已知事实是：一个学生（SNO）只在一个系（DEPT）学习，一个系只有一名系主任（MN），关系模式 R(SNO,DEPT,MN)上的函数依赖集 F_R={SNO→DEPT,DEPT→MN}，R 的关系如下：

SNO	DEPT	MN
S1	D1	张五
S2	D1	张五
S3	D2	李四
S4	D3	王一

由于 R 中存在 MN 对 SNO 的传递函数依赖，故它会发生更新异常。例如，如果 S4 毕业，在该表中需删除该学生的信息，则 D3 系的系主任是王一的信息也就丢掉了；反过来，如果一个系 D5 尚无在校学生，那么这个系的系主任信息也无法存入。于是我们进行 4 种形式的分解。

（1）将 R(SNO,DEPT,MN)分解为 R1(SNO)、R2(DEPT)和 R3(MN)

分解后的 R1、R2 和 R3 列 3 个表如下：

R1

SNO
S1
S2
S3
S4

R2

DEPT
D1
D2
D3

R3

MN
张五
李四
王一

这 3 个表的关系模式显然全是 BCNF 范式，但是要根据这 3 个表回答“S1 在哪个系学习”或者“D1 系的系主任是谁”就不可能了。因此，这样的分解毫无意义。我们所希望的分解至少应不丢失原有信息，这就产生了无损连接的概念。

（2）将 R(SNO,DEPT,MN)分解为 R1(SNO,MN)和 R2(DEPT,MN)

可以证明这个分解是可恢复的，它保持了无损连接性，且分解后的 R1 和 R2 均是 BCNF 范式，但是对于前面提到的插入异常和删除异常仍然没有解决。原因就在于分解后，R1 上存在函数依赖(SNO,MN)→(SNO,MN)，R2 上存在函数依赖 DEPT→MN，但它们都丢失了原来在 R 中存在的函数依赖 SNO→DEPT。

（3）将 R(SNO,DEPT,MN)分解为 R1(SNO,DEPT)和 R2(SNO,MN)

可以证明这个分解是可恢复的，它保持了无损连接性，且分解后的 R1 和 R2 均是 BCNF

范式，但是仍然没有解决前面提到的插入异常和删除异常。原因就在于分解后，R1 上存在函数依赖 SNO→DEPT，R2 上存在函数依赖(SNO,MN)→(SNO,MN)，但它们也都丢失了原来在 *R* 中存在的函数依赖 DEPT→MN。

（4）将 R(SNO,DEPT,MN)分解为 R1(SNO,DEPT)和 R2(DEPT,MN)

可以证明该分解既具有无损连接性，又保持了函数依赖。此分解既解决了更新异常，又没有丢失原关系模式的信息，这是人们所希望的分解。

3.5.2 模式分解的规则和方法

由于关系模式分解的基础是键码和函数依赖，所以当对关系模式中属性之间的内在联系进行分析并确定了键码和函数依赖之后，模式分解应有一定的规则和方法。

1．模式分解的两个规则

（1）共享公共属性

要把分解后的模式连接起来，公共属性是基础。若分解时模式之间未保留公共属性，则只能通过笛卡儿积相连，导致元组数量膨胀，真实信息丢失，结果失去价值。分解后的两个模式 R_1 和 R_2 能实现无损连接的充分必要条件是：

$$(R_1 \cap R_2) \rightarrow (R_1 - R_2) 或 (R_1 \cap R_2) \rightarrow (R_2 - R_1)$$

上式表明：若分解后的两个关系模式的交集属性（公共属性）能决定两个关系模式的差集属性之一，则必能实现无损连接。

- 若原关系模式中存在对键码的部分函数依赖，则作为决定因素的键码的真子集就应作为公共属性，用来把分解后的新关系模式自然地连接在一起。
- 若原关系模式中存在对键码的传递函数依赖，则传递链的中间属性就应作为公共属性，用来把构成传递链的两个基本链的新关系模式自然地连接在一起。

（2）合并相关属性

把以函数依赖的形式联系在一起的相关属性放在一个模式中，从而使原有的函数依赖得以保持。这是分解后的模式实现保持依赖的充分条件。然而，对于存在部分函数依赖或传递函数依赖的相关属性，则不应放在一个模式中，因为这正是导致数据冗余和更新异常的根源，从而也正是模式分解所要解决的问题。

如果关系模式中属性之间的联系错综复杂、交织在一起，难解难分，难免会出现分解后函数依赖丢失的现象，这时也只能权衡主次、决定取舍。

2．模式分解的 3 种方法

（1）部分依赖归子集，完全依赖随键码

要使不属于第二范式的关系模式“升级”，就要消除非主属性对键码的部分函数依赖。解决的办法就是对原有模式进行分解：找出对键码部分依赖的非主属性所依赖的键码的真子集，然后把这个真子集与所有相应的非主属性组合成一个新的模式；对键码完全依赖的所有非主属性则与键码组合成另一个新模式。

【例 3.12】再次考察学生、系、选课情况的关系模式：SA(SNO,SNAME,DEPT, MN,CNO,CNAME,GRADE)，其函数依赖 F_{SA}={SNO→SNAME,SNO→DEPT,DEPT→MN,CNO→CNAME,(SNO,CNO)→GRADE }，键码为：（SNO,CNO）。

按照完全函数依赖和部分函数依赖的概念，可以看出 SNAME、DEPT 和 MN 均完全函数依赖于 SNO；CNAME 完全函数依赖于 CNO；GRADE 完全函数依赖于键码（SNO,CNO），而 SNAME、DEPT、MN 和 CNAME 却部分函数依赖于键码（SNO,CNO）。

对键码而言，有两个部分函数依赖、一个完全函数依赖，故原来关系模式可分解为：

SD(SNO,SNAME,DEPT,MN)∈ BCNF，C(CNO,CNAME) ∈ BCNF，SC(SNO,CNO,GRADE) ∈ BCNF

本例中的两个部分函数依赖分别对应键码的两个真子集 SNO 和 CNO，真子集作为公共属性，可使 3 个模式实现自然连接。

（2）基本依赖为基础，中间属性作桥梁

要使不属于第三范式的关系模式“升级”，就要消除非主属性对键码的传递依赖。解决的办法就是对原有模式进行分解：以构成传递链的两个基本依赖为基础形成两个新模式，这样既切断了传递链，又保持了两个基本依赖，同时又有中间属性作为桥梁，可以实现无损的自然连接。

【例 3.13】 再次考察学生、系情况的关系模式 SD(SNO,SNAME,DEPT,MN)，其函数依赖 F_{SD}={SNO→SNAME,SNO→DEPT,DEPT→MN}，键码为：SNO。

按照上述解决方案，将 DEPT 作为中间属性，可得到分解后的两个关系模式：

S(SNO,SNAME,DEPT)∈BCNF，D(DEPT,MN)∈BCNF

（3）找违例自成一体，舍其右全集归一；若发现仍有违例，再回首如法炮制

要使不属于 BCNF 的关系模式“升级”，就既要消除非主属性对键码的部分依赖和传递依赖，又要消除主属性对键码的部分依赖和传递依赖。解决的办法就是对原有模式进行分解：设关系模式为 $R(A,B,C)$，其中 A，B，C 均为属性集，若存在违背 BCNF 的函数依赖 $A\rightarrow B$，则可以以 BCNF 的违例为基础把关系模式分解为：R1(A,B)和 R2(A,C)。

【例 3.14】 设关系模式 STC(Sname,Tname,Cname,Grade)，其属性含义分别为：学生姓名、教师姓名、课程名和成绩，它的函数依赖集如下：

F={(Sname,Cname)→(Tname,Grade),(Sname,Tname)→(Cname,Grade),Tname→Cname}

键码为：(Sname,Cname)和(Sname,Tname)。

由于决定因素 Tname 没有包含键码，即 BCNF 的违例为 Tname→Cname，所以 STC∉BCNF。

按照上述解决方案，可得到分解后的两个关系模式：R1(Tname,Cname)∈BCNF，R2(Sname, Tname,Grade)∈BCNF。

对于函数依赖关系较复杂的关系模式，分解一次后可能仍有 BCNF 的违例，只要按上述方法继续分解，模式中的属性总是越分越少，最终少到只有两个属性时，必然属于 BCNF。

【例 3.15】 已知 SA(SNO,SNAME,DEPT,MN,CNO,CNAME,GRADE)，其函数依赖 F_{SA}={SNO→SNAME,SNO→DEPT,DEPT→MN,CNO→CNAME,(SNO,CNO)→GRADE}，现将 SA 分解为 3 个关系模式 SD(SNO,SNAME,DEPT,MN)、SC(SNO,CNO,GRADE)和 C(CNO, CNAME)，试问这样的分解是否具有无损连接。

因 SD∩SC={ SNO },SD−SC＝{SNAME,DEPT,MN }，并且 SNO→(SNAME,DEPT,MN)，故分解后的两个关系模式 SD 和 SC 能实现无损连接；又因 C∩SC={CNO}，C−SC={CNAME}，并且 CNO→CNAME，故分解后的两个关系模式 C 和 SC 也能实现无损连接。综上所述，将 SA 分解为 SD、SC 和 C 后能实现无损连接。

需要说明的是，无损连接的判断标准是对一个关系模式分解为两个关系模式的判断法则；若一个关系模式分解为三个关系模式，则可以按两两相连的方法进行检验。

归纳总结：叙述对关系模式进行优化的步骤和方法。

在一个数据库应用系统中，假设有一个关系模式 $R(A_1,A_2,\cdots,A_n)$，要求对此关系模式进行优化以去除数据冗余和更新异常问题，对关系模式进行优化的步骤如下：

① 针对每个关系模式，分析属性间的函数依赖关系，写出函数依赖集，并求出键码。根据要求判断每个关系模式的范式等级，若某个关系模式已符合 3NF 或 BCNF 的要求，则优化结束；否则进到步骤②继续。

② 若某个关系模式没有达到 3NF，则可根据函数依赖集画出函数依赖图，按“一事一地”的原则将相关联的属性圈在一起；若某个关系模式没有达到 BCNF，则可根据“找违例自成一体，舍其右全集归一”的原则，将相关联的属性圈在一起。

③ 对圈在一起相关联的属性进行投影分解，分解后形成若干个关系模式，再转步骤①继续。

通常，我们必须根据实际需要多次应用分解规则，直到所有的关系都属于 3NF 或 BCNF 为止。

3.6 典型案例分析

3.6.1 典型案例 7——产品订货系统关系数据库模式的设计

1. 案例描述

在一个产品订货系统数据库中，有一个关系模式如下：

订货（订单号，订购单位名，地址，产品型号，产品名，单价，数量）

要求：（1）给出你认为合理的函数依赖集和键码；

（2）根据投影分解求出一组满足 3NF 的关系模式；

（3）要求判断优化后每个关系模式的最高范式等级。

2. 案例分析

此案例可以根据关系模式优化的步骤来实现，其关键点是函数依赖集要分析得合理和正确，否则会影响到后续的优化过程。

3. 案例实现

（1）根据产品订货系统数据库的情况，可以给出一个合理的函数依赖集如下：

F={订单号→订购单位名，订单号→地址，产品型号→产品名，产品型号→单价，（订单号，产品型号）→数量}

键码为：（订单号，产品型号）。

（2）根据函数依赖，可以画出如下函数依赖图：

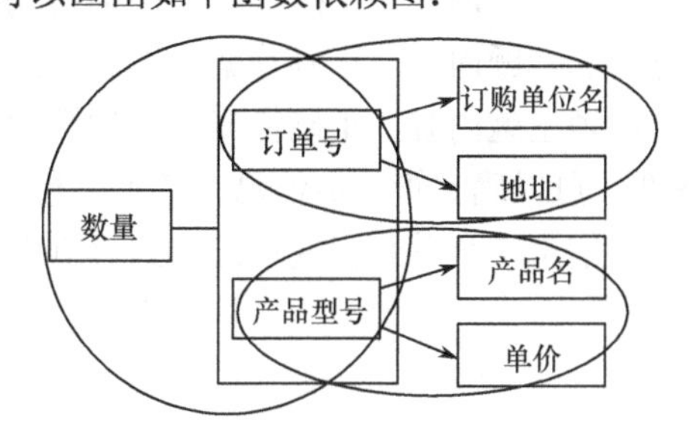

根据以上函数依赖图，可以进行投影分解如下：

R_1（订单号，订购单位名，地址），F_1={订单号→订购单位名，订单号→地址}

R_2（产品型号，产品名，单价），F_2={产品型号→产品名，产品型号→单价}

R_3（订单号，产品型号，数量），F_3={（订单号，产品型号）→数量}

根据 3NF 判定条件，可以确定 R_1、R_2 和 R_3 均属于 3NF。

（3）根据 BCNF 判定条件，可以确定 R_1、R_2 和 R_3 均可达到 BCNF。

3.6.2 典型案例 8——在线考试系统关系数据库模式的设计

1．案例描述

根据第 2 章 2.5.2 节典型案例 5，可知考生信息属性包括：考生学号、考生姓名、考生密码、考生性别、考生班级和注册日期；试卷信息属性包括：试卷编号、判断题数量、判断题每题分数、选择题数量、选择题每题分数、填空题数量、填空题每题分数和出卷日期；考试信息属性包括：试卷编号、考生学号、考生成绩、考试日期、是否补考、补考成绩和补考日期；判断题信息属性包括：判断题编号、判断题内容、标准答案和添加日期；选择题信息属性包括：选择题编号、选择题内容、标准答案和添加日期；填空题信息属性包括：填空题编号、填空题内容、标准答案和添加日期；管理员信息属性包括：管理员姓名和管理员密码。请设计在线考试系统的关系数据库模式，要求：

（1）按照概念数据模型（E-R 图）向关系模型转换的方法，得到一组关系模式；

（2）分析这一组关系模式，判断每个关系模式能达到的最高范式等级。

2．案例分析

在线考试系统主要包含考生信息和试卷信息两个实体集，此外还应包括考试信息、判断题信息、选择题信息、填空题信息和管理员信息等。其中考生信息和试卷信息之间是多对多联系，在线考试系统的 E-R 图如图 2.12 所示，此处不再重复。

3．案例实现

（1）按照第 4 章 4.4.2 节介绍的 E-R 图向关系模型转换的方法，可以得到如下 7 个关系模式：

管理员信息（管理员姓名，管理员密码）；

考生信息（考生学号，考生姓名，考生密码，考生性别，考生班级，注册日期）；

试卷信息（试卷编号，判断题数量，判断题每题分数，选择题数量，选择题每题分数，填空题数量，填空题每题分数，出卷日期）；

考试信息（试卷编号，考生学号，考生成绩，考试日期，是否补考，补考成绩，补考日期）；

判断题信息（判断题编号，判断题内容，正确答案，添加日期）；

选择题信息（选择题编号，选择题内容，正确答案，添加日期）；

填空题信息（填空题编号，填空题内容，正确答案，添加日期）。

（2）根据 BCNF 判定条件，可以确定管理员信息、考生信息、试卷信息、考试信息、判断题信息、选择题信息和填空题信息 7 个关系模式均已达到 BCNF。

3.6.3 典型案例9——图书网上销售系统关系数据库模式的设计

1. 案例描述

根据第2章2.5.3节典型案例6，我们知道图书信息属性包括：图书编号、图书名称、图书规格、图书图片、图书价格、图书说明和是否特价图书；客户信息属性包括：订单编号、客户姓名、送货地址、客户电话、支付方式和订单总金额；订购信息属性包括：订单编号、图书编号、数量；购物袋信息属性包括：临时编号、已选购的图书编号、要选购的数量。请设计图书网上销售系统的关系数据库模式，要求：

（1）按照概念数据模型（E-R图）向关系模型转换的方法，得到一组关系模式；

（2）分析这一组关系模式，判断每个关系模式能达到的最高范式等级。

2. 案例分析

图书网上销售系统主要包含图书信息和客户信息两个实体集，图书信息和客户信息之间是多对多联系。此外，还应包括订购信息和购物袋信息，在订购信息中增加价格属性是为了计算方便起见引入的，它与图书信息中的图书价格含义相同，而购物袋信息是一个临时关系。图书网上销售系统的E-R图如图2.13所示，此处不再重复。

3. 案例实现

（1）按照第4章4.4.2节介绍的E-R图向关系模型转换的方法，可以得到如下4个关系模式：

图书信息（图书编号，图书名称，图书规格，图书图片，图书价格，图书说明，是否特价图书）；

客户信息（订单编号，客户姓名，送货地址，客户电话，支付方式，订单总金额）；

订购信息（订单编号，图书编号，数量，价格）；

购物袋信息（临时编号，已选购的图书编号，要选购的数量）。

（2）根据BCNF判定条件，可以确定图书信息、客户信息、订购信息和购物袋信息4个关系模式均已达到BCNF。

小　　结

本章主要介绍了函数依赖的概念、关系模式的键码、关系的规范化和典型案例分析等内容，要求熟练掌握函数依赖的概念（包括完全函数依赖、部分函数依赖和传递函数依赖），学会应用定义和闭包算法来求解关系模式的键码，理解1NF、2NF、3NF和BCNF的定义，掌握关系模式优化为3NF或BCNF的步骤和方法。

本章最后分析了3个典型案例。对于案例7，要求学生根据题意分析得出产品订货系统合理的函数依赖和键码；通过画出函数依赖图、投影分解可得出初步优化的一组关系模式；根据3NF或BCNF判定条件，可以判断初步优化后每个关系模式的最高范式等级，最后根据题意确定是否要对关系模式进行优化。对于案例8和案例9，要求学生掌握逻辑结构设计中概念数据模型（E-R图）向关系模型转换的方法，并要求对于得到的一组关系模式根据3NF、BCNF判定条件确定其范式等级，最后根据题意确定是否要对关系模式进行优化。

如果一个关系数据库中的所有关系模式都满足了BCNF，那么在函数依赖范畴内，它已实现了模式的彻底分解，达到了最高的规范化程度，消除了更新异常和数据冗余。应当强调的是，规范化理论为数据库设计提供了理论的指南和工具，但仅仅是指南和工具，并不是规范化程度越高，模式就越好，我们必须结合实际应用环境和现实世界的具体情况合理地选择关系数据库的模式。

习　题

3.1　理解并给出下列术语的定义：函数依赖、完全函数依赖、部分函数依赖、传递函数依赖、键码、主键码、外键码、主属性、非主属性、1NF、2NF、3NF 和 BCNF。

3.2　各举一个属于 1NF、2NF、3NF 和 BCNF 的例子，并加以说明。

3.3　设有关系模式 $R(A,B,C,D,E)$，$F_R=\{AB\rightarrow C,B\rightarrow D,D\rightarrow E,C\rightarrow B\}$，要求：

（1）通过闭包计算求出 R 的所有键码，并说明该模式是哪一类范式。

（2）若 R 分解为 $R_1(A,B,C)$和 $R_2(B,D,E)$，则分解是否保持函数依赖？

（3）指出 R_1 和 R_2 的范式等级，并给出证明。

（4）可否将 R_1 和 R_2 分解成若干个 BCNF 范式？请写出分解结果。

3.4　下面的结论哪些是正确的？哪些是错误的？简单说明理由。

（1）任何一个二目关系是属于 3NF 的；

（2）任何两个二目关系是属于 BCNF 的；

（3）若 K 是 R 的键码，则关系模式 R 是 3NF 的；

（4）只有一个键码的 3NF 关系模式，也必是 BCNF 的；

（5）由全部属性组成键码的关系模式是 3NF 的，也是 BCNF 的；

（6）若 $X\rightarrow Y$ 在 $W(W\subset U)$上成立，则在 U 上也一定成立。

3.5　已知一个关系模式：借阅（借书证号，姓名，所在系，书号，借书日期），要求：

（1）给出你认为合理的函数依赖集和键码；

（2）证明该关系模式是第几范式，要求说明理由；

（3）将该关系模式分解成一组满足 3NF 条件的关系模式。

3.6　假设某公司销售业务中使用的订单格式如下：

订单号：12345　订货日期：03/15/2020　客户名称：NBUT　客户电话：87654321

产品编号	品名	价格	数量	金额
A	电源	100.00	20	2000.00
B	电表	200.00	40	8000.00
C	卡尺	40.00	50	2000.00

总金额：12000.00

公司的业务规定：订单号是唯一的，每个订单对应一个订单号；每个订单号对应唯一的订货日期、客户名称和客户电话；一个订单可以订购多种产品，每种产品可以在多个订单中出现；一个订单有一个客户，且一个客户可以有多个订单；每个产品编号对应一种产品的品名和价格。试根据上述表格和业务规则对下面关系模式 R 进行优化：

R（订单号，订货日期，客户名称，客户电话，产品编号，品名，价格，数量，金额）

要求：（1）写出关系模式 R 的基本函数依赖集和键码；

（2）判断关系模式 R 最高可达到第几范式？为什么？

（3）将关系模式 R 分解成一组满足 BCNF 条件的关系模式。

第4章　关系数据库设计

☞本章目标

本章主要介绍关系数据库设计概述、需求分析、概念结构设计、逻辑结构设计、数据库应用系统物理设计及实施与调优、典型案例分析等内容，学习并掌握好需求分析、概念结构设计、逻辑结构设计和典型案例分析尤为重要，不仅能加深对本章内容的理解，而且有利于在关系数据库设计中培养学生结构设计的能力，并且为后续培养学生行为设计的能力打下扎实的基础。

4.1　关系数据库设计概述

在数据库领域内，常常把使用数据库的各类系统称为数据库应用系统。关系数据库设计是建立数据库及其应用系统的技术，是信息系统开发和建设中的核心技术，是数据库在应用领域的主要研究课题。具体来说，关系数据库设计是指对于一个给定的应用环境，构造最优的关系数据库模式，建立数据库及其应用系统，使之能够有效地存储数据，满足各种用户的应用需求（信息要求和处理要求）。下面介绍关系数据库设计的方法、特点和步骤。

4.1.1　关系数据库设计的方法

由于信息结构复杂和应用环境多样，所以在相当长的一段时期内，关系数据库设计主要采用手工设计法。对于从事关系数据库设计的人员来讲，应具备多方面的技术和知识，主要包含：数据库的基本知识和数据库设计技术、计算机科学的基础知识和程序设计的方法及技巧、软件工程的原理和方法、应用领域的知识，其中应用领域的知识随着应用系统所属的领域不同而不同。多年来，人们进行了大量的研究和实践探索，运用软件工程的思想和方法提出了各种设计准则和规程，这都属于规范设计法的范畴。

规范设计法中比较著名的有新奥尔良方法，它将数据库设计分为4个阶段：需求分析（分析用户要求）、概念设计（信息分析和定义）、逻辑设计（设计实现）和物理设计（物理数据库设计）；其后，S. B. Yao等人又将数据库设计分为5个步骤；又有I. R. Palmer等人主张把数据库设计当成一步接一步的过程，并采用一些辅助手段实现每一过程，如基于E-R模型的数据库设计方法、基于3NF的设计方法、基于抽象语法规范的设计方法等，这些都是在数据库设计的不同阶段支持的具体技术和方法。

规范设计法从本质上看仍然是手工设计法，其基本思想是过程迭代和逐步求精。计算机辅助数据库设计的关键在于开发数据库设计工具。经过数据库工作者和数据库厂商多年的努力，数据库设计工具已经实用化和产品化，如Rational Rose、Power Designer、CASE和PDMan（国产免费）等，数据库设计工具应强调数据库设计和应用设计的结合。

4.1.2 关系数据库设计的特点

关系数据库设计既是一项涉及多学科的综合性技术，又是一个庞大的工程项目。其特点是硬件、软件、技术与管理的界面的互相结合，而且整个设计过程中强调结构（数据）设计和行为（处理）设计的紧密结合。

早期的数据库设计致力于数据模型和建模方法的研究，着重结构特性的设计，对行为设计几乎没有提供指导，因此结构设计和行为设计是分离的（见图 4.1）。在数据库设计中如何把结构特性和行为特性相结合，许多学者和专家进行了探讨和实践。

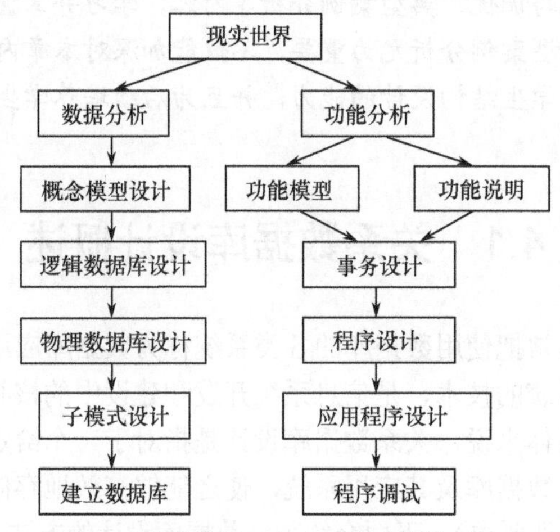

图 4.1 结构设计和行为设计分离的设计

4.1.3 关系数据库设计的步骤

根据规范设计法可以将关系数据库设计分为以下 6 个阶段。

（1）需求分析阶段

第 1 步：了解和分析用户的应用需求（包括数据与处理），进行需求收集和分析。

（2）概念结构设计阶段

第 2 步：对用户需求进行综合、归纳与抽象，形成一个独立于具体 RDBMS（关系数据库管理系统）的概念数据模型。

（3）逻辑结构设计阶段

第 3 步：按照一组转换规则，将概念数据模型转换为某个 RDBMS 支持的关系模型。

第 4 步：根据规范化理论，对关系模型进行优化。若对逻辑结构设计不满意，则转第 2 步进行。

（4）数据库物理设计阶段

第 5 步：为关系模型选取一个最适合应用环境的物理结构（包括存储结构和存取方法）。

第 6 步：根据逻辑结构设计的结果建立数据库和所属的所有数据库表，并对数据库结构设计的结果进行评价和性能预测。若对物理结构设计不满意，则转第 3 步或第 5 步进行。

（5）数据库应用系统实施阶段

第 7 步：运用 RDBMS 提供的数据语言及其宿主语言，根据数据库物理设计的结果进行数据库行为设计，编制与调试数据库应用系统的程序，并组织数据入库；通过对程序的试验性运行，来判断对数据库实施的满意程度，如不满意则转第 5 步进行。

（6）数据库应用系统调优阶段

第 8 步：数据库应用系统经过试运行后即可投入正式运行。在数据库系统的运行过程中，必须不断地对其进行评价、调整与修改。

一个完善的数据库设计不可能一蹴而就。在每个设计阶段完成后都要进行设计分析，评价一些重要的设计指标，与用户进行交流，如果不满足要求则进行修改。在设计过程中，这种设计和修改可能要重复若干次，以求得较理想的结果。下面以数据库设计的 6 个阶段为主线，介绍各个阶段工作的任务、方法和步骤。

4.2 需 求 分 析

需求收集和分析是数据库设计的第一阶段，这一阶段收集到的基础数据和一组数据流图是下一步概念结构设计的基础。概念结构是整个系统中所有用户关心的信息结构，对整个数据库设计具有深刻影响。而要设计好概念结构，就必须在需求分析阶段用系统的观点来考虑问题，收集并且分析数据。

4.2.1 需求分析的任务

需求分析的任务是通过详细调查现实世界要处理的对象（组织、部门、企业等），充分了解原手工或原计算机系统的工作概况及工作流程，明确用户的各种需求，产生数据流图和数据字典，然后在此基础上确定新系统的功能。新系统必须充分考虑今后可能的扩充和改变，不能仅按当前应用需求来设计数据库。

调查的重点是“数据”和“处理”，通过调查要从中获得每个用户对数据库的如下要求。

1. 信息要求

信息要求指用户需要从数据库中获得信息的内容与性质，由信息要求可以导出数据要求，即在数据库中需存储哪些数据。明确用户的信息要求，将有利于后期数据库结构的设计。

2. 处理要求

处理要求指用户要完成什么处理功能，对处理的响应时间有何要求，处理的方式是批处理还是联机处理。明确用户的处理要求，将有利于后期应用程序模块的设计。

3. 安全性和完整性的要求

为了更好地完成调查的任务，设计人员必须不断地与用户交流，与用户达成共识，以便逐步确定用户的实际需求，然后分析与表达这些需求。其具体的做法是：

① 了解组织机构情况，调查这个组织由哪些部门组成、各部门的职责是什么，为分析信息流程做好准备。

② 了解各部门的业务活动情况，调查各部门输入和使用什么数据，如何加工处理这些数据，输出什么信息，输出到什么部门，输出结果的格式是什么。在调查活动的同时，要注意收集各种资料，如票证、单据、报表、档案、计划、合同等，要特别注意了解这些报表之间的关系、各数据项的含义等。

③ 确定哪些功能由计算机完成或将来准备让计算机完成，哪些活动由人工完成。由计算机完成的功能就是新系统应实现的功能。

④ 在熟悉了业务活动的基础上，协助用户明确对新系统的各种要求，包括信息要求、处理要求、安全性与完整性要求。

在调查过程中，根据不同的问题和条件，可采用的调查方法有很多，如跟班作业、咨询业务专家、设计调查问卷、查阅历史记录等。但不管采用哪种方法，都必须有用户的积极参与和配合。强调用户参与是数据库设计的一大特点。

收集用户需求的过程实质上是数据库设计者对各类管理活动进行调查研究的过程。设计人员与各类管理人员通过相互交流，逐步取得对系统功能的一致认识。由于用户缺少软件设计方面的专业知识，而设计人员往往又不熟悉业务知识，因此要准确确定需求很困难，特别是某些很难表达和描述的具体处理过程。针对这种情况，设计人员在自身不断熟悉业务知识的同时，应帮助用户了解数据库设计的基本概念。对那些因缺少现成模式而很难设计的系统，对那些不知应有哪些需求的用户，还可应用原型化方法来帮助用户确定需求。也就是说，先给用户做一个比较简单的、容易调整的真实系统，让用户在熟悉使用它的过程中不断发现自己的需求，而设计人员则可根据用户的反馈来调整原型，通过反复验证并最终协助用户发现和确定他们的真实需求。

4.2.2 需求分析的结构化分析方法

对用户的需求进行调研后，还需要进一步分析和抽象用户的需求，使之转换为后续各设计阶段可用的形式。在众多的分析方法中，结构化分析方法（简称 SA）是一个简单实用的方法。SA 方法采用自顶向下、逐层分解的方式来分析系统，用数据流图（简称 DFD）和数据字典（简称 DD）来描述系统。

1. 数据流图

数据流图是软件工程中专门描述信息在系统中流动和处理过程的图形化工具。由于数据流图是逻辑系统的图形表示，非计算机专业的技术人员也很容易理解，所以是技术人员和用户之间很好的交流工具。图 4.2 给出了数据流图中使用的符号及其含义。

数据流图表达了数据和处理过程的关系，是有层次之分的，越高层次的数据流图表现的业务逻辑越抽象，越低层次的数据流图表现的业务逻辑越具体。在 SA 方法中，我们可以把任何一个系统抽象为如图 4.3 所示的形式，这是最高层次抽象的系统概貌，要反映更详细的内容，可将处理功能分解为若干子处理功能，每个子处理功能还可继续分解，直到把系统工作过程表示清楚为止。在处理功能逐步分解的同时，它们所用的数据也逐级分解，形成若干层次的数据流图，如图 4.4 所示。

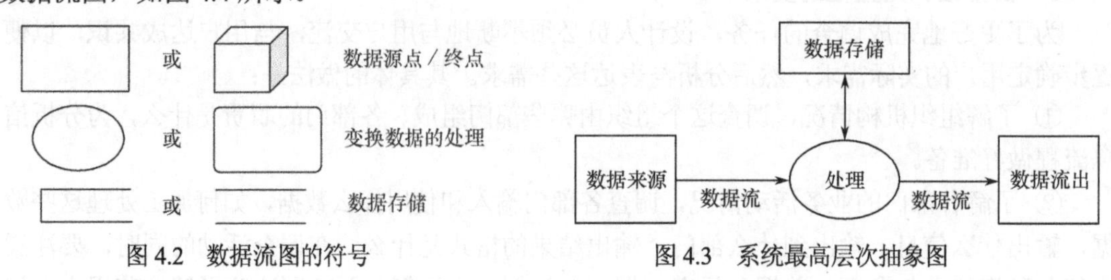

图 4.2　数据流图的符号　　图 4.3　系统最高层次抽象图

2. 数据字典

数据字典是 SA 方法的另一个工具，用于对系统中数据的详尽描述，是各类数据属性的清单，其目的是对数据流图中的各个元素做出详细的说明。对数据库设计来讲，数据字典是进行详细的数据收集和数据分析所获得的主要结果，数据字典的内容在数据库设计过程中还要不断地修改、充实和完善。

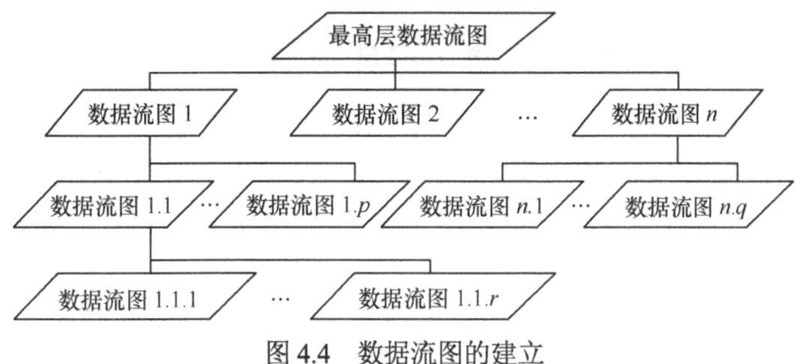

图 4.4 数据流图的建立

数据字典是各类数据描述的集合，通常包括以下 5 部分：

① 数据项，是数据的最小组成单位；

② 数据结构，是若干数据项有意义的集合，它反映了数据之间的组合关系；

③ 数据流，可以是数据项，也可以是数据结构，表示某一个处理过程的输入或输出；

④ 数据存储，是处理过程中存取的数据，常常是手工凭证、手工文档或计算机文件；

⑤ 处理过程。

它们的描述内容如下：

① 数据项={数据项名，数据项含义说明，别名，类型，长度，取值范围，与其他数据项的逻辑关系}

② 数据结构={数据结构名，含义说明，组成：{数据项或数据结构名}}。

③ 数据流={数据流名，说明，流出过程，流入过程，组成：{数据结构或数据项}，平均流量，高峰期流量}。

④ 数据存储={数据存储名，说明，输入数据流，输出数据流，组成：{数据结构或数据}，数据量，存取频度，存取方式}

⑤ 处理过程={处理过程名，说明，输入数据流，输出数据流，处理：{简要说明}}

简要说明中主要说明该处理过程的功能，即“做什么”（不是怎么做）。这些处理要求是后面物理设计的输入及性能评价的标准。

3．注意事项

① 需求分析活动后要建立需求说明书等文档资料，其内容一般包括：需求分析的目标和任务、具体需求说明、系统功能和性能、系统运行环境等，还应包括分析过程中得到的数据流图、数据字典、功能结构图和系统配置图等。需求说明书完成后，要交给用户审查，充分核实将要建立的系统是否符合用户的全部需求。是则通过，否则需要重新修正。这个过程需要反复进行，直至双方达成共识方可进入概念结构设计阶段，这样做可大大减少以后的返工现象。

② 需求分析阶段中一个重要而困难的任务是收集将来应用所涉及的数据。若设计人员仅仅按当前应用来设计数据库，以后再想加入新的实体、新的数据项和实体间新的联系就会十分困难。新数据的加入不仅会影响数据库的概念结构，而且将影响逻辑结构和物理结构，因此设计人员应充分考虑到将来可能的扩充和改变，使设计易于更新。

③ 在需求分析阶段必须强调用户的参与，这是数据库应用系统设计的特点。由于数据库应用系统与广大的用户有密切的联系，数据库的设计和建立又可能对更多人的工作环境产生重要影响，因此用户的参与是数据库设计过程中不可分割的一部分。在数据分析阶段，任何调查研究没有用户的积极参与是寸步难行的，设计人员应和用户取得共识，帮助不熟悉计算机的用户建立数据库环境下的共同概念，并对设计工作的最后结果承担共同的责任。

4.3 概念结构设计

4.3.1 概念结构设计的任务

在数据库设计中，要特别重视数据分析、抽象与概念结构的设计。概念结构设计的任务是在需求分析阶段产生的需求说明书的基础上，按照特定的方法把它们抽象为一个不依赖于任何具体机器的概念数据模型。概念数据模型是设计关系模型的基础，它独立于数据库逻辑结构，也独立于支持数据库的DBMS，它的主要特点有：

① 能充分反映现实世界，包括实体和实体之间的联系，能满足用户对数据处理的要求，是对现实世界进行抽象和概括而得到的一个真实模型。

② 简洁、清晰，独立于具体的机器，很容易理解。可以用概念数据模型和不熟悉计算机的用户交换意见，使用户能积极参与数据库的设计工作，保证设计工作顺利进行。

③ 易于更新。当现实世界中应用环境和要求发生改变时，能很容易地进行修改和扩充。

④ 易于向关系、网状或层次等各种数据模型进行转换。

描述概念数据模型的有力工具是E-R模型（简称E-R图），有关E-R图的内容已在第2章中介绍过，下面将用E-R图来描述概念数据模型。

4.3.2 概念结构设计的方法与步骤

1. 概念结构设计的方法

概念结构设计的方法有自顶向下、自底向上、由里向外和混合策略4种，实际设计中使用最多的是自底向上的设计策略，即首先定义各局部应用的概念结构，然后将它们集成，得到全局概念结构。按照这种设计策略，概念结构的设计可按下面的步骤进行，如图4.5所示。

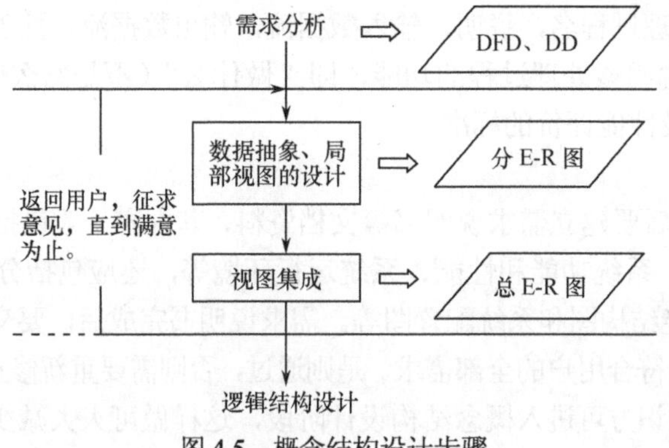

图4.5 概念结构设计步骤

2. 概念结构设计的步骤

1）数据抽象、局部视图的设计

（1）数据抽象

E-R模型是对现实世界的一种抽象。所谓抽象，是对实际的人、事、物和概念进行人为处理，抽取人们关心的共同特性，忽略非本质的细节，并把这些共同特性用各种概念精确地加以描述，这些概念组成了某种模型。一般有如下3种抽象。

① 分类：定义某一类概念作为现实世界中一组对象的类型，它抽象了对象值和型之间的"is member of"的语义。在E-R模型中，实体型就是这种抽象（见图4.6）。例如在学校环境中，

张英、王平等均是学生中的一员，具有学生们共同的特性和行为。

② 聚集：定义某一类型的组成成分，它抽象了对象内部类型和成分之间“is part of”的语义。在 E-R 模型中，若干属性的聚集所组成的实体型所表达的就是这种抽象，如图 4.7 所示。

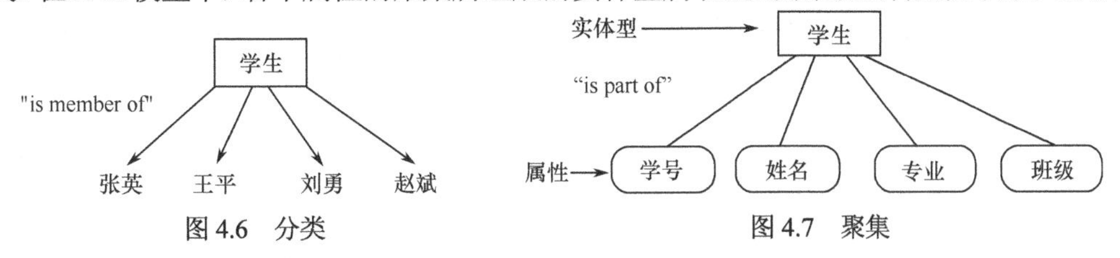

图 4.6　分类　　　　图 4.7　聚集

复杂聚集（某一类型的成分仍是一个聚集）如图 4.8 所示。

在 E-R 模型中不允许这种复杂聚集的情况。

③ 概括：定义类型之间的一种子集联系，它抽象了类型之间的“is subset of”的语义。例如学生是一个实体型，本科生、研究生也是实体型。本科生、研究生均是学生的子集。把学生称为超类，本科生、研究生称为学生的子类。

原 E-R 模型不具有概括，本书对 E-R 模型作了扩充，允许定义超类实体型和子类实体型，并用双竖边的矩形框表示子类，用直线加小圆圈表示超类-子类的联系，如图 4.9 所示。

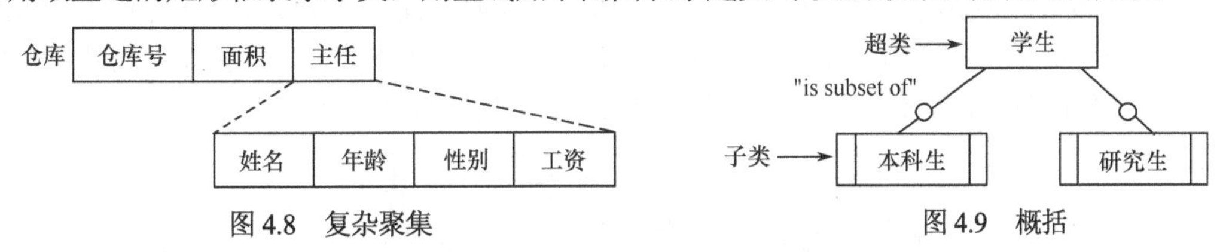

图 4.8　复杂聚集　　　　图 4.9　概括

概括具有一个很重要的性质：继承性。子类继承超类上定义的所有抽象。这样，本科生、研究生继承了学生类型的属性，当然子类可以增加自己的某些特殊属性。

（2）局部视图设计

概念结构设计的第一步就是利用上面介绍的抽象机制对需求分析阶段收集到的数据进行分类、组织（聚集），形成实体、实体的属性，标识实体的键码，确定实体之间的联系类型（1∶1，1∶n，n∶m），设计局部视图（也称分 E-R 图）。具体做法是：

① 选择局部应用。根据某个系统的具体情况，在多层的数据流图中选择一个适当层次的数据流图，根据应用功能相对独立、实体个数适量的原则划分局部应用，作为设计分 E-R 图的出发点。由于高层的数据流图只能反映系统的概貌，而中层的数据流图能较好地反映系统中各局部应用的子系统组成，因此中层的数据流图可以作为设计分 E-R 图的依据，如图 4.10 所示。实际上小型应用系统开发中，由于整个系统的脉络比较清晰，一般每个部门（或应用）就是一个局部 E-R 模型。

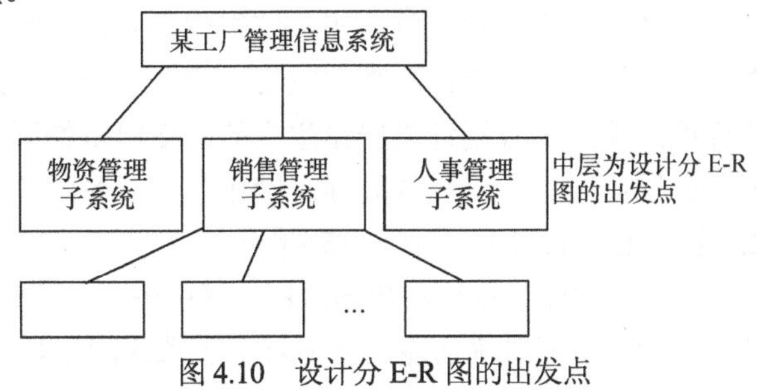

图 4.10　设计分 E-R 图的出发点

② 逐一设计分 E-R 图。每个局部应用对应一组数据流图，局部应用涉及的数据已收集在数据字典中，将这些数据从数据字典中抽取出来，参照数据流图，标定该应用中的实体、属性和实体之间的联系及其类型。如何划分实体和属性呢？实际设计中实体和属性是相对的，相互之间并不存在形式上可以截然划分的界限。在一种应用环境中，某一事物可能作为属性出现，在另一环境中可能作为实体出现。在数据字典中，“数据结构”、“数据流”和“数据存储”都是若干属性有意义的聚合，在某种程度上就体现了这种划分，可以先从这些内容出发定义 E-R 图，然后进行必要的调整。

在给定的应用环境中，能够作为属性对待的，应尽量作为属性对待，目的在于简化 E-R 图的处理。在实体集和属性的调整中，要遵循的两条基本的经验性准则如下：

- 属性是不可再分的数据项，不能再具有需要说明和描述的性质，即属性不能是另一些属性的聚集；否则就应将其定义为一个实体集。
- 属性不能与其他实体集有联系，即 E-R 图中的联系只能是实体集之间的联系。

符合上述两条准则的“事物”一般作为属性来对待。

例如，工种通常是职工的属性，但是若涉及劳保用品，而工厂中劳保用品的发放却与工种有关，根据第二条准则，把工种作为实体集来处理就比较合适，如图 4.11（a）所示。

又如，如果一种货物只存放在一个仓库，那么可以把存放地（仓库号）作为描述货物的属性。但是，如果一项货物可以存放在多个仓库中，或者仓库本身又用面积作为属性或者与职工发生管理的联系，那么应把仓库作为一个实体，如图 4.11（b）所示。

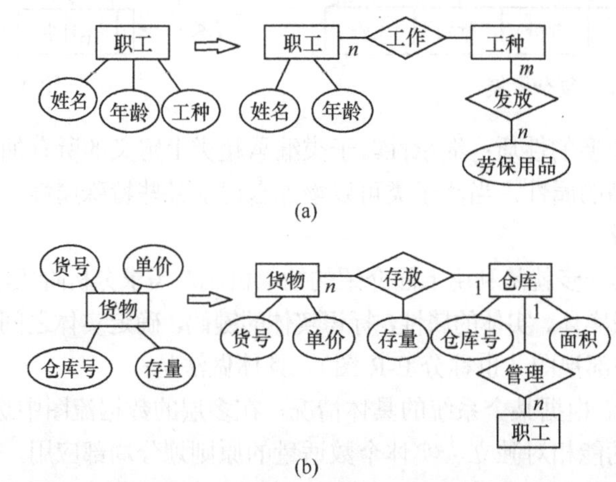

图 4.11　E-R 图中属性和实体的例子

【例 4.1】 销售管理子系统分 E-R 图的设计。

某工厂开发管理信息系统，经过可行性分析、详细调查，确定该系统由物资管理、销售管理、劳动人事管理等子系统组成，并为每个子系统组成了开发小组。销售管理子系统开发小组的成员经过调查研究、信息流程分析和数据收集，明确了该子系统的主要功能是：处理顾客和销售员送来的订单；工厂是根据订货安排生产的；交出货物同时开发票；收到顾客付款后，根据发票存根和信贷情况进行应收款处理。销售管理子系统的第一层数据流图和第二层数据流图如图 4.12、图 4.13、图 4.14 和图 4.15 所示。

简单分析后，可得到销售管理子系统的数据流图，其中图 4.12 是第一层数据流图，虚线部分划出了系统边界。图 4.12 中把系统功能又分为若干子系统，图 4.13～图 4.15 为第二层数

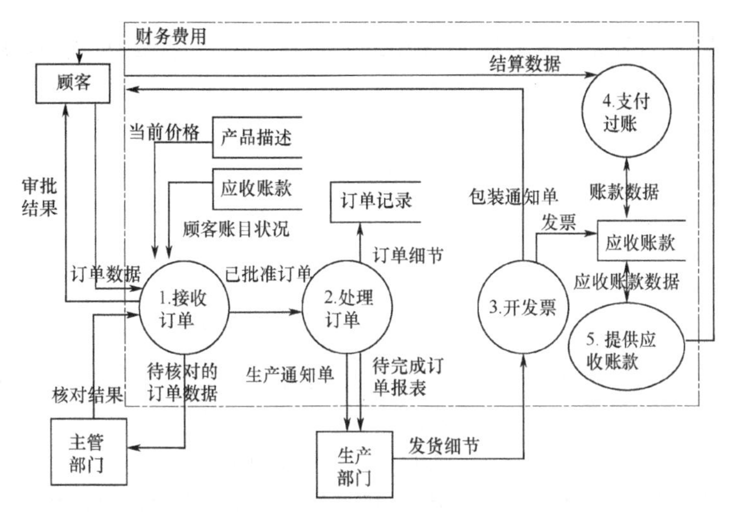

图 4.12　销售管理子系统（第一层数据流图）

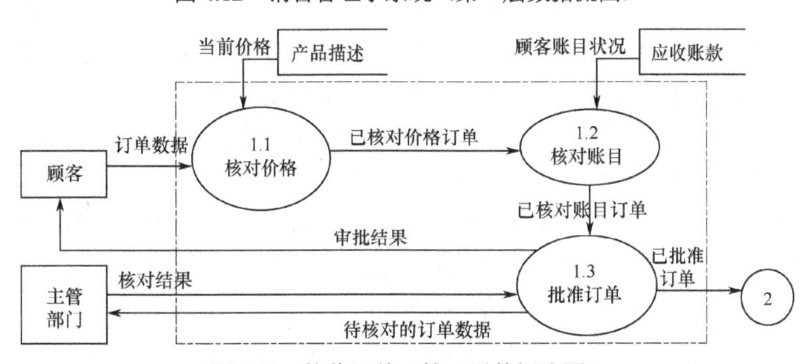

图 4.13　接收订单（第二层数据流图）

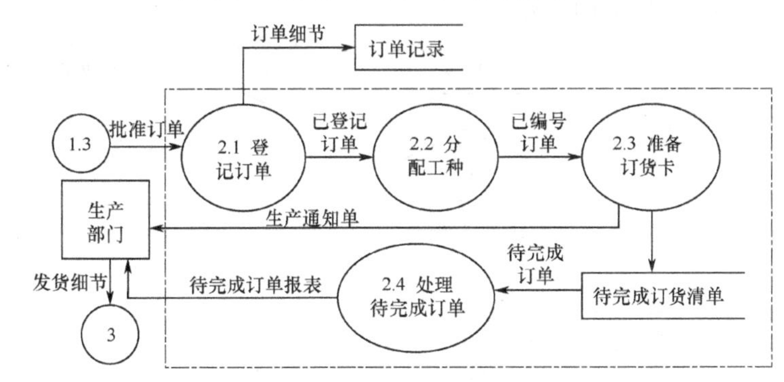

图 4.14　处理订单（第二层数据流图）

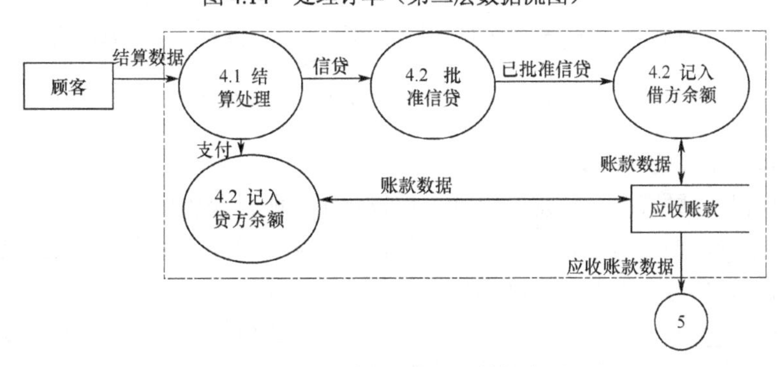

图 4.15　支付过账（第二层数据流图）

据流图，其中处理“3.开发票”和处理“5.提供应收账款”的功能已经很简单，所以不需要细化为第二层数据流图。

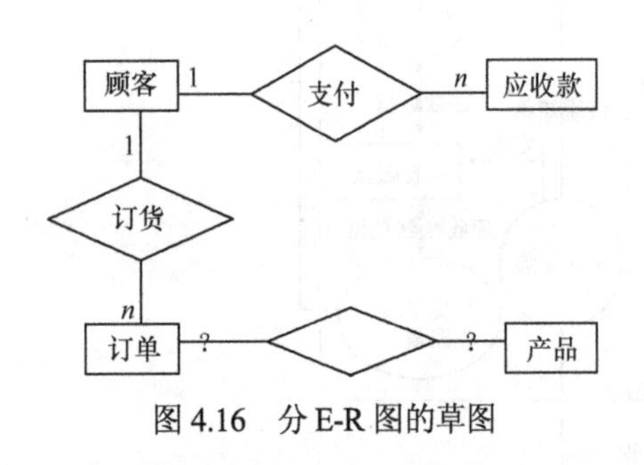

图 4.16 分 E-R 图的草图

由于该子系统不太复杂，设计分 E-R 图可以从图 4.12 入手。如果某一局部应用仍比较复杂，则可以从更下层的数据流图入手，分别设计它们的分 E-R 图，再汇总成局部应用的分 E-R 图。

分析图 4.12 的数据流图和了解的数据字典，可以知道整个系统功能围绕 “订单”和“应收账款”进行处理。数据结构中订单、顾客、应收账款用得最多，是许多子功能、数据流共享的数据。先设计该分 E-R 图的草图，如图 4.16 所示。

参照数据流图和数据字典中的详尽描述，遵循前面给出的两个准则，可进行如下调整：

① 每个订单由订单号、若干头信息和订单细节组成。订单细节又有订货的零件号、数量等来描述。按照第二条准则，订单细节就不能做订单的属性处理而应上升为实体。一个订单可以订若干产品，所以订单与订单细节两个实体之间是 1∶n 的联系。

② 原订单和产品的联系实际上是订单细节和产品的联系。每个订单细节对应一个产品描述，订单处理时从中获得当前单价、产品重量等信息。

③ 图 4.12 中“发票”是一个数据存储。是否应作为实体加入分 E-R 图？答案是不必的。这里的数据存储对应手工凭证，发票上的信息在开发票的同时已及时存入应收账款中了。

④ 工厂对大宗订货给予优惠。每种产品都规定了不同订货数量的折扣，应增加一个“折扣规则”实体存放这些信息，而不应把它们放在产品描述实体中。

最后得到分 E-R 图如图 4.17 所示。

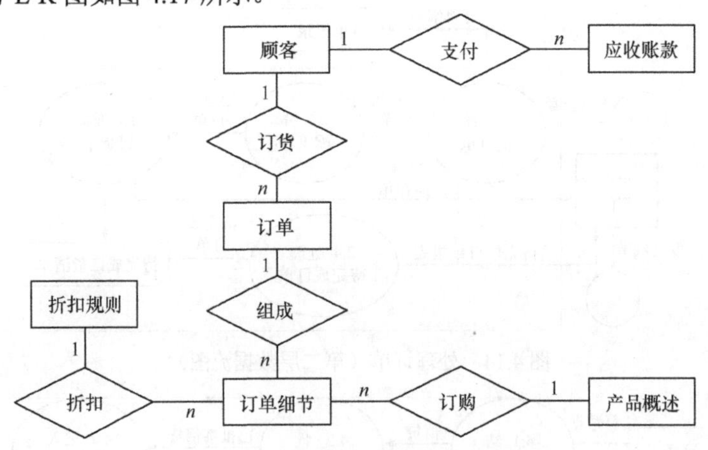

图 4.17 销售管理子系统的分 E-R 图

对每个实体集定义的属性如下：

顾客：{顾客号，顾客名，地址，电话，信贷状况，账目余额}

订单：{订单号，顾客号，订货项数，订货日期，交货日期，操作员，生产地点}

订单细节：{订单号，细节号，产品号，订货数，金额}

应收账款：{顾客号，订单号，发票号，应收金额，支付日期，当前余额，贷款限额}

产品描述：{产品号，产品名，单价，重量}

折扣规则：{产品号，订货量，折扣}

（注：为了节省篇幅，图 4.17 中实体的属性没有用图形表示；实体集定义的属性中用下画线表示键码。）

2）视图集成

各子系统的分 E-R 图设计好后，下一步就是要把所有的分 E-R 图合成一个系统的总 E-R 图，这个过程称为视图集成。视图集成有两种方式：

- 多个分 E-R 图一次集成，如图 4.18（a）所示；
- 用累加的方式一次集成两个分 E-R 图，采用逐步集成的方法，如图 4.18（b）所示。

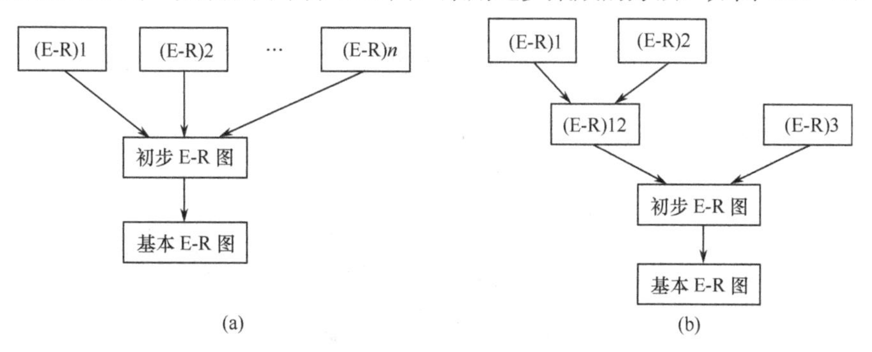

图 4.18　视图集成的两种方式

第一种方式比较复杂，第二种方式每次只集成两个分 E-R 图，可降低复杂度。无论采用哪种方式，每次集成可分两步走。第一步是合并，解决各分 E-R 图之间的冲突问题，将各分 E-R 图合并起来合成初步 E-R 图。第二步是修改和重构，清除不必要的冗余，生成基本 E-R 图。

（1）清除冲突，合并分 E-R 图

由于各类应用不同，不同的应用通常又由不同的设计人员进行概念结构的设计，因此分 E-R 图之间不可避免地会有很多不一致，我们称之为冲突。冲突的类型有以下几种。

① 属性冲突，包括：

- 属性域冲突，即属性值的类型、取值范围或取值集合不同。例如零件号，不同的部门常采用不同的编码方式。这类冲突理论上很好解决，但实际上需要各部门之间的协商，解决起来并非易事。又如年龄，有的用出生年月表示，有的用整数表示。
- 属性取值单位冲突。例如重量，有的以吨、有的以千克、有的以克为重量单位。

② 结构冲突，包括：

- 同一对象在不同应用中的不同抽象，如职工在某一局部应用中视为实体集，在另一局部应用中被视为属性。
- 同一实体集在不同分 E-R 图中属性组成不同，包括属性个数、次序等。
- 实体集之间的联系在不同分 E-R 图中呈现不同的类型。如 E1、E2 在某一应用中是多对多联系，而在另一应用中是一对多联系；在某一应用中 E1 与 E2 发生联系，而在另一应用中 E1、E2、E3 三者之间有联系。

③ 命名冲突，包括属性名、实体集名、联系名之间的冲突：

- 同名异义，即不同意义的对象具有相同的名字。
- 异名同义，即同一意义的对象具有不同的名字。如对科研项目，财务科称为项目，科研处称为课题，生产管理处则可能称为工程。

属性冲突和命名冲突通常用讨论、协商等行政手段解决；结构冲突的原因是不同的局部应用关心的是该实体集的不同侧面，需要认真分析后用技术手段来解决。例如，把属性变换为实体集或实体集变换为属性，使同一对象具有相同的抽象，变换时要遵循前面提及的两个准则；同一实体集的属性构成通常取分 E-R 图中属性的并，再适当调整次序；实体联系的类型则根据应用的语义加以综合或调整。

例如图 4.19 中，产品、零件之间多对多的联系不能由产品、零件和供应商三者之间多对多联系所包含，因此应该综合起来。图 4.19 中的(E-R)12 是物资管理子系统的分 E-R 图。

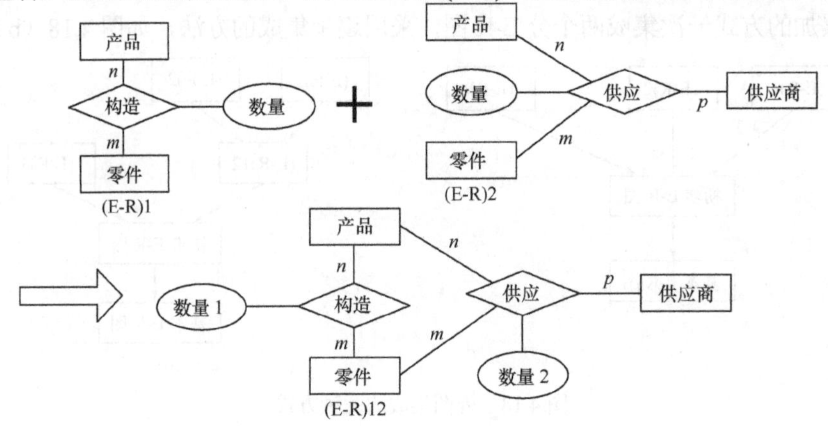

图 4.19　物资管理子系统的分 E-R 图

视图集成的目的不在于把若干分 E-R 图形式上合并为一个 E-R 图，而在于消除冲突，使之成为能够被全系统中所有用户共同理解和接受的统一的概念数据模型。

（2）消除不必要的冗余，设计基本 E-R 图

在初步 E-R 图中可能存在冗余的数据和实体间冗余的联系。冗余数据是指可由基本数据导出的数据，冗余的联系是指可由其他联系导出的联系。冗余的存在容易破坏数据库的完整性，给数据库维护增加困难，应加以消除。我们把消除了冗余的初步 E-R 图称为基本 E-R 图。

① 用分析方法消除冗余

数据字典和数据流图是用分析方法消除冗余的依据，即根据数据字典中关于数据项之间逻辑关系的说明来消除冗余。例如在图 4.20 中，Q3=Q1×Q2，Q4=ΣQ5，所以 Q3、Q4 是冗余数据，可以消去。并且由于 Q3 消去，产品与材料间 m∶n 的联系也应消去。

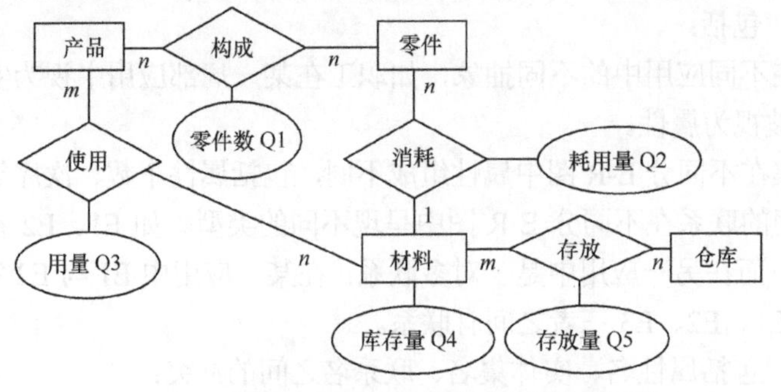

图 4.20　消除 E-R 图中冗余联系和属性的例子

但并不是所有的冗余数据与冗余联系都必须消除。为了提高某些应用的响应时间，有时希望存储某些冗余数据。这时，数据字典中数据关联的说明就应作为完整性约束条件。例如，

物资部门经常要查找当前各种材料的库存总量，希望保留 Q4。Q4=ΣQ5 就是 Q4 的完整性约束条件。每当 Q5 被更新，就应触发完整性检查的过程，对 Q4 做相应的修改。

② 用规范化理论消除冗余

规范化理论中，函数依赖的概念给我们提供了消除冗余联系的形式化工具，具体方法如下：写出每个关系模式内部各属性之间的函数依赖及不同关系模式属性之间的函数依赖；对于不同关系模式之间的函数依赖进行极小化处理，消除冗余的联系。

例如，职工.职工号→负责人.职工号，职工.职工号→车间号

车间号→负责人.职工号，负责人.职工号→车间号

经过极小化处理，去掉了职工.职工号→负责人.职工号这一冗余的联系。

【例 4.2】 某工厂管理信息系统的视图集成。

图 4.17、图 4.19 和图 4.21 分别为该厂销售管理、物资管理和劳动人事管理子系统的分 E-R 图，图 4.22 为该系统的基本 E-R 图。

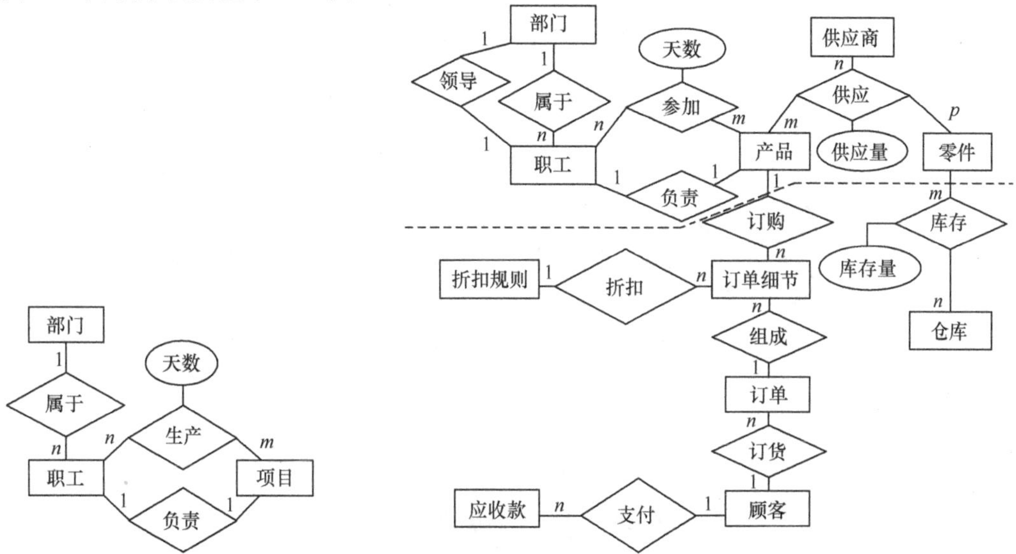

图 4.21　劳动人事管理子系统的分 E-R 图　　　　图 4.22　某工厂管理信息系统的基本 E-R 图

在视图集成过程中，解决了以下几个问题：

① 异名同义，项目和产品含义相同，某个项目实质上是指某个产品的生产。这里统一用产品作实体集名。

② 库存管理中职工与仓库的工作关系已包含在劳动人事管理的部门与职工之间的联系之中，所以可以取消。职工之间领导与被领导关系可由部门与职工（经理）之间的领导关系、职工与部门之间的从属关系两者导出，所以也可以取消。

③ 基本 E-R 图中各实体集的属性因篇幅有限，这里从略，请读者自己列出。

【例 4.3】 某工厂中的主要实体集有部件、工程、职工和部门等，这些实体集在各部门的不同应用中发生联系，并具有不同的属性。在行政管理部门中，部门与职工之间的 E-R 图如图 4.23 所示。在工程管理部门中，工程与职工之间的 E-R 图如图 4.24 所示。在计划管理部门中，工程、供应商、部件之间的 E-R 图如图 4.25 所示。在物资管理部门中，仓库与部件之间的 E-R 图如图 4.26 所示。把图 4.23～图 4.26 合并起来，就得到图 4.27 所示的基本 E-R 图，其中为了简单起见，图 4.27 中没有画出所有实体和联系的属性。

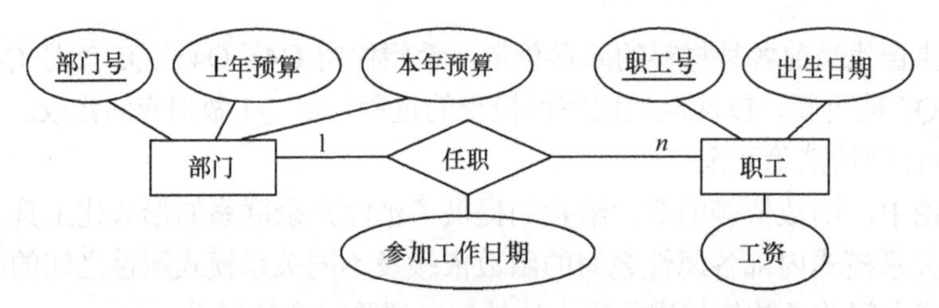

图 4.23　行政管理用的 E-R 图

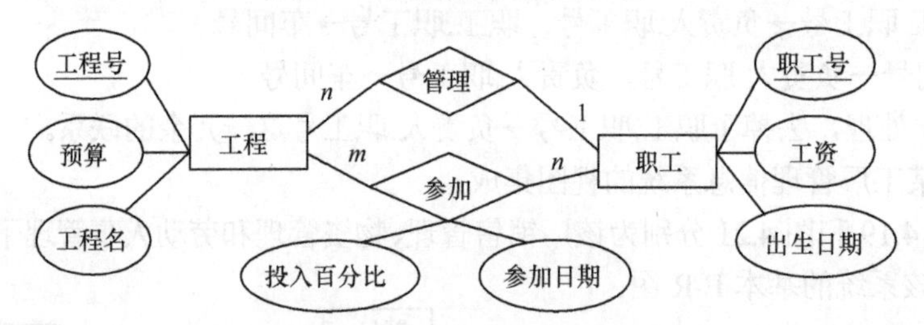

图 4.24　工程管理用的 E-R 图

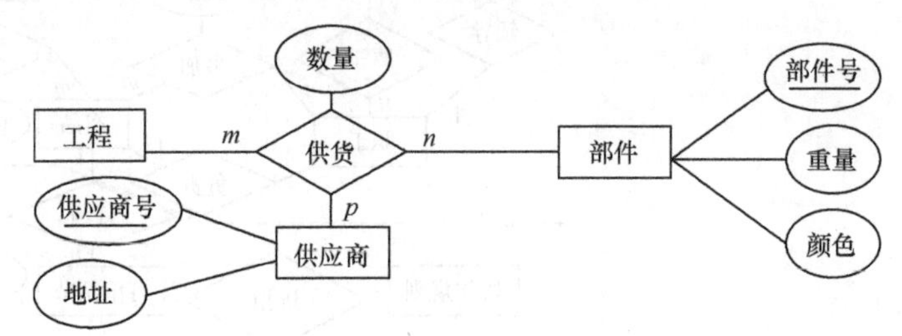

图 4.25　计划管理用的 E-R 图

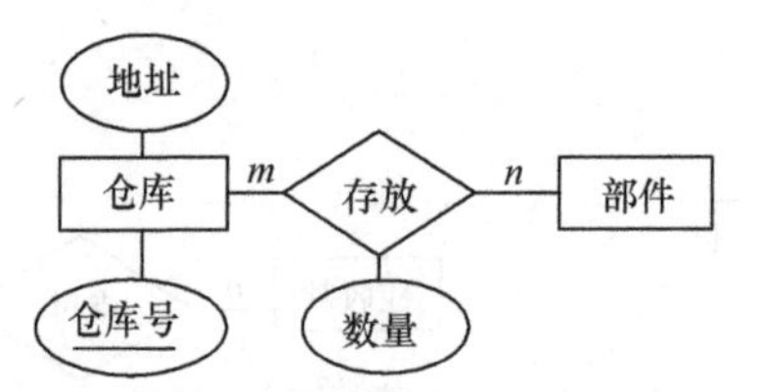

图 4.26　物资管理用的 E-R 图

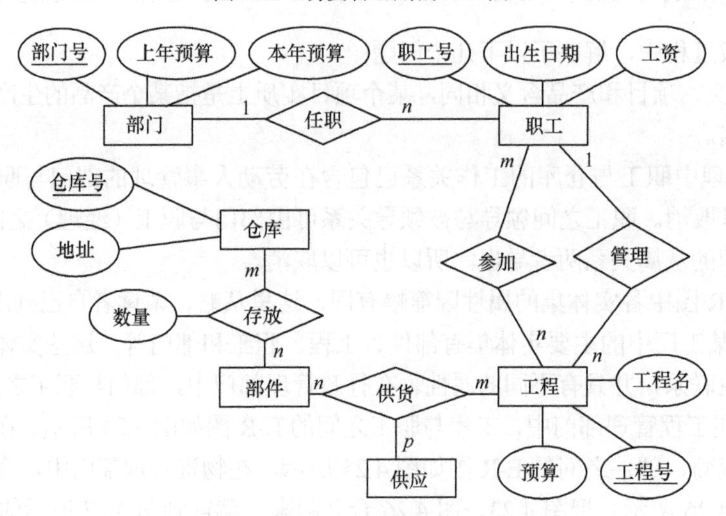

图 4.27　工厂的基本 E-R 图

4.4　逻辑结构设计

4.4.1　逻辑结构设计的任务

概念数据模型是设计关系模型的基础，它独立于数据库逻辑结构，也独立于支持数据库的 DBMS。逻辑结构设计的主要任务就是把概念结构设计阶段设计好的 E-R 图转换为与选用 RDBMS 产品所支持的关系模型相一致的逻辑结构。

实际情况常常是已给定了某台机器，并且现行的 DBMS 大多是 RDBMS，设计人员基本上没有选择的余地。因而我们把设计过程分 3 步进行。首先根据转换规则将概念数据模型（基本 E-R 图）向关系模型转换；然后根据优化方法对关系模型进行优化；最后根据 DBMS 的特点和限制向 RDBMS 支持下的数据模型转换。逻辑结构的设计过程如图 4.28 所示。

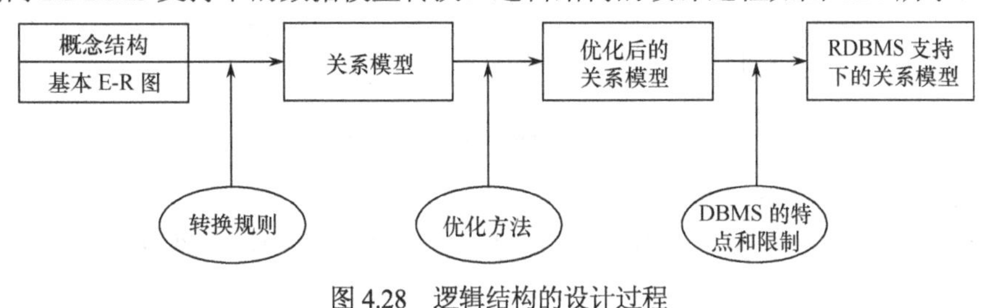

图 4.28　逻辑结构的设计过程

4.4.2　逻辑结构设计的方法与步骤

1. 概念数据模型（基本 E-R 图）向关系模型的转换

下面给出将基本 E-R 图转换为关系模型的转换规则。

① 每个实体集转换为一个关系模式，实体集的属性就是关系模式的属性，实体集的键码就是关系模式的键码。

② 每个联系转换为一个关系模式，与该联系相连的各实体集的键码及联系的属性转换为关系模式的属性。要确定此关系模式的键码，则有 3 种情况：

- 若联系为 1∶1，则每个实体集的键码均可作为此关系模式的键码；
- 若联系为 1∶*n*，则关系模式的键码是 *n* 端实体集的键码；
- 若联系为 *n*∶*m*，则关系模式的键码为诸实体集键码的组合。

③ 每个属于（“isa”）联系不转换为一个关系模式；而每个子类实体集可转换为一个关系模式，此子类所属超类实体集的键码和子类本身拥有的属性就是该关系模式的属性，此子类所属超类实体集的键码就是该关系模式的键码。

④ 3 个或 3 个以上实体集的一个多元联系可以转换为一个关系模式，与该多元联系相连的各实体集的键码和联系本身的属性都转换为关系模式的属性，而关系模式的键码为各实体集键码的组合。

⑤ 具有相同键码的非子类关系模式可以合并。

【例 4.4】 仓库与产品之间的 1∶*n* 联系如图 4.29 所示。

根据转换规则，“仓库”和“产品”两个实体集分别转换为关系模式，联系“存放”的属性包括编号、仓库号和数量，键码为 *n* 端实体集的键码“编号”，此关系模式可以并入关系模式“产品”中，具体的转换结果如下：

仓库（仓库号、地址）；产品（编号、名称、价格、仓库号、数量）。
其中关系模式中的下画线为此关系模式的键码。

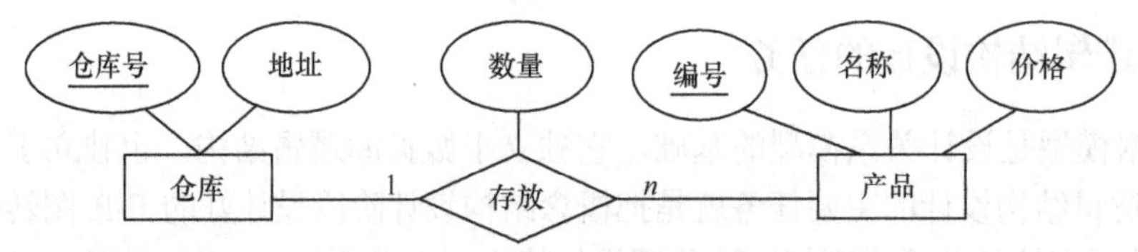

图 4.29　产品与仓库之间的 1∶n 联系

【例 4.5】学生与课程之间的 n∶m 联系如图 4.30 所示。

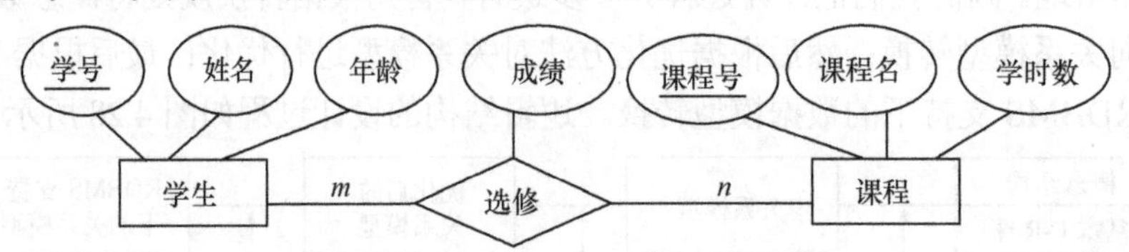

图 4.30　学生与课程之间的 n∶m 联系

根据转换规则可得如下关系模式：

学生（学号、姓名、年龄），课程（课程号、课程名、学时数），选修（学号、课程号、成绩）。

【例 4.6】把图 4.22 中虚线上半部的基本 E-R 图转换为关系模型，其中关系模式的键码用下画线标出。

部门（部门号，部门名，经理的职工号，……），此为部门实体集对应的关系模式，此关系模式已包含了联系——“领导”所对应的关系模式，其中经理的职工号是职工关系的外键码。

职工（职工号，职工名，部门号，职务，……），此为职工实体集对应的关系模式，此关系模式已包含了联系——“属于”所对应的关系模式。

产品（产品号，产品名，产品组长的职工号，……），此为产品实体集对应的关系模式。

供应商（供应商号，姓名，……），此为供应商实体集对应的关系模式。

零件（零件号，零件名，……），此为零件实体集对应的关系模式。

参加（职工号，产品号，工作天数），此为联系“参加”所对应的关系模式。

供应（产品号，供应商号，零件号，供应量），此为联系“供应”所对应的关系模式。

【例 4.7】把第 2 章图 2.10 中含有子类的 E-R 图转换为关系模型，其中关系模式的键码用下画线标出。

Movie(Title,Year,Length,Type,StudioName)，此为电影实体集对应的关系模式。

Studio(StudioName,Address)，此为电影公司实体集对应的关系模式。

Actor(ActorID,ActorName)，此为演员实体集对应的关系模式。

Murder(Title,Year,Weapon)，此为谋杀片子类实体集对应的关系模式。

Cartoon(Title,Year)，此为动画片子类实体集对应的关系模式。

Voice(Title,Year,ActorID)，此为配音联系对应的关系模式。

关于上述例 4.6 和例 4.7 的转换结果，请读者自己根据转换规则进行练习。

2. 转换后关系模型的优化

数据库逻辑结构设计的结果并非唯一，关系模型的优化是指对转换后的关系模型结构进行适当的修改和调整，以提高数据库应用系统的性能。规范化理论是数据库设计的指南和工具，具体应用表现在：第一，在需求分析阶段，用函数依赖的概念来分析和表示各数据项之间的联系；第二，在概念结构设计阶段，用分析的方法来消除初步 E-R 图中冗余的联系；第三，在逻辑结构设计阶段，用模式分解的规则和方法对转换好的一组关系模式进行优化，具体步骤如下。

第 1 步：针对每个关系模式，分析属性间的函数依赖关系，写出函数依赖集，并求出键码。根据要求判断每个关系模式的范式等级，若某个关系模式已符合 3NF 或 BCNF 的要求，则优化结束；否则进入第 2 步继续。

第 2 步：若某个关系模式没有达到 3NF，则可根据函数依赖集画出函数依赖图，按“一事一地”的原则将相关联的属性圈在一起；若某个关系模式没有达到 BCNF，则可根据“找违例自成一体，舍其右全集归一”的原则，将相关联的属性圈在一起。

第 3 步：对圈在一起相关联的属性进行投影分解，分解后形成若干个关系模式，再转第 1 步继续。

通常，我们必须根据实际需要多次应用分解规则，直到所有的关系都属于 3NF 或 BCNF 为止。但必须注意以下两点。

① 并非规范化程度越高的关系模式就越好。例如，对非 BCNF 的关系模式，虽然从理论上分析会存在不同程度的更新异常或冗余，但实际应用中对此关系模式只是查询，并不执行更新操作，则就不会产生实际影响。有时分解带来的消除更新异常的好处与经常查询需频繁进行自然连接所带来的效率的降低相比是得不偿失的，对于这些情况就不必进行分解。

② 对某些关系模式进行必要的分解，以提高数据操作的效率和存储空间的利用率。常用的两种方法是水平分割和垂直分割。

● 垂直分割

设职工记录有职工号、职工名、职务、年龄、地址、电话等数据项，若主要应用经常存取的是职工号、职工名、职务，而其他数据项用得很少，则可以把这个关系模式垂直分割为两个结构，这可减少应用存取的数据量，如图 4.31 所示。

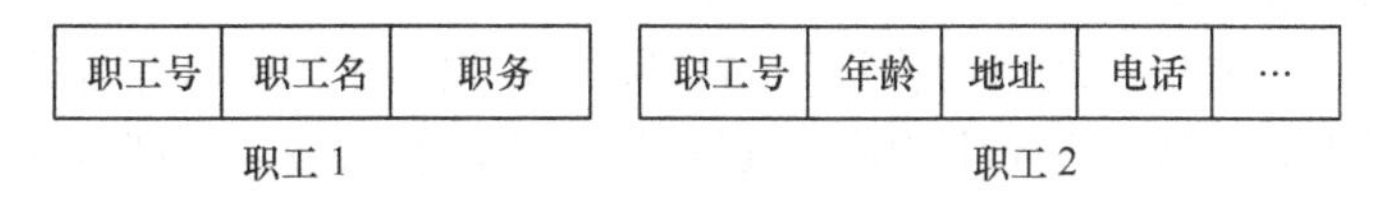

图 4.31 关系模式的垂直分割

● 水平分割

若产品记录中包含出口产品和内销产品两类。不同的应用关心不同的产品，将这个关系模式水平分割成两个结构，这可减少应用存取的逻辑记录数，如图 4.32 所示。

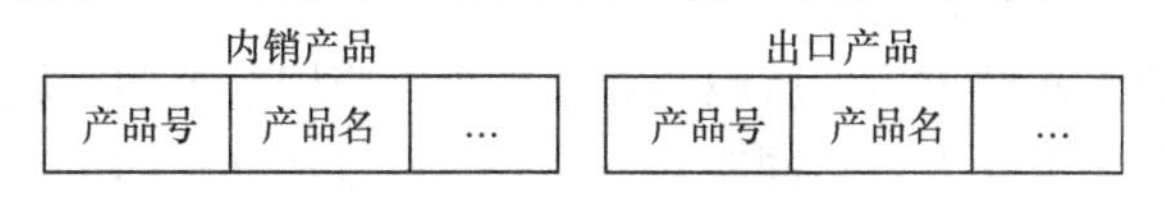

图 4.32 关系模式的水平分割

3. 转化为 RDBMS 支持下的关系模型

形成优化的关系模型后，下一步就是要向特定 RDBMS 的模型转换。设计人员必须熟知所用 RDBMS 的功能及限制，这一步转换是依赖于机器的，不能给出一个普遍的规则。但对于关系模型来说，这种转换通常都比较简单，故这部分内容就不再叙述。

规范化理论给了我们判断关系模式优劣的理论标准，可帮助我们预测关系模式可能出现的问题，使数据库设计工作有了严格的理论基础。

4.5 数据库物理设计、应用系统实施与调优

1. 数据库物理设计

所谓数据库物理设计，就是对一个给定的逻辑结构设计，为数据库文件选择特定的存储结构和存取路径，从而使各种数据库应用都能获得最佳性能的过程。通常，每个 DBMS 都提供多种文件组织和存取路径的选项，包括各种索引类型、使用指针连接相关记录及各种散列类型等。一旦选定所使用的 DBMS，数据库物理设计过程就被限制为从该 DBMS 所提供的选项中为数据库文件选择最合适的结构。下面将给出数据库物理设计决策的通用指导原则。

（1）响应时间

响应时间是指从为了执行而提交数据库事务起直到收到响应该事务的结果所花费的时间。影响响应时间的最主要因素是事务所使用数据项的数据库存取时间，这是由 DBMS 控制的。响应时间也受到非 DBMS 因素的影响，如系统负载、操作系统调度及通信延迟等。

（2）空间利用

空间利用是指被磁盘上的数据库文件及其存取路径结构所占用的存储空间的数量，包括索引和其他存取路径。

（3）事务吞吐量

事务吞吐量是指系统每分钟能够处理事务的平均数量。这个参数对于航班预订系统或银行系统来讲是非常重要的，必须在系统的峰值条件下对事务吞吐量进行测量。

通常，上述参数的平均值和最坏情形限定值被指定为系统性能需求的一部分。在不同的数据库物理设计中，包括原型法和仿真法，用分析技术和试验技术来估计上述参数的平均值和最坏情形限定值，以确定是否满足性能需求。

数据库物理设计还要根据逻辑结构设计的结果，在选定的 DBMS 中建立数据库和所属的所有数据库表，并对数据库结构设计的结果进行评价和性能预测。性能取决于文件中记录的大小和记录的数目，因此还必须对每个文件估计上述这些参数。此外，还应估计所有事务对数据库文件的更新和检索方式，用于选择记录的属性是否应为其创建主存取路径和辅助索引。在数据库物理设计阶段还要考虑到对文件增长的估计，这样既可以通过增加新属性而估计使用记录的大小，也可以通过使用记录数量来估计文件的增长。

2. 数据库应用系统实施与调优

在数据库结构设计工作结束后，就应该着手数据库应用系统的实施。通常，这部分工作由数据库设计人员和程序设计人员共同完成。首先，可以在创建的数据库表中装载或填充数据；如果要从以前的计算机系统转换数据，则可以使用转换例程对数据进行格式转换，以便装载到新的数据库中。其次，数据库事务必须要应用开发人员根据事务的规范说明进行实现并进行测试；一旦事务准备就绪，并且所有数据也已经装载到数据库中，则数据库应用系统

实施便落下帷幕，随之进入数据库应用系统调优阶段。

大多数系统提供监控工具以便汇集性能统计数据，这些数据被保存在系统目录或数据字典里，以便用于将来的分析工作。这些数据包括预定义事务或查询被调用的次数统计、文件的输入 / 输出活动、文件的页数或索引的记录数，以及索引使用频率的统计。随着数据库应用系统需求的改变，常常需要增加或删除某些现有的表，并通过改变主存取方式或删除旧索引而创建新索引的方式对某些文件进行重新组织。为获得更好的性能，还可能重写某些查询或事务。

数据库应用系统投入运行标志着开发任务的基本完成和维护工作的开始，但并不意味着设计过程已经结束。任何数据库应用系统只要存在一天，其设计就需不断地进行评价、调整和修改，甚至完全改变。因此，数据库应用系统的调优不仅仅是维护其正常活动，而且是设计工作的继续和提高。

归纳总结：叙述数据库结构设计的步骤和方法。

数据库结构设计的 4 个步骤和方法如下：

① 系统需求分析主要收集和分析用户的应用需求（包括数据与处理），产生系统的数据流图和数据字典；

② 概念结构设计主要是对用户需求进行综合、归纳与抽象，形成一个独立于具体 RDBMS 的概念数据模型（基本 E-R 图）；

③ 逻辑结构设计主要是按照一组转换规则将基本 E-R 图转换为某个 RDBMS 支持的一组关系模式，并对每个关系模式进行优化以符合要求；

④ 物理结构设计主要是根据逻辑结构设计的结果，在 RDBMS 的管理平台上创建一个数据库和所属的所有数据库表。

4.6 典型案例分析

4.6.1 典型案例 10——某仓储超市 POS 系统关系数据库的设计

1. 系统需求分析

某仓储超市采用 POS（Point of Sale）机负责前台的销售收款，为及时掌握销售信息，并以此指导进货，拟建立商品进、销、存数据库管理系统，该系统的需求分析结果为：

（1）销售业务由 POS 机来辅助实现，POS 机外接条码阅读器，收银员在结账时将商品的条码通过条码阅读器输入 POS 机中。所售商品数量默认值为 1，可以由收银员修改。POS 机根据输入的商品信息，打印出购物清单的属性包括：销售流水号、商品编码、商品名称、数量、金额、收银员和时间。

（2）将经销的商品分为直销商品和库存商品两大类。直销商品的保质期较短，如食品类，由供应商直接送达超市，管理员将过期的商品返还给供应商处理；直销商品送货单的属性包括：经销商、送货号码、日期、商品编码、商品名称、数量、生产批号和消费期限。库存商品由采购员向供应商提交订购单，供应商根据订购单送货，超市会不定期对库存商品按照折扣率进行打折优惠；库存商品送货单的属性包括：经销商、送货号码、日期、商品编码、商品名称和数量。

（3）业务处理过程：由 POS 机存储每笔销售记录，在每个工作日结束前汇总当日各商品的销售量至中心数据库（销售日汇总）；根据当日的销售日汇总更新存货表；每笔进货记入进货表中，并及时更新存货表。

2. 系统概念结构设计

根据系统需求分析可得到销售详单、销售日汇总、存货表、进货表 4 个实体集，并且还应增加一个“商品”的超类和两个“直销商品”“库存商品”的子类。

销售详单属性包括：销售流水号、商品编码、数量、金额、收银员、时间。

销售日汇总属性包括：日期、商品编码、数量。

存货表属性包括：商品编码、数量。

进货表属性包括：送货号码、商品编码、数量、日期。

商品属性包括：商品编码、商品名称、单价。

直销商品属性包括：商品编码、生产批号、消费期限。

库存商品属性包括：商品编码、商品折扣。

每种商品在多个销售详单中有销售记录，每种商品在不同日期有不同的销售数量，每种商品在存货表中只有一个记录，每种商品在进货表中有多个进货记录，经分析可画出某仓储超市 POS 系统的 E-R 图，如图 4.33 所示。

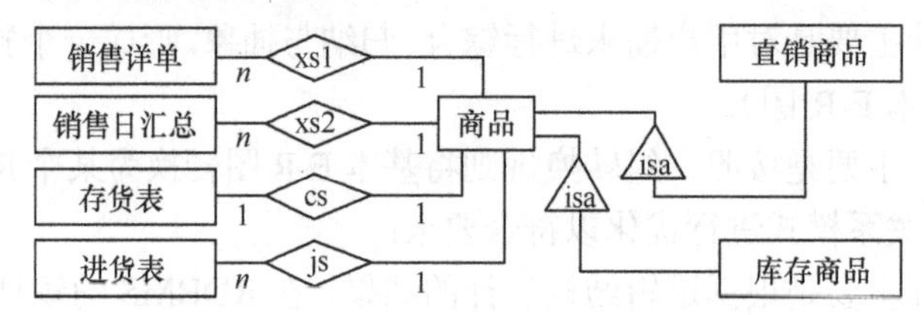

图 4.33　某仓储超市 POS 系统的 E-R 图

3. 系统逻辑结构设计

根据 4.4.2 节概念数据模型（E-R 图）向关系模型的转换规则，可以将图 4.33 的 E-R 图转换为如下 7 个关系模式，其中各关系模式的主键码用下画线标出。

销售详单（<u>销售流水号，商品编码</u>，数量，金额，收银员，时间）。

销售日汇总（<u>日期，商品编码</u>，数量）。

存货表（<u>商品编码</u>，数量）。

进货表（<u>送货号码，商品编码</u>，数量，日期）。

商品（<u>商品编码</u>，商品名称，单价）。

直销商品（<u>商品编码</u>，生产批号，消费期限）。

库存商品（<u>商品编码</u>，商品折扣）。

如果考虑引入积分卡，根据累计消费金额计算积分点，再根据积分点在顾客购物时进行现金返还，现金返还后要修改顾客的累计消费金额和积分点，下面给出新增积分卡的关系模式：

积分卡（<u>顾客编号</u>，顾客名，累计消费金额，积分点）。

为了计算每个顾客的累计消费金额，在销售详单的关系模式中必须添加顾客编号来指明该消费是属于哪个顾客的，修改后销售详单的关系模式变为：

销售详单（<u>销售流水号，商品编码</u>，数量，金额，顾客编号，收银员，时间）。

其中～～～表示外键码，_____表示主键码。

根据优化的要求来判断每个关系模式的范式等级，这些关系模式均已达到BCNF。综上所述，上面8个关系模式的集合就是某仓储超市POS系统逻辑结构设计的结果。

4．系统物理结构设计

根据系统逻辑结构设计的结果，可以使用 SQL Server 管理平台，先创建名为 Supermarket 的数据库，再创建该数据库所需要的所有数据库表，具体内容见表 4.1～表 4.8。

表 4.1　Integralcard 积分卡信息表

列名	数据类型	可否为空	说明
User_id	char(10)	not null	顾客编号
User_name	varchar(20)	not null	顾客名
Cumulative_consumption	numeric(8,2)	not null	累计消费金额
Integral_point	numeric(5,0)	not null	积分点

表 4.2　Salesdetails 销售详单信息表

列名	数据类型	可否为空	说明
sales_id	char(10)	not null	销售流水号
commodity_code	char(10)	not null	商品编码
number	numeric(4,0)	null	数量
amount	numeric(9,2)	null	金额
User_id	char(10)	not null	顾客编号
cashier	varchar(20)	null	收银员
sd_time	datetime	null	时间

表 4.3　Salesdatesummary 销售日汇总信息表

列名	数据类型	可否为空	说明
sds_date	datetime	not null	日期
commodity_code	char(10)	not null	商品编码
number	numeric(4,0)	null	数量

表 4.4　Inventorylist 存货信息表

列名	数据类型	可否为空	说明
commodity_code	char(10)	not null	商品编码
number	numeric(4,0)	null	数量

表 4.5　Purchasetable 进货信息表

列名	数据类型	可否为空	说明
delivery_number	char(10)	not null	送货号码
commodity_code	char(10)	not null	商品编码
number	numeric(4,0)	null	数量
pt_date	datetime	not null	日期

表 4.6　Commodity 商品信息表

列名	数据类型	可否为空	说明
commodity_code	char(10)	not null	商品编码
commodity_name	varchar(10)	not null	商品名称
price	numeric(6,2)	not null	单价

表 4.7　Directsellinggoods 直销商品信息表

列名	数据类型	可否为空	说明
commodity_code	char(10)	not null	商品编码
production_number	char(10)	not null	生产批号
Consumption_period	datetime	not null	消费期限

表 4.8　Inventoryitem 库存商品信息表

列名	数据类型	可否为空	说明
commodity_code	char(10)	not null	商品编码
Merchandise_discount	numeric(4,2)	null	商品折扣

4.6.2　典型案例 11——某宾馆管理系统关系数据库的设计

1．系统需求分析

一般情况下，大型宾馆管理系统包括客房预定系统、前台接待系统、前台收银系统、账务系统、客房系统、电话系统、自动计费、客户系统、合约系统、经理系统、总经理系统、密码管理系统、报表系统、账务报表等功能，系统非常庞大。小型宾馆在正常运营中需要对客房资源、客人信息、结算信息进行管理，利用宾馆管理系统可以及时了解各个环节的信息，有利于提高管理效率，以下是一个小型宾馆的需求分析。

系统总体数据流图如图 4.34 所示。

图 4.34　系统总体数据流图

系统主要功能有：

（1）操作人员的添加、删除和密码修改等。

（2）有关客房标准的制定，标准信息的输入、修改、查询等。

（3）客房信息的输入、修改、查询等。

（4）订房信息的输入、修改、查询等。

（5）客人信息的输入、修改、查询等。

2．系统概念结构设计

根据需求分析阶段收集的信息，小型宾馆管理系统主要包含客房标准、客房信息和客人信息 3 个实体集，具体可用 E-R 图来表示，如图 4.35 所示。

3．系统逻辑结构设计

根据 4.4.2 节概念数据模型（E-R 图）向关系模型的转换规则，可以将图 4.35 的 E-R 图转换为如下 3 个关系模式，其中各关系模式的主键码用下画线标出。

客房标准（<u>标准编号</u>，标准名称，房间面积，床位数量，空调有否，电话有否，电视有否，卫生间有否，价格）。

客房信息（<u>客房编号</u>，客房类型，客房位置，客房单价，客房状态，备注信息）。

订房信息（<u>订房编号</u>，客房编号，身份证号，客人姓名，入住日期，折扣率，结算日期，结算金额，备注）。

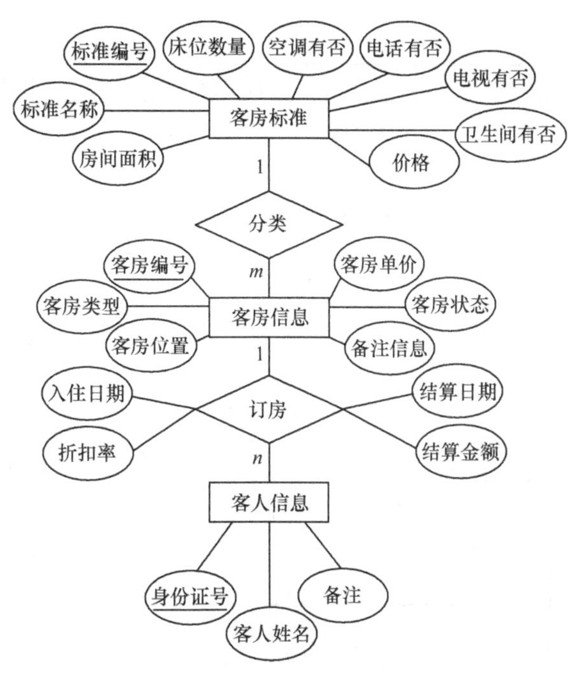

图 4.35　宾馆管理系统 E-R 图

必须指出，虽然客房标准中的标准名称与客房信息中的客房类型字段名称不同，但代表的含义相同。关于订房信息，本来应该是客人信息（客房编号，身份证号，客人姓名，备注，入住日期，折扣率，结算日期，结算金额），但实际上是客人订房且习惯上有一个订房编号，所以就改成订房信息了，且将订房编号设定为键码。

4．系统物理结构设计

根据系统逻辑结构设计的结果，可以使用 SQL Server 管理平台，先创建名为 Hotel 的数据库，再创建该数据库所需要的所有数据库表，具体内容见表 4.9～表 4.11。

表 4.9　roomtype 客房标准信息表

列名	数据类型	可否为空	说明
typeid	char(10)	not null	标准编号
typename	char(10)	not null	标准名称
area	numeric(5,0)	null	房间面积
bednum	numeric(2,0)	null	床位数量
haircondition	char(2)	null	空调有否
htelephone	char(2)	null	电话有否
htelevision	char(2)	null	电视有否
htoilet	char(2)	null	卫生间有否
price	numeric(10,2)	null	价格

表 4.10　rooms 客房信息表

列名	数据类型	可否为空	说明
roomNo	char(10)	not null	客房编号
roomtype	char(10)	not null	客房名称
roomposition	char(20)	null	客房位置
roomprice	numeric(10,2)	null	客房单价

续表

列名	数据类型	可否为空	说明
putup	char(2)	not null	客房状态
roommemo	text	null	备注信息

表 4.11 bookin 订房信息表

列名	数据类型	可否为空	说明
bookNo	char(14)	not null	订房编号
roomNo	char(10)	not null	客房编号
customID	char(18)	not null	身份证号
customname	char(10)	not null	客人姓名
indate	datetime	null	入住日期
discount	numeric(3,0)	null	折扣率
checkdate	datetime	null	结算日期
amount	numeric(10,2)	null	结算金额
inmemo	text	null	备注

本系统根据需要还可以增加 user 用户信息表，属性包括用户 ID、用户姓名、用户密码等，在此不再赘述。

4.6.3 典型案例 12——某公司活动信息采集系统关系数据库的设计

1．系统需求分析

公司活动信息采集系统是某公司为了收集遍布全国所有地区的子公司的活动小组的活动素材而开发的，公司拥有多个一级子公司，而一级子公司拥有多个二级子公司，每个二级子公司拥有多个活动小组。公司和活动小组都有负责人，活动小组有组员。公司活动信息采集系统的业务主流程包括：

（1）公司提出一个即将举办的活动，活动包括活动名称、参加对象、开始时间、结束时间，以及每个活动小组的活动经费。

（2）每个活动小组负责人填写活动方案，安排多少次小组活动，每次小组活动的名称和内容、面向对象（记录位置说明）、开始时间、结束时间和预算。

（3）每个组员通过手机直接上传素材，或通过相机和计算机上传素材；素材包括名称、说明、存储路径、素材类型、经度、纬度、素材大小等。

（4）活动小组负责人上传小组活动的总结（活动过程说明、实际使用经费）。

（5）公司对小组活动进行审核，可以退回重做，或者通过并评价（评分和评语）。

（6）当所有活动小组完成总结之后，公司对活动进行总结（活动说明、实际使用经费）。

2．系统概念结构设计

第 1 步：寻找实体集

（1）从人事方面看，可以得到实体集：公司、小组、组员等；

（2）从活动方面看，可以得到实体集：活动、小组活动、素材等。

第 2 步：找出关联

（1）公司有多个活动小组，每个活动小组有多个组员；

（2）活动有多个小组活动，每个小组活动包括多个素材；

（3）公司发布多个活动，每个活动属于一个公司；

（4）活动小组发布多个小组活动，每个小组活动属于一个活动小组；

（5）每个组员可以发布多个素材，每个素材只属于一个组员。

第 3 步：按照上面的分析，可以画出对应的 E-R 图，如图 4.36 所示。

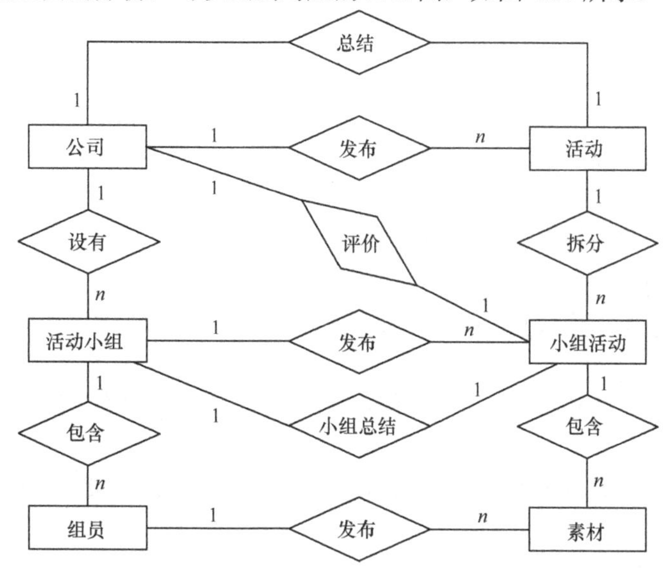

图 4.36　公司活动信息采集系统的 E-R 图

3. 系统逻辑结构设计

根据 4.4.2 节概念数据模型（E-R 图）向关系模型的转换规则，可以将图 4.36 的 E-R 图转换为如下 9 个关系模式，其中各关系模式的主键码用下画线标出。

公司（<u>公司编号</u>，名称，业务范围，负责人）。

活动小组（<u>活动小组编号</u>，名称，业务范围，负责人，公司编号）。

组员（<u>组员编号</u>，姓名，职责，员工编号，活动小组编号）。

活动（<u>活动编号</u>，参加对象，开始时间，结束时间，经费，公司编号）。

小组活动（<u>小组活动编号</u>，参加对象，开始时间，结束时间，经费，活动编号，活动小组编号）。

素材（<u>素材编号</u>，名称，存储路径，素材类型，经度，纬度，素材大小，组员编号，小组活动编号）。

评价（<u>公司编号</u>，小组活动编号，评分，评语）。

总结（<u>公司编号</u>，活动编号，总结，评语）。

小组总结（<u>活动小组编号</u>，小组活动编号，总结，评语）。

为了进一步合理规划公司人员管理，我们对上述表格做了以下优化。

（1）若引入员工表，则公司、活动小组和组员仅保留组织结构，这些关系模式变为：

员工（<u>员工编号</u>，姓名，身份证号，组织结构编号）。

公司（<u>公司编号</u>，名称，业务范围，负责人员工编号）。

活动小组（<u>小组编号</u>，名称，业务范围，公司编号，负责人员工编号）。

组员（<u>组员编号</u>，姓名，职责，小组编号，员工编号）。

（2）由于总结、评价都是与对应的小组活动和活动一一对应的，我们就可以将总结和评价与对应的小组活动或活动合并，合并后得到的关系模式如下：

活动（活动编号，参加对象，开始时间，结束时间，经费，公司编号，评分，评语，总结）。

小组活动（小组活动编号，参加对象，开始时间，结束时间，经费，小组编号，评分，评价，活动编号）。

（3）由于（1）中组织结构的公司、活动小组和员工 3 个关系模式具有相似性，而（2）中活动和小组活动也具有类似的性质，所以将其分别合并得到下面两个关系模式：

组织结构表（组织结构编号，名称，业务范围，上一级组织结构编号，负责人员工编号）。

活动（活动编号，面向对象，开始时间，结束时间，经费，组织结构编号，评分，评语，总结，上一级活动编号）。

经过上述优化，最后得到 4 个关系模式如下：

员工（员工编号，姓名，身份证号，组织结构编号）。

组织结构表（组织结构编号，组织名称，业务范围，上一级组织结构编号，负责人员工编号）。

活动（活动编号，活动名称，开始时间，结束时间，经费，组织结构编号，评分，评语，总结，上一级活动编号）。

素材（素材编号，素材名称、存储路径，素材类型，经度，纬度，素材大小，组织结构编号，活动编号）。

4．系统物理结构设计

根据系统逻辑结构设计的结果，可以使用 SQL Server 管理平台，先创建名为 Activity 的数据库，再创建该数据库所需要的所有数据库表，具体内容见表 4.12～表 4.15。

表 4.12　Employee 员工表

列名	数据类型	可否为空	说明
emp_id	char(12)	not null	员工编号
emp_name	char(20)	not null	姓名
emp_bid	char(18)	not null	身份证号
org_id	char(12)	not null	组织结构编号

表 4.13　Organization 组织结构表

列名	数据类型	可否为空	说明
org_id	char(12)	not null	组织结构编号
org_name	char(20)	not null	组织名称
org_business	char(20)	null	业务范围
org_pre_id	char(12)	not null	上一级组织结构编号
mgr_id	char(12)	not null	负责人员工编号

表 4.14　Activity 活动表

列名	数据类型	可否为空	说明
act_id	char(12)	not null	活动编号
act_name	char(10)	not null	活动名称
act_startdate	char(18)	not null	开始时间
act_enddate	char(10)	not null	结束时间
act_funds	Int	null	经费（元）

续表

列名	数据类型	可否为空	说明
org_id	char(12)	not null	组织结构编号
act_grade	int	null	评分
act_comment	varchar(100)	null	评价
act_report	Text	null	总结
act_pre_id	char(12)	not null	上一级活动编号

表 4.15 Material 素材表

列名	数据类型	可否为空	说明
mat_id	char(12)	not null	素材编号
mat_name	char(20)	not null	名称
mat_pathname	char(200)	not null	存储路径
mat_type	int	not null	素材类型
mat_latitude	int	null	纬度
mat_longitude	int	null	经度
mat_size	int	null	大小（兆）
org_id	char(12)	not null	组织结构编号
act_id	char(12)	not null	活动编号

这里经度、纬度和经费都采用整型变量进行存储，以提高处理速度。

小　结

本章主要介绍了需求分析、概念结构设计、逻辑结构设计和典型案例分析等内容，要求理解系统需求分析主要收集和分析用户的应用需求（包括数据与处理），产生系统的数据流图和数据字典；掌握概念结构设计主要是对用户需求进行综合、归纳与抽象，形成一个独立于具体 RDBMS 的概念数据模型（E-R 图）；掌握逻辑结构设计主要是按照一组转换规则将 E-R 图转换为某个 RDBMS 支持的一组关系模式，并对每个关系模式进行优化以符合要求。

本章最后分析了 3 个典型案例。对于案例 10，要求重点掌握某仓储超市 POS 系统 E-R 图，包括销售详单、销售日汇总、存货表、进货表和商品实体集，其中销售详单、销售日汇总、进货表与商品之间的联系均是 n∶1，存货表与商品之间的联系是 1∶1，而直销商品和库存商品则是商品实体集的子类实体集；对于案例 11，要求掌握小型宾馆管理系统 E-R 图，包括客房标准、客房信息和客人信息 3 个实体集，其中客房标准与客房信息、客房信息与客人信息之间的联系均是 1∶n，E-R 图转换成一组关系模式后的客人信息中增加订房编号属性，并将客人信息改成订房信息；对于案例 12，要求掌握如何通过分析寻找实体集（公司、活动小组、组员、活动、小组活动、素材），找出关联（6 个实体集之间的 1∶1 和 1∶n 联系），画出 E-R 图，转换成 9 个关系模式，最后经过合并和优化，变成员工、组织结构、活动和素材 4 个关系模式。

在关系数据库设计过程中，概念结构设计和逻辑结构设计是两个最重要的环节，在学习本章时要给予格外的重视，同时要结合实际案例多加练习，在实践中不断积累经验，从而设计出符合应用需求的数据库应用系统。

习　题

4.1　简述关系数据库设计的步骤和方法。

4.2　需求分析的任务和方法是什么？

4.3　概念结构设计的任务和步骤是什么？

4.4　简述逻辑结构设计过程。

4.5　叙述 E-R 图转换为关系模型的转换规则，并举出不同情况的例子加以说明。

4.6　简述关系模型优化的步骤。

4.7　已知生产厂商、产品和顾客 3 个实体集和笔记本电脑一个子类实体集的 E-R 图，如图 4.37 所示。

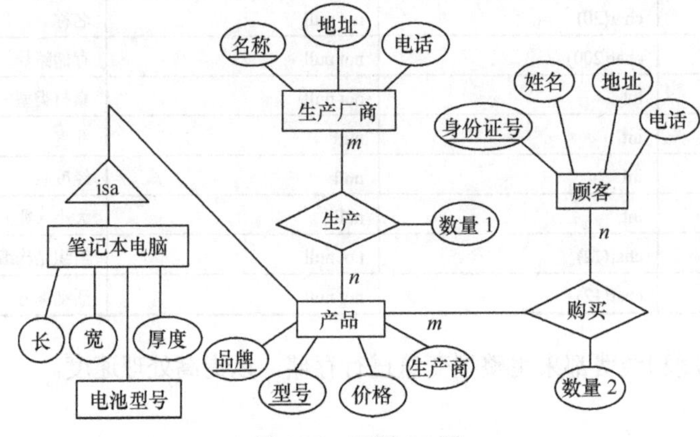

图 4.37　习题 4.7 图

请将上述 E-R 图转换为一组关系模式，并标出主键码和外键码。

4.8　对于 4.7 题转换得到的关系模型中的每个关系模式，请用规范化理论来判断它们属于第几范式？这些关系模式会产生更新异常吗？

4.9　请设计一个图书馆数据库，此数据库中对每个借阅者存有读者号、姓名、地址、性别、年龄和单位；对每本书存有书号、书名、作者和出版社；对每本被借还的书存有读者号、书号、借出日期和应还日期等。要求：

（1）完成关系数据库的概念结构设计；

（2）完成关系数据库的逻辑结构设计。

4.10　工厂需要采购多种材料，每种材料可由多个供应商提供。每次采购材料的单价和数量可能不同；材料有材料编号、品名和规格等属性；供应商有供应商号、名称、地址、电话号码等属性；采购有日期、单价和数量等属性。要求：

（1）根据上述材料供应情况设计 E-R 图；

（2）将 E-R 图转换成一组关系模式，并指出每个关系模式的主键码和外键码；

（3）判断上述转换后的一组关系模式属于什么范式等级？

第2篇　技术篇

☞ SQL Server 2012 综述

☞ SQL Server 的 T-SQL I

☞ SQL Server 的 T-SQL II

第 5 章　SQL Server 2012 综述

☞本章目标

本章主要介绍 SQL Server 2012 概述、SQL Server 2012 安装、SQL Server 2012 管理工具和典型案例分析等内容，实践并掌握好 SQL Server 2012 的安装、管理工具和典型案例分析尤为重要，不仅能加深对本章内容的理解，而且有利于为在后续章节中实践并学习好 SQL 语言提供有力的保障。

5.1　SQL Server 2012 概述

SQL Server 2012 是微软发布的新一代数据平台产品，全面支持云技术与平台，并且能够快速构建相应的解决方案实现私有云和公有云之间数据的扩展与应用的迁移。SQL Server 2012 也是一个高性能关系数据库管理系统（RDBMS），它可以将结构化、半结构化和非结构化文档的数据（如图像和音乐）直接存储到数据库中，帮助用户随时随地管理任何数据。SQL Server 2012 提供一系列丰富的集成服务，可以对数据进行查询、搜索、同步、报告和分析之类的操作。数据可以存储在各种设备上，从数据中心最大的服务器一直到桌面计算机和移动设备，用户可以控制数据而不用操心数据存储在哪里。

SQL Server 2012 包含企业版（Enterprise）、标准版（Standard）、商业智能版（Business Intelligence）、Web 版、开发者版及精简版等。在这些版本中，一些基本组件的功能如下。

1．数据库引擎

数据库引擎（SQL Server Database Engine，SSDE）用于存储、处理和保护数据的核心服务。SSDE 提供了受控访问和快速事务处理，以满足企业内最苛刻的数据消费应用程序的要求，同时还提供了大量的支持以保持高可用性。

2．数据质量服务

数据质量服务（SQL Server Data Quality Services，DQS）向用户提供知识驱动型数据清理解决方案。DQS 使用户可以生成知识库，然后使用此知识库，同时采用计算机辅助方法和交互方法，执行数据更正和消除重复的数据。用户可以使用基于云的引用数据服务，并生成一个数据管理解决方案，将 DQS 与集成服务和主数据服务相集成。

3．分析服务

分析服务（SQL Server Analysis Services，SSAS）是一个针对个人、团队和公司商业智能的分析数据平台与工具集。服务器和客户端设计器通过使用 PowerPivot、Excel 和 SharePoint Server 环境，支持传统的 OLAP 解决方案、新的表格建模解决方案及自助式分析和协作。SSAS 还包括数据挖掘，以便用户可以发现隐藏在大量数据中的模式和关系。

4．集成服务

集成服务（SQL Server Integration Services，SSIS）是一个数据集成平台，它可以高效地处理各种各样的数据源（如 Oracle、Excel、XML 文档、文本文件等），并完成有关数据的提取、转换、加载等，其中还包括对数据仓库提供提取、转换和加载（ETL）处理的包。

5．主数据服务

主数据服务（Master Data Services）是用于主数据管理的 SQL Server 解决方案。基于主数据服务生成的解决方案可确保报表和分析均基于适当的信息。使用主数据服务，用户可以为主数据创建中央存储库，并随着主数据按时间变化而维护一个可审核的安全对象记录。

6．复制

复制是一组技术，用于在数据库间复制和分发数据与数据库对象，然后在数据库间进行同步操作以维持一致性。使用复制时，可以通过局域网和广域网、拨号连接、无线连接和 Internet，将数据分发到不同位置，以及分发给远程用户或移动用户。

7．报表服务

报表服务（SQL Server Report Services，SSRS）为用户提供企业级的 Web 报表功能，从而使用户创建从多个数据源提取数据的表，发布各种格式的表，以及集中管理安全性和订阅。

SQL Server 2012 为用户带来了更多的全新体验，并且它还具有安全性和可用性高、快速的数据发现、可扩展的托管式自助商业智能服务、可靠一致的数据、全方位的数据仓库解决方案、随心所欲扩展任意数据等特点。企业版是全功能版本，而商业智能版和标准版则分别面向工作组和中小企业。

5.2 SQL Server 2012 安装

5.2.1 SQL Server 2012 安装环境

1．硬件环境

在安装 SQL Server 2012 前，除显示器（分辨率至少为 1024×768 像素）、点触式设备（鼠标或者兼容的点触式设备）、DVD 驱动器（若从光盘进行安装，则需要相应的 DVD 驱动器）外，还需具备以下硬件环境。

① 处理器速度：要求 1.4GHz 处理器或速度更快的处理器（推荐 2.0GHz 或更快）。

② 内存需求：要求内存至少 1GB（推荐 4GB 或更多）。

③ 硬盘空间需求：实际的硬盘空间需求取决于系统配置及用户所选择安装的 SQL Server 2012 服务和组件，软件全部安装完成大约需要 6GB 左右的空间。建议在安装过程中，通过修改安装路径将软件安装在其他数据盘上（如 D 盘或 E 盘等）。

2．软件环境

SQL Server 2012 不能在压缩卷或只读卷上安装，需要安装在格式化为 NTFS 格式的磁盘上。除此以外，在安装前还需具备以下软件环境：

① 微软 Windows Vista、Windows 7、Windows 8、Windows 10 及更高版本；

② 微软.NET Framework 4.5 及以上版本；

③ Windows PowerShell 2.0，这对于数据库引擎组件和 SQL Server Management Studio 而言是一个安装必备组件；

④ 微软 Windows Installer 4.5 及以上版本；

⑤ IE11.0 及以上版本。

注意：为了避免安装时缺少某个组件或某个组件版本过低，可以在安装 SQL Server 2012 前完成对 Windows 的更新。

5.2.2 SQL Server 2012 安装过程

在安装 SQL Server 2012 之前，建议读者要查看有关计算机的基本信息。可以通过右键单击“开始”按钮→打开 Windows 资源管理器→右键单击“计算机”，并在弹出的对话框中单击“属性”来完成，“查看有关计算机的基本信息”界面如图 5.1 所示。

图 5.1 “查看有关计算机的基本信息”界面

在查看了有关计算机的基本信息后，建议读者还要查看 SQL Server 2012 的软件环境是否满足，可以通过单击“开始”按钮→打开控制面板→单击“程序和功能”来完成。若上述软件环境中的某个软件没有安装，最好先安装或更新好，以便 SQL Server 2012 的安装能顺利进行。

SQL Server 2012 的版本分企业版、商业智能版、标准版、Web 版、精简版等，每种版本又分适合于 32 位机和 64 位机，安装时会根据计算机的配置自动进行选择。用户安装时可根据向导提示，选择需要的选项一步一步地完成。

启动 SQL Server 2012 标准版安装程序，一般是解压后直接运行 setup.exe 文件，将弹出“SQL Server 安装中心”对话框，如图 5.2 所示。

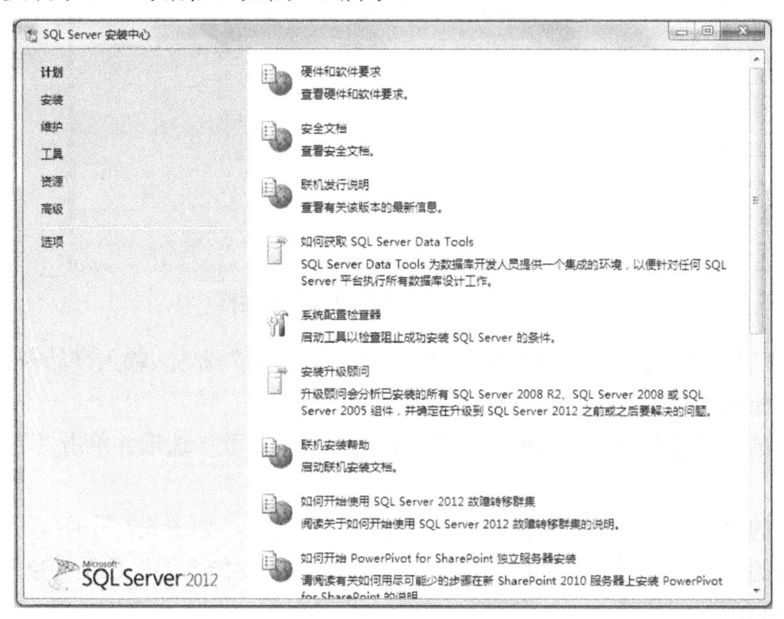

图 5.2 “SQL Server 安装中心”对话框

在“SQL Server 安装中心”对话框中，在左侧选择“安装”选项，并在右侧选择“全新 SQL Server 独立安装或向现有安装添加功能”选项，如图 5.3 所示。

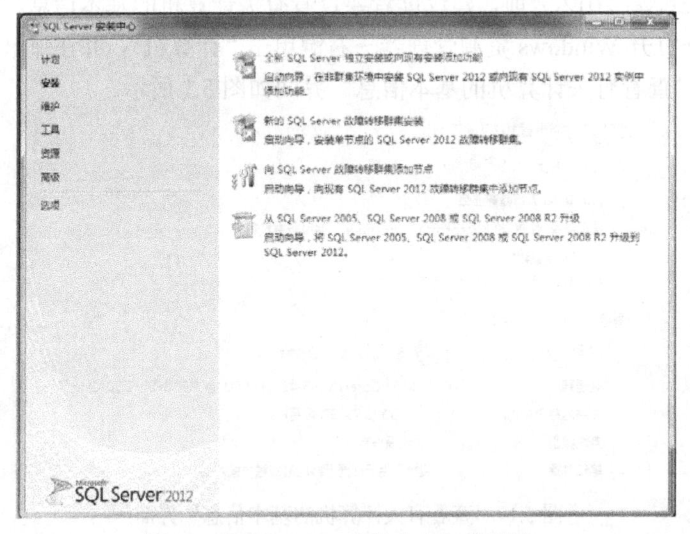

图 5.3 “SQL Server 安装中心”对话框 1

接下来弹出“安装程序支持规则”对话框，主要监测安装能否顺利进行。若通过，单击“确定”按钮继续安装，否则可单击“重新运行”按钮来检查，如图 5.4 所示。

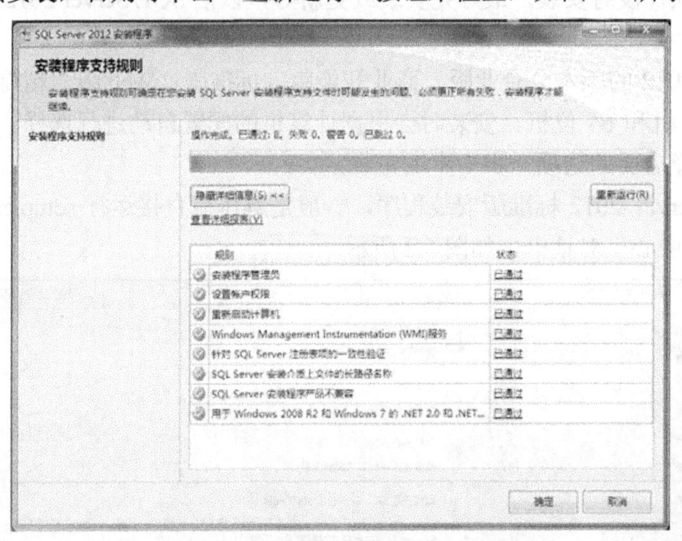

图 5.4 “安装程序支持规则”对话框

在接下来的“产品密钥”对话框中选择“输入产品密钥”选项，输入产品密钥并单击“下一步”按钮，如图 5.5 所示。

在接下来的“许可条款”对话框中勾选“我接受许可条款”选项并单击“下一步”按钮，如图 5.6 所示。

在接下来的“产品更新”对话框中单击“下一步”按钮，如图 5.7 所示。

在接下来的“设置角色”对话框中选中“SQL Server 功能安装”选项并单击“下一步”按钮，如图 5.8 所示。

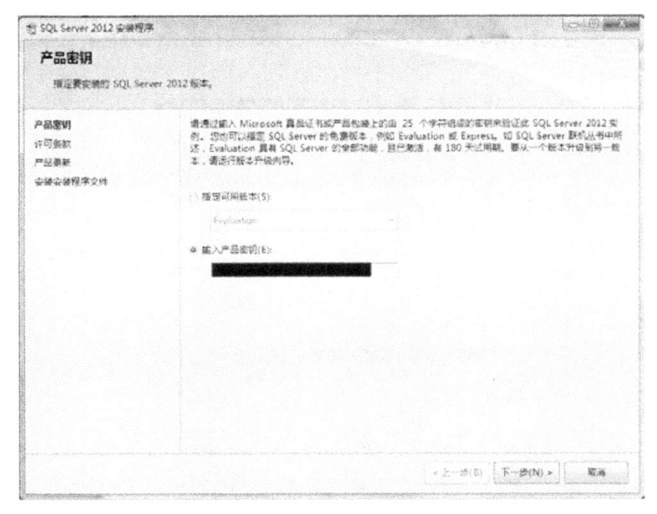

图 5.5 “产品密钥”对话框

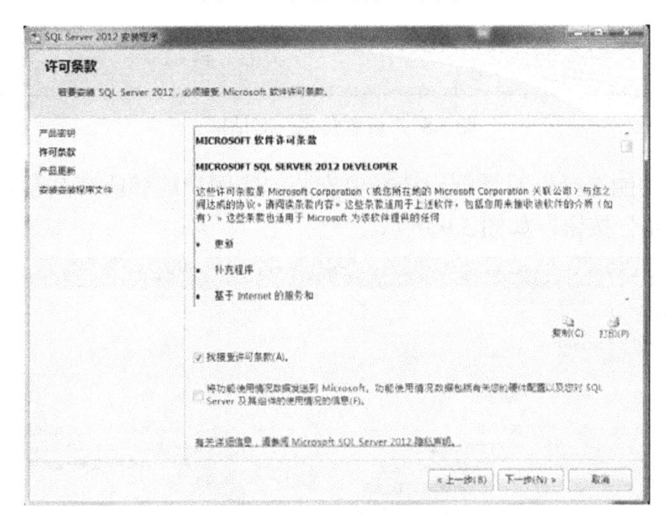

图 5.6 “许可条款”对话框

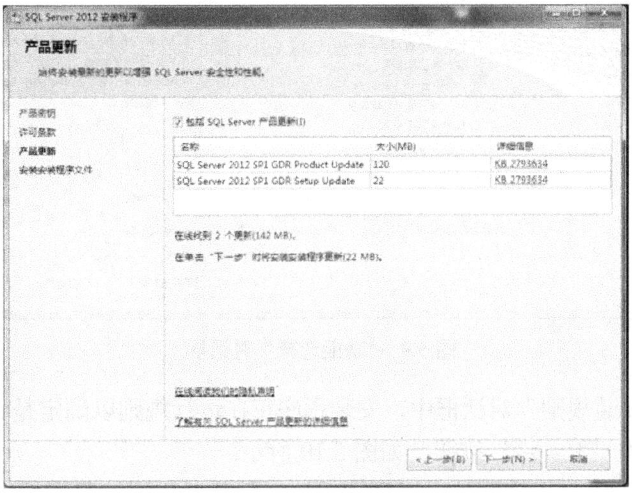

图 5.7 “产品更新”对话框

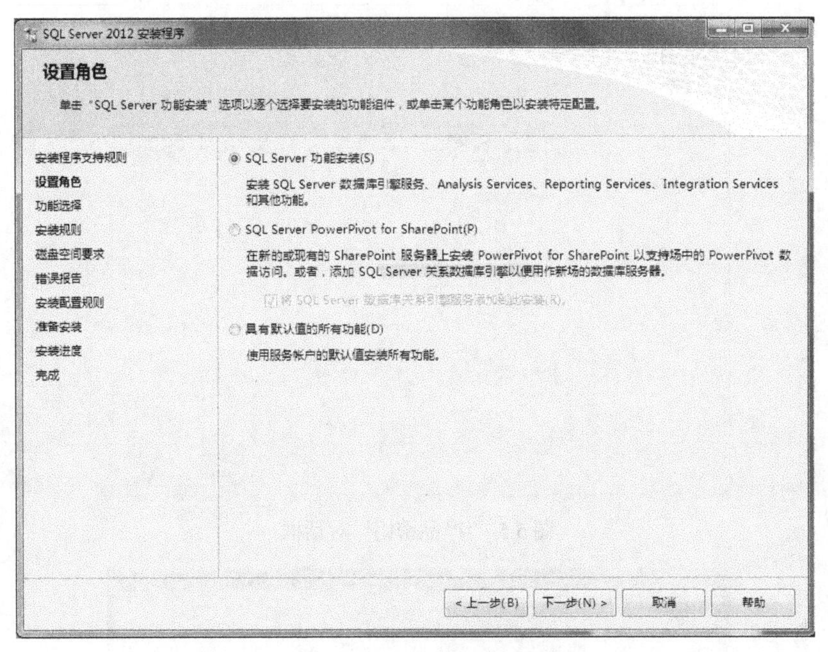

图 5.8 “设置角色”对话框

在接下来的“功能选择”对话框中选择要安装的实例功能和所有共享功能，选择好安装路径并单击“下一步”按钮，如图 5.9 所示。

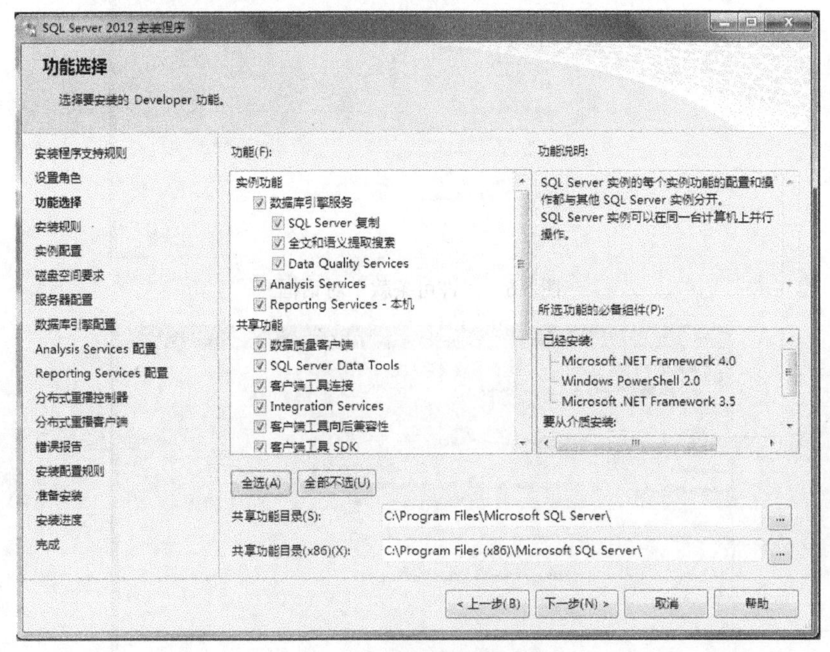

图 5.9 “功能选择”对话框

在接下来的“安装规则”对话框中，安装程序正在运行规则以确定是否要阻止安装过程。若没有问题，则单击“下一步”按钮，如图 5.10 所示。

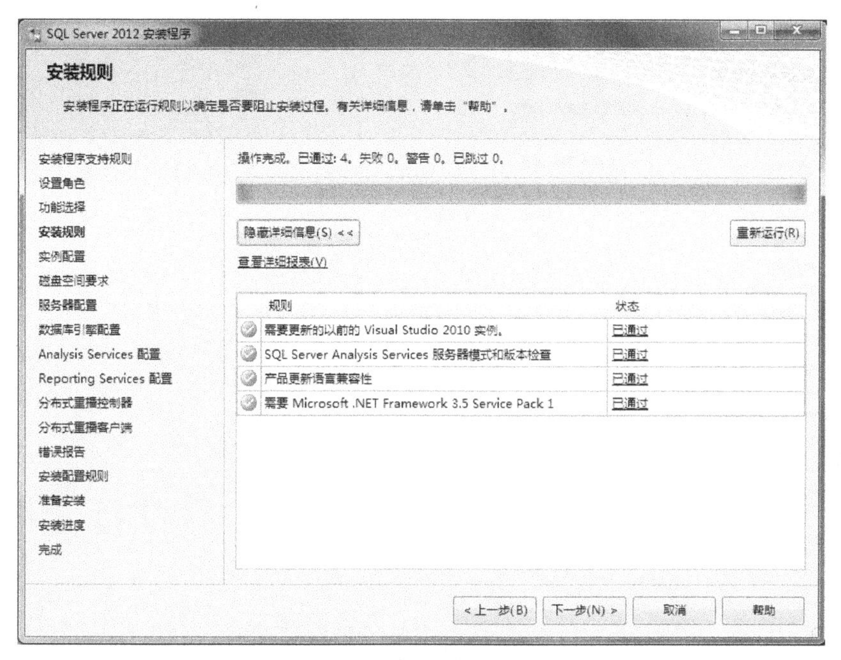

图 5.10 “安装规则”对话框

在接下来的“实例配置”对话框中，一般选择默认实例，选择好安装路径并单击“下一步”按钮，如图 5.11 所示。

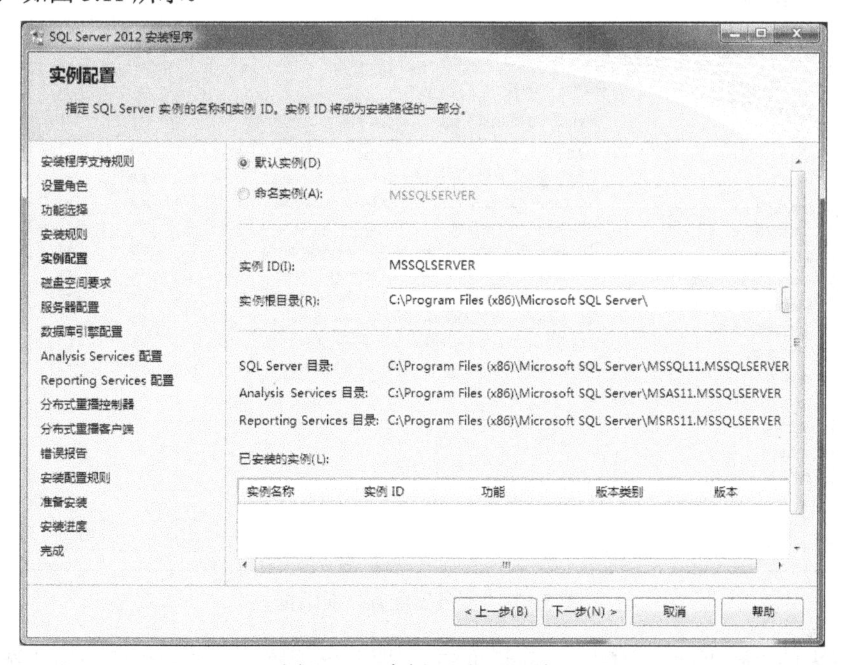

图 5.11 “实例配置”对话框

在接下来的“磁盘空间要求”对话框中查看安装的 SQL Server 功能所需的磁盘使用情况摘要，并单击“下一步”按钮，如图 5.12 所示。

在接下来的“服务器配置”对话框中，建议对每个 SQL Server 服务使用一个单独的账户，单击“下一步”按钮，如图 5.13 所示。

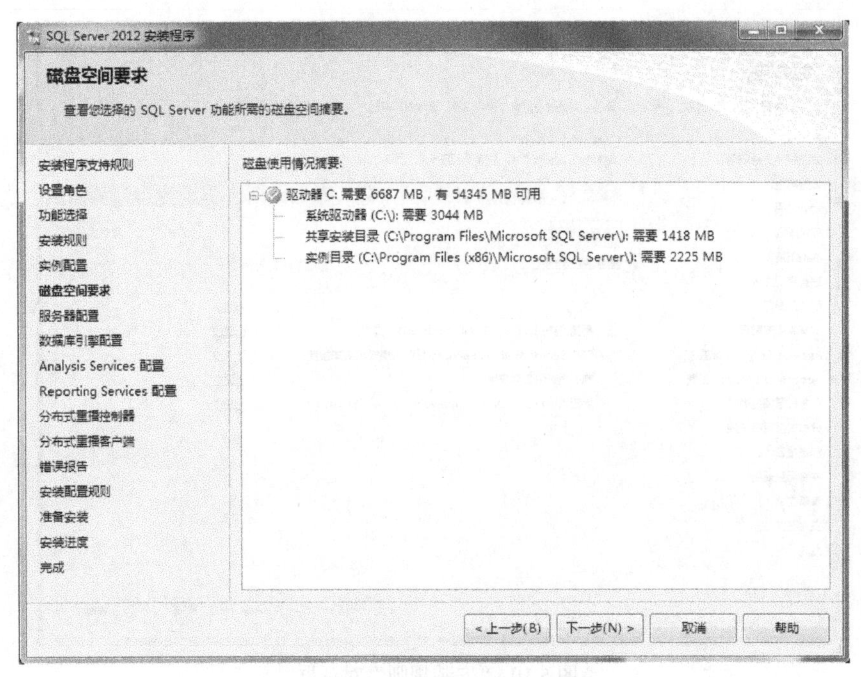

图 5.12 “磁盘空间要求”对话框

SQL Server 2012 安装程序

服务器配置

指定服务帐户和排序规则配置。

安装程序支持规则
设置角色
功能选择
安装规则
实例配置
磁盘空间要求
服务器配置
数据库引擎配置
Analysis Services 配置
Reporting Services 配置
分布式重播控制器
分布式重播客户端
错误报告
安装配置规则
准备安装
安装进度
完成

服务帐户 排序规则

Microsoft 建议您对每个 SQL Server 服务使用一个单独的帐户(M)。

服务	帐户名	密码	启动类型
SQL Server 代理	NT Service\SQLSERVE...		手动
SQL Server 数据库引擎	NT Service\MSSQLSE...		自动
SQL Server Analysis Services	NT Service\MSSQLSer...		自动
SQL Server Reporting Services	NT Service\ReportSer...		自动
SQL Server Integration Service...	NT Service\MsDtsServ...		自动
SQL Server Distributed Replay ...	NT Service\SQL Serve...		手动
SQL Server Distributed Replay ...	NT Service\SQL Serve...		手动
SQL Full-text Filter Daemon Lau...	NT Service\MSSQLFD...		手动
SQL Server Browser	NT AUTHORITY\LOCA...		已禁用

< 上一步(B) 下一步(N) > 取消 帮助

图 5.13 “服务器配置”对话框

在接下来的“数据库引擎配置”对话框中，“服务器配置”页的身份验证模式选择“混合模式”，为 SQL Server 系统管理员（sa）账户指定密码；在“指定 SQL Server 管理员”栏中选择 SQL Server 管理员用户。最后单击“下一步”按钮，如图 5.14 所示。

在接下来的“Analysis Services 配置”对话框中，在“服务器配置”页自动选择 SQL Server 管理员用户，直接单击“下一步”按钮，如图 5.15 所示。

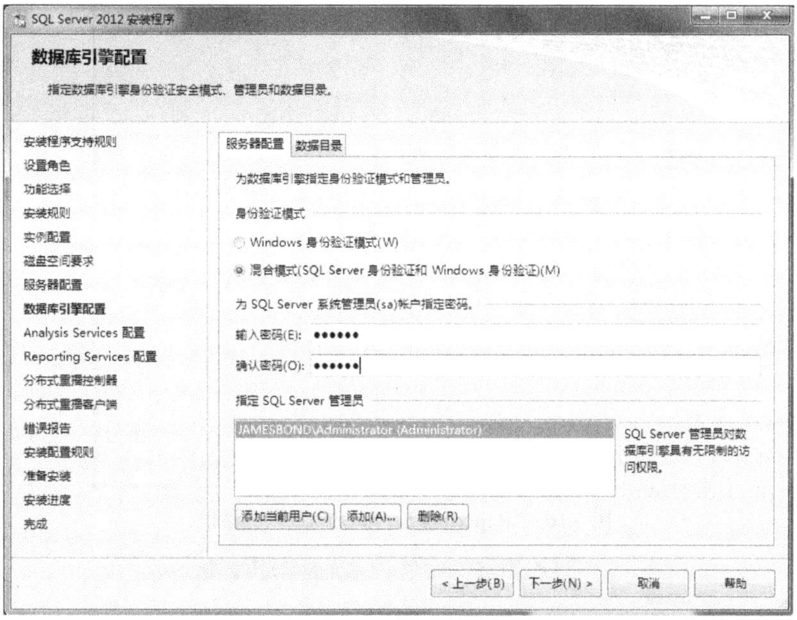

图 5.14 “数据库引擎配置”对话框

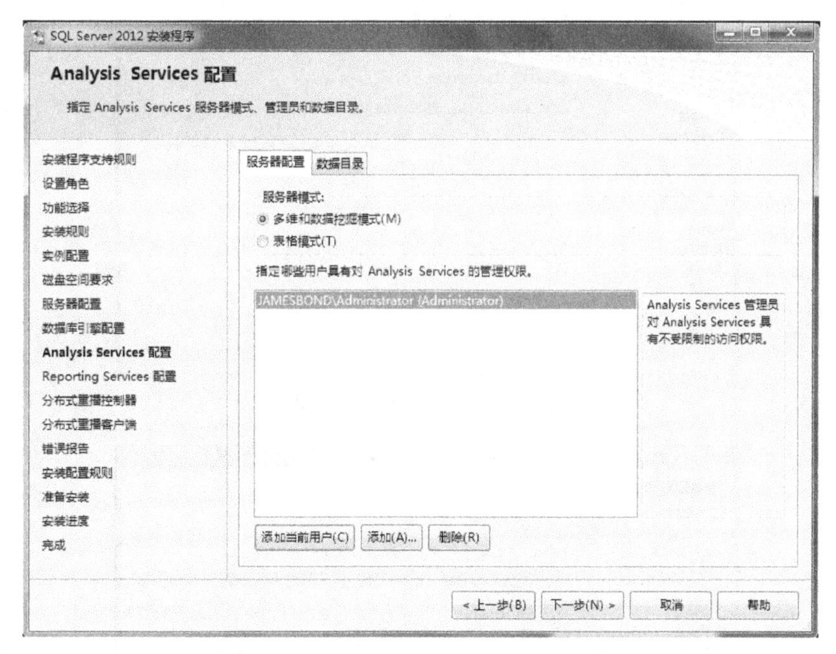

图 5.15 “Analysis Services 配置”对话框

在接下来的“Reporting Services 配置”对话框中，选择“安装和配置”选项，再单击“下一步”按钮，如图 5.16 所示。

在接下来的“分布式重播控制器”和“分布式重播客户端”对话框中，直接单击“下一步”按钮，进入“错误报告”对话框，然后直接单击“下一步”按钮，如图 5.17 所示。

在接下来的“安装配置规则”对话框中，安装程序正在运行规则以确定是否要阻止安装程序。若没有阻止，则单击“下一步”按钮，如图 5.18 所示。

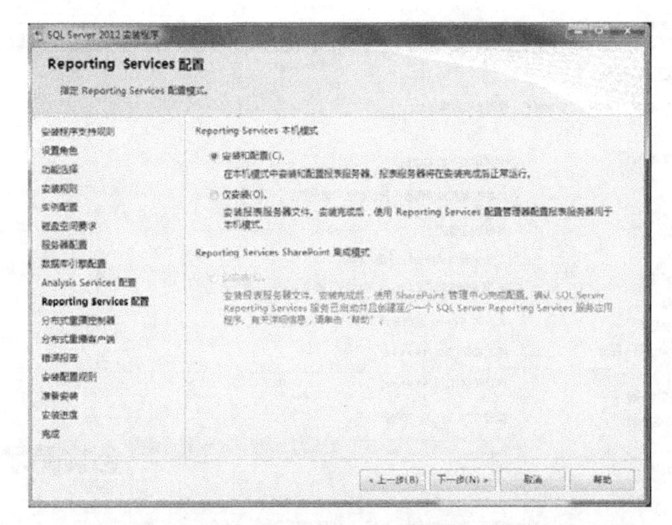

图 5.16 “Reporting Services 配置”对话框

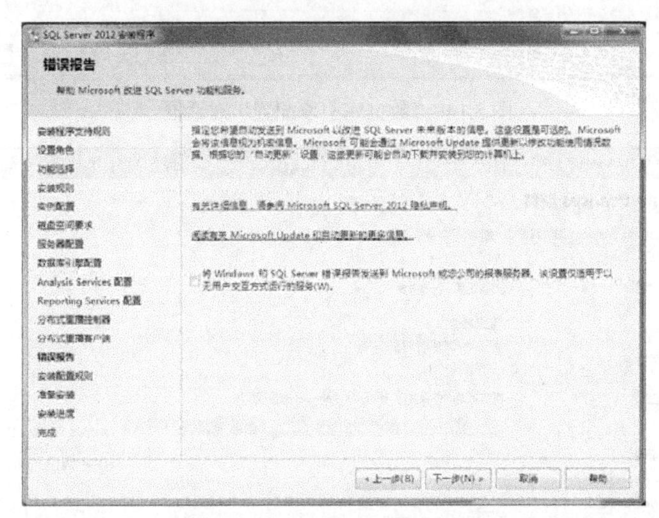

图 5.17 “错误报告”对话框

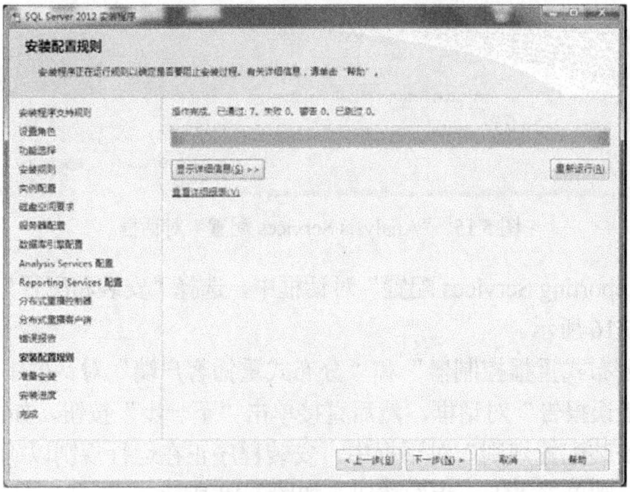

图 5.18 “安装配置规则”对话框

在接下来的“准备安装”对话框中，直接单击“安装”按钮，如图 5.19 所示。

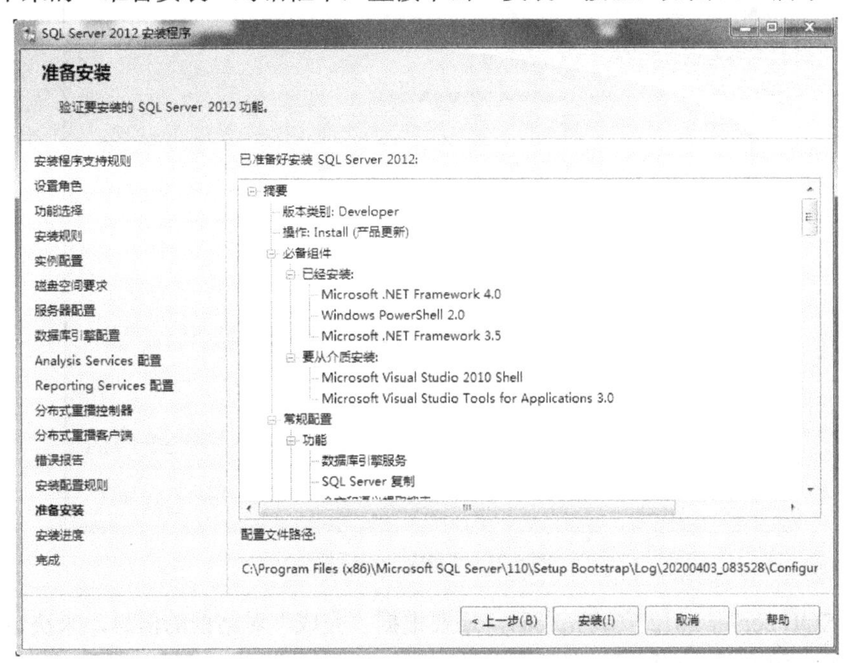

图 5.19 “准备安装”对话框

在接下来的“安装进度”对话框中，需要耐心等待安装过程，如图 5.20 所示。安装完成后，将出现“完成”对话框，如图 5.21 所示，最后单击“完成”按钮，至此 SQL Server 2012 安装完毕。

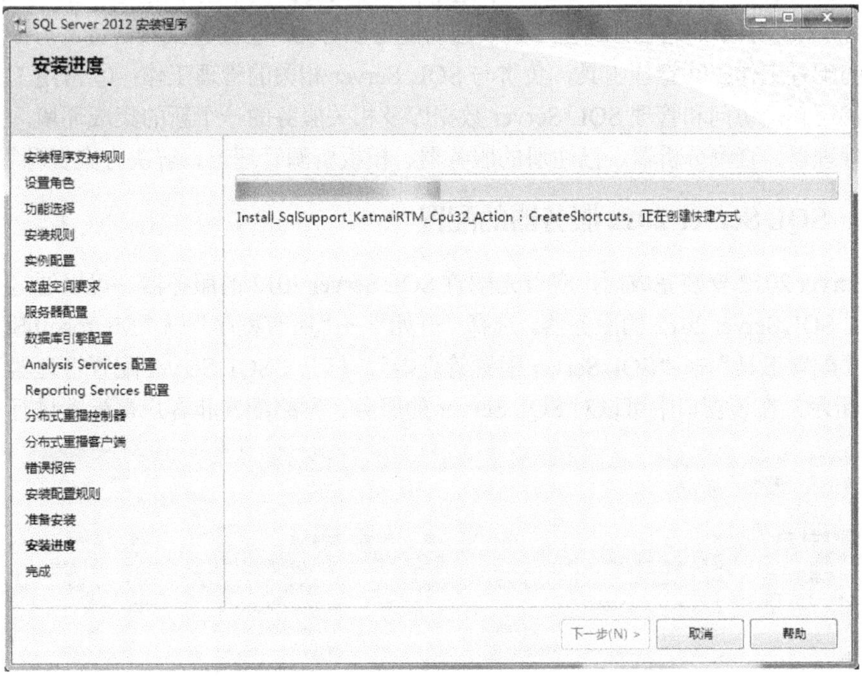

图 5.20 “安装进度”对话框

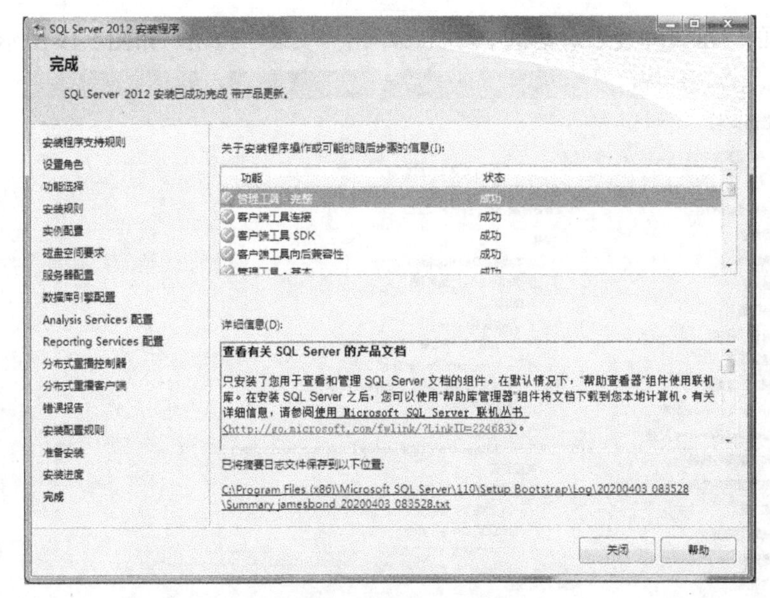

图 5.21 “完成”对话框

注意：SQL Server 2012 安装完成后，还要根据“完成”对话框的信息，来决定是否要进行 SQL Server 2012 Service Pack 3 的更新。

5.3 SQL Server 2012 管理工具

SQL Server 2012 利用一套集成工具向数据库管理人员提供了用于配置、管理和使用 SQL Server 数据库核心引擎的途径，这些工具根据功能可以分为：①配置工具，负责与 SQL Server 数据相关的配置工作；②管理工具，负责与 SQL Server 相关的管理工作；③常用工具，负责为用户提供可直接访问和管理 SQL Server 数据库及相关服务的一个新的集成环境，主要包括对象资源管理器、查询分析器、已注册的服务器、模板资源管理器、解决方案资源管理器等。

5.3.1 SQL Server 2012 服务器的配置

SQL Server 2012 安装完成后，应首先配置 SQL Server 2012 的服务器。可以通过“配置工具”来配置 SQL Server 2012 的服务器。选择“开始”→“所有程序”→“Microsoft SQL Server 2012”→“配置工具”→“SQL Server 配置管理器”，打开“SQL Server 配置管理器”窗口，如图 5.22 所示。在该窗口中可以对 SQL Server 的服务、网络配置和客户端配置进行设定。

Sql Server Configuration Manager
文件(F) 操作(A) 查看(V) 帮助(H)

SQL Server 配置管理器 (本地)
SQL Server 服务
SQL Server 网络配置(32 位)
SQL Native Client 11.0 配置(32 位)

名称	状态	启动模式	登录身份为	进程 ID	服务类型
SQL Server Integration Services 11.0	已停止	自动	NT Service\MsDtsServer110	0	SSIS Server
SQL Full-text Filter Daemon Launcher (MSSQLSERVER)	正在运行	手动	NT Service\MSSQLFDLauncher	2100	Full-text Filter Daemon Launcher
SQL Server (MSSQLSERVER)	正在运行	自动	NT Service\MSSQLSERVER	2216	SQL Server
SQL Server Analysis Services (MSSQLSERVER)	已停止	自动	NT Service\MSSQLServerOLAPService	0	Analysis Server
SQL Server Reporting Services (MSSQLSERVER)	已停止	手动	NT Service\ReportServer	0	ReportServer
SQL Server Browser	已停止	其他("...	NT AUTHORITY\LOCALSERVICE	0	SQL Browser
SQL Server 代理 (MSSQLSERVER)	已停止	手动	NT Service\SQLSERVERAGENT	0	SQL Agent

图 5.22 “SQL Server 配置管理器”窗口

1. SQL Server 服务

在图 5.22 所示的 SQL Server 配置管理器中，单击左窗格中的“SQL Server 服务”选项，在右窗格中会列出当前计算机上的所有 SQL Server 服务，并可查看服务的名称、状态、启动模式、登录身份、进程 ID、服务类型等状态信息。

右键单击相应服务，在弹出的快捷菜单中选择“属性”命令，就可以打开该服务的属性窗口，通过“登录”“服务”“高级”3 个选项卡可对该服务的属性进行配置。“登录”选项卡中可以更改服务的登录身份，登录身份一旦更改，必须重新启动服务器，更改才能生效；“服务”选项卡中可以查看相应服务的详细信息，并可以改变服务的启动模式为“启动”“已禁用”“手动”这 3 种模式之一；其他选项卡是服务的一些高级属性，一般情况下无须更改。

2. SQL Server 网络配置

在图 5.22 所示的 SQL Server 配置管理器中，单击左窗格中的“SQL Server 网络配置”选项下的“MSSQLSERVER 的协议”，可以看到当前实例所应用的协议和状态，如图 5.23 所示。右键单击相应协议，在弹出的快捷菜单中可以启用或禁用该协议。SQL Server 2012 支持以下 3 种协议。

① Shared Memory（共享内存）：客户端与服务器在本地通过共享内存进行连接。

② Named Pipes（命名管道）：命名管道是一种简单的进程间通信机制，是两个程序（或计算机）之间传送信息的管道。当建立此管道之后，SQL Server 随时都会等待此管道中是否有数据包传递过来需要处理，然后通过此管道传送相应数据包。所有微软的客户端操作系统都具有通过命名管道与 SQL Server 进行通信的能力。本地命名管道以内核模式运行，速度非常快。

③ TCP/IP：客户端与服务器之间采用 IP 地址和端口进行连接。如果端口号使用 1433，则客户端要用 TCP/IP 与服务器连接时，服务器的端口号也必须为 1433。此外，如果设置代理服务器，也可让 SQL Server 与此代理服务器连接，并在代理服务器地址栏中输入代理服务器的 IP 地址。

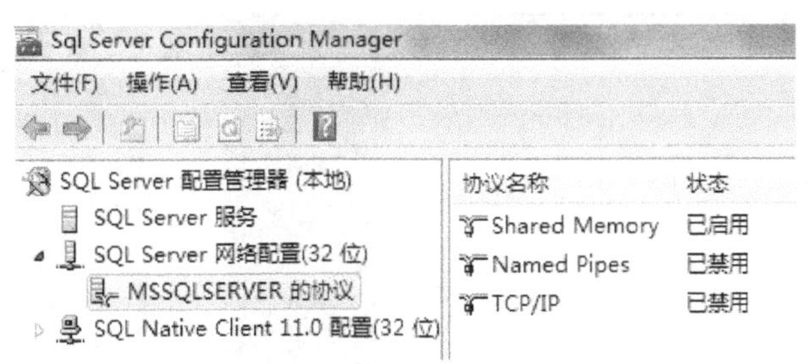

图 5.23 SQL Server 的网络配置

3. SQL Server 客户端配置

在图 5.22 所示的 SQL Server 配置管理器中，展开左窗格中的“SQL Native Client11.0 配置”选项，单击相应部分可以配置 SQL Server 客户端协议，如启用、禁用和设置协议的顺序等，以及根据协议设置一个预定义的客户端和服务器之间连接的别名。

5.3.2 SQL Server 2012 服务器的注册和连接

配置完成后，就可以用 SQL Server Management Studio 管理工具来管理 SQL Server 2012 服务器上的服务了。为了在管理工具中管理多个服务器实例，需要在管理工具中注册服务器，以便对服务器实例进行更好的监控和管理。

1．SQL Server 2012 服务器的注册

选择“开始”→“所有程序”→“Microsoft SQL Server 2012”→“SQL Server Management Studio”，打开如图 5.24 所示的“连接到服务器”对话框。

单击“取消”按钮，进入无服务器连接的“SQL Server Management Studio”窗口，通过单击“视图”菜单下面的“已注册的服务器”按钮，可以看到“已注册的服务器”窗口，如图 5.25 所示。

图 5.24 “连接到服务器”对话框

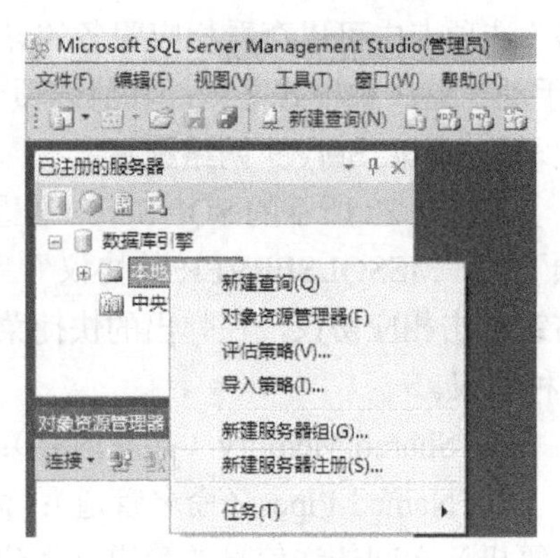

图 5.25 “已注册的服务器”窗口

右键单击“本地服务器组”，在弹出的菜单中选择“新建服务器注册”，打开“新建服务器注册”对话框，如图 5.26 所示。在该对话框中选择正确的服务器名称和身份验证方式，可以通过单击“测试”按钮来测试与服务器连接是否成功。

若连接测试成功，则单击“确定”按钮并返回图 5.26 的“新建服务器注册”对话框，单击“保存”按钮以确定注册，从而在“SQL Server Management Studio”的“对象资源管理器”窗口中出现新注册成功的服务器图标，如图 5.27 所示。

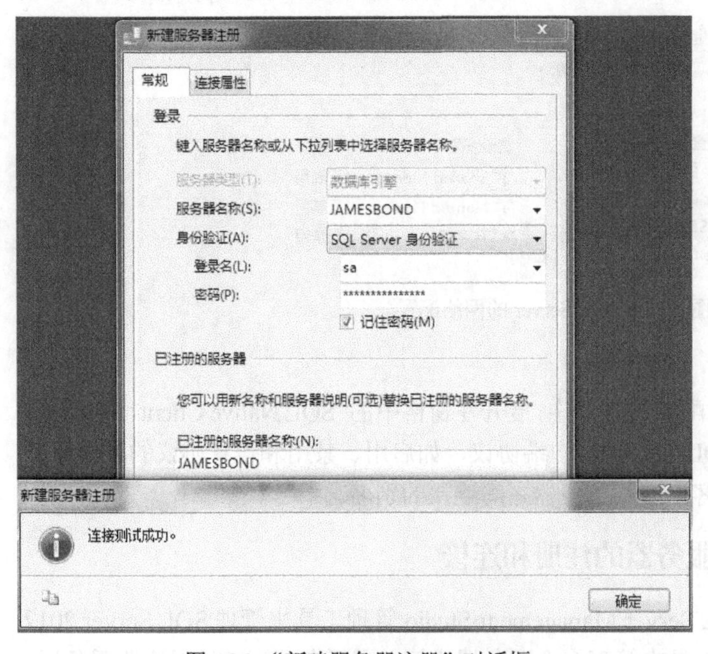

图 5.26 “新建服务器注册”对话框

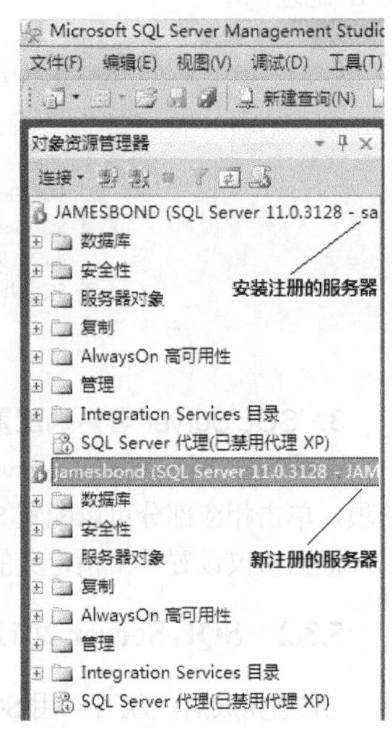

图 5.27 新注册的服务器窗口

2．SQL Server 注册服务器的删除

退出“SQL Server Management Studio”，以“JAMESBOND”和 Windows 身份验证重新登录到“SQL Server Management Studio”。通过单击“视图”→“已注册的服务器”来展开已注册的服务器，在本地服务器组中双击服务器名，以确认是新注册的服务器，右键单击此新注册的服务器，在弹出的菜单中选择“删除”即可。必须注意：安装注册的服务器不能删除！

3．SQL Server 服务器的连接

在图 5.27 中，单击“对象资源管理器”工具栏中的“连接”按钮，在下拉菜单中选择要连接的服务器类型（如数据库引擎），打开如图 5.24 所示的“连接到服务器”对话框，单击“连接”按钮。连接成功后，在“SQL Server Management Studio”窗口中会出现所连接的数据库服务器上的各个数据库实例及各自的数据库对象，如图 5.28 所示，这时就可用 SQL Server Management Studio 进行管理了。

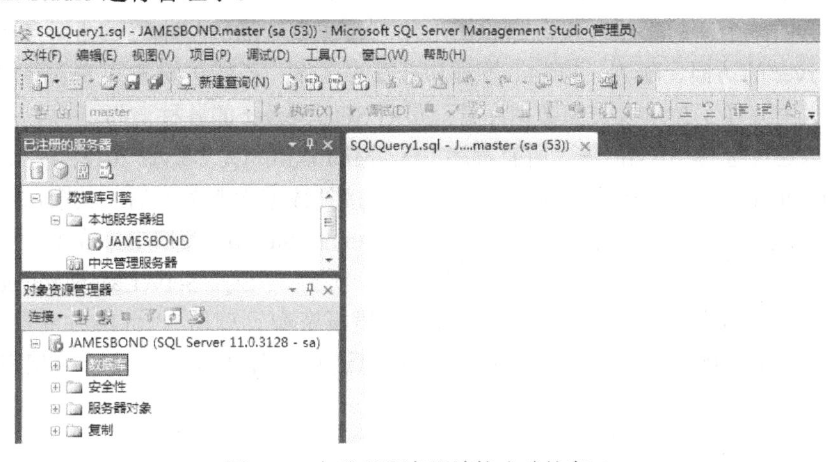

图 5.28　与注册服务器连接成功的窗口

5.3.3　SQL Server 2012 服务器的启动和关闭

通常情况下，SQL Server 服务器被设置为自动启动模式，在系统启动后，会以 Windows 后台服务的形式自动运行。但某些服务器的配置被更改后必须重新启动服务器才能生效，此时需要数据库管理员先关闭服务器，再重新启动服务器。

1．在 SQL Server Management Studio 中关闭和启动服务

选择“开始”→“所有程序”→“Microsoft SQL Server 2012”→“SQL Server Management Studio”，打开如图 5.28 所示的“SQL Server Management Studio”窗口，可以对服务进行各种管理。

① 在“对象资源管理器”窗口中，右键单击要关闭的 SQL Server 服务器，在弹出的菜单中选择“停止”选项，可关闭选中的服务器，并停止相应的服务。服务器关闭后，服务器左侧的图标将带有红色方框的停止标记。

② 要启动 SQL Server 服务器，操作与关闭服务器类似。右键单击要启动的服务器，在弹出菜单中选择“启动”选项即可。服务器启动后，服务器左侧的图标将带有绿色箭头的运行标记。

2．在 SQL Server 配置管理器中关闭和启动服务

选择“开始”→“所有程序”→“Microsoft SQL Server 2012”→“配置工具”→“SQL

Server 配置管理器”，打开如图 5.22 所示的“SQL Server 配置管理器”窗口，可以对服务进行各种配置。

① 在“SQL Server 配置管理器”窗口的左窗格中单击“SQL Server 服务”选项，在右窗格中右键单击需要关闭的 SQL Server 服务器，在弹出的菜单中选择“停止”选项，即可关闭选中的服务器，并停止相应的服务。服务器关闭后，服务器左侧的图标将带有红色方框的停止标记。

② 要启动服务器，操作与关闭服务器类似。右键单击需要启动的服务器，在弹出的菜单中选择“启动”选项即可。服务器启动后，服务器左侧的图标将带有绿色箭头的运行标记。

5.3.4 SQL Server 2012 的常用工具

SQL Server Management Studio 是微软为用户提供的可以直接访问和管理 SQL Server 数据库及相关服务的一个新的集成环境。它将图形化工具和多功能的脚本编辑器组合在一起，完成对 SQL Server 的访问、配置、控制、管理和开发等工作，还能访问 SQL Server 提供的其他外围服务，大大方便了技术人员和数据库管理员对 SQL Server 的各种访问。

用户可以通过选择“开始”→“所有程序”→“Microsoft SQL Server 2012”→“SQL Server Management Studio”来启动该集成环境，在成功连接到数据库服务器后，其窗口基本结构如图 5.28 所示。从图中可以看出，“SQL Server Management Studio”窗口中集成了多个管理和开发工具，默认情况下显示“对象资源管理器”窗口。另外，“SQL Server Management Studio”窗口还提供了“查询分析器”“已注册的服务器”“模板资源管理器”“解决方案资源管理器”等窗口。要显示或隐藏某个管理工具的窗口，可以通过选择“视图”菜单中相应的命令来实现。

1．对象资源管理器

“对象资源管理器”窗口位于图 5.28 所示窗口的左侧，它主要以树状结构来组织和管理数据库实例中的所有对象。依次展开根目录，用户可选择某个数据库对象，单击“+”号或按 F7 键，可以出现数据库对象详细信息。

在“对象资源管理器”窗口中，右键单击数据库服务器名称，在弹出的菜单中选择“属性”选项，打开如图 5.29 所示的“服务器属性”窗口。在“服务器属性”窗口中，以目录方式来显示和设置 SQL Server 服务器属性。选择左窗格中的目录项，可以在右窗格中查看和设置相应的信息。例如，选择“常规”选项可以查看 SQL Server 的系统配置，也可以选择其他目录项查看或修改服务器设置，以提高数据库服务器的性能。

2．查询分析器

SQL Server 的查询分析器是一种功能强大、可以交互执行 SQL 语句和脚本的 GUI 管理与图形编程工具，其最基本的功能是编辑 T-SQL 命令，然后发送到服务器并显示从服务器返回的执行结果。查询分析器既可以工作在连接模式下，也可以工作在断开模式下。查询分析器具有以下主要功能：

① 在查询分析器中创建查询和其他 SQL 命令，并针对 SQL Server 数据库来分析和执行命令，执行结果在“结果”窗格中以文本或表格形式显示，还允许用户将执行结果保存到报表文件中或导出到指定文件中，用 Excel 打开文件并进行编辑和打印。

② 利用模板功能，可以借助预定义脚本来快速创建数据库和数据库对象等。

③ 利用对象浏览器脚本功能，快速复制现有数据库对象。

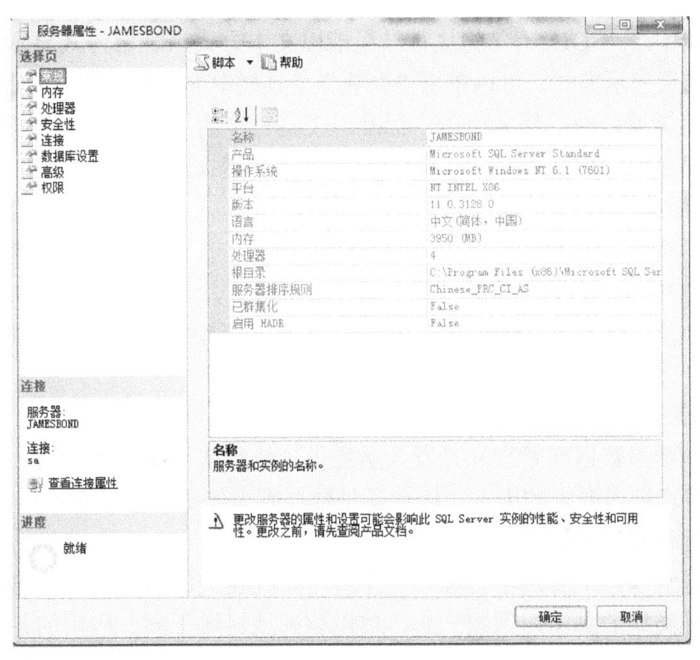

图 5.29 “服务器属性”窗口

④ 在参数未知的情况下执行存储过程，也可以用于调试所编写的存储过程。

⑤ 调试查询性能问题，包括显示执行计划、服务器跟踪、客户统计、索引优化向导。

⑥ 在“打开表”窗口中快速插入、更新或删除表中的行，即对记录进行数据操纵。

单击“Microsoft SQL Server Management Studio”窗口“标准”工具栏中的“新建查询”按钮，在窗口中部将出现“查询分析器编辑”窗口。在其空白编辑区中输入 T-SQL 命令，单击“面板”工具栏中的“执行”按钮，T-SQL 命令的运行结果就显示在“结果”窗格中，如图 5.30 所示。用户也可以打开一个含有 SQL 语句的文件，执行的结果同样显示在“结果”窗格中。

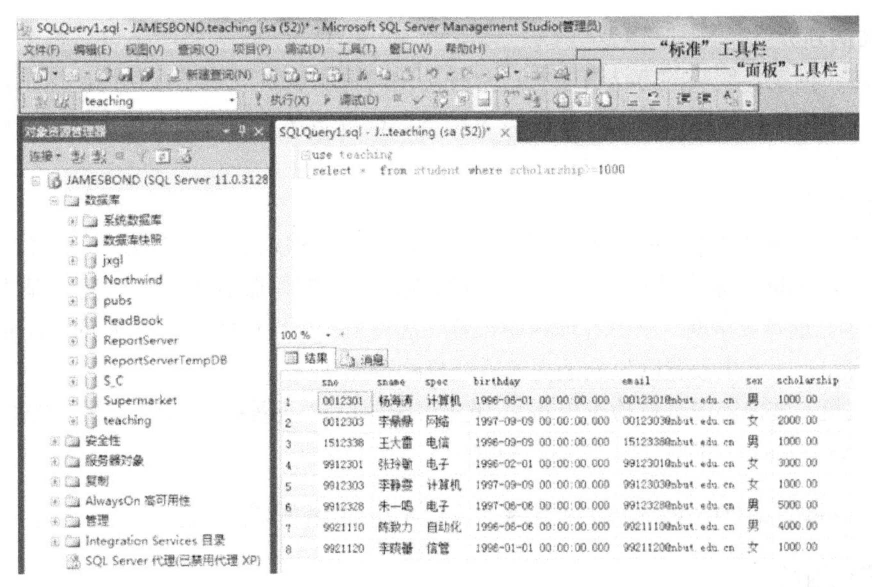

图 5.30 “查询分析器编辑”窗口

在查询分析器中，T-SQL 语句的执行结果能以文本方式、表格方式显示，还可以保存到文件中。要切换结果显示方式，可以单击“面板”工具栏中的相应按钮。要保存 T-SQL 语句，先将光标定位在编辑窗口中，然后单击“标准”工具栏中的“保存”按钮（或选择菜单栏中的“文件”→“保存”）即可。注意：保存文件的扩展名为.sql。

3．已注册的服务器

“已注册的服务器”窗口位于图 5.28 所示窗口的左侧，在该窗口中可以查看已经注册到本集成环境的各类 SQL Server 服务器的情况。通过该管理工具来注册新的 SQL Server 服务器、删除已经注册的 SQL Server 服务器、将已注册的服务器连接到对象资源管理器、编辑服务器注册属性等。

4．模板资源管理器

模板资源管理器为数据库管理和开发人员提供了执行常用操作的模板。用户可以在此模板的基础上编写符合自己要求的脚本，以使各种数据库操作变得更加简洁和方便。

5．解决方案资源管理器

解决方案资源管理器主要用于管理与一个脚本工程相关的所有项目，将在逻辑上同属一种应用处理的各种类型的脚本组织在一起，可以更好地对属于同一应用的各个脚本进行管理和维护。

5.4 典型案例分析

5.4.1 典型案例 13——SQL Server 联机丛书的查询

1．案例描述

在学习 SQL Server 过程中，经常会遇到各种各样的问题。例如，什么是数据库引擎？查询语句的语法是怎样的？函数如何使用？……这些问题如何在 SQL Server 联机丛书中得到答案？

2．案例分析

关于这个问题，解决的方法有两种：一种是借助百度搜索引擎进行查询，这主要是借助其他人的经验来解决问题；另一种是借助 SQL Server 联机丛书的内容来解决问题（详见案例实现部分）。

3．案例实现

用户通过选择“开始”→“所有程序”→“Microsoft SQL Server 2012”→“SQL Server Management Studio”来启动集成环境，在成功连接到数据库服务器后，其窗口基本结构如图 5.30 所示。选择“帮助”→“管理帮助设置”选项后，出现如图 5.31 所示的“Help Library 管理器”窗口，在其中设置联机安装内容或联机检查更新。

完成联机安装内容或联机检查更新后，选择“帮助”→“查看帮助”选项，进入“SQL Server 2012 联机丛书”窗口进行学习，如图 5.32 所示。

5.4.2 典型案例 14——数据库系统管理员 sa 密码的设定

1．案例描述

在安装 SQL Server 2012 时，数据库系统管理员 sa 账号可能未设密码，或者在使用 SQL

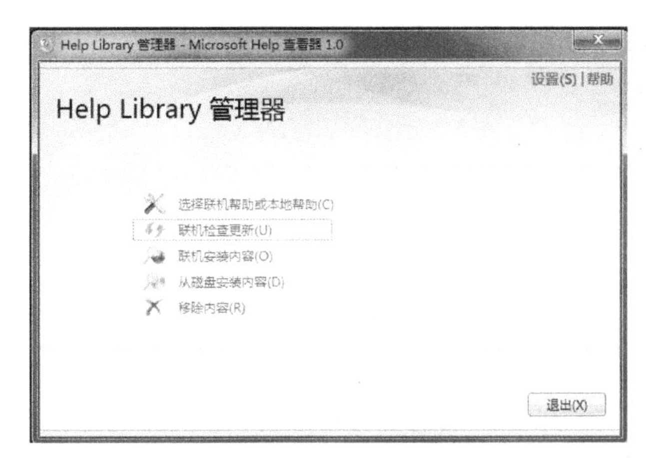

图 5.31 “Help Library 管理器”窗口

图 5.32 “SQL Server 2012 联机丛书”窗口

Server 2012 时，该密码可能已被泄露。为安全起见，需要为 sa 账号重新设定密码，以防止非法的访问连接，避免造成不必要的系统损失。

2．案例分析

SQL Server 2012 数据库系统管理员 sa 账号所对应密码的重置可以通过“对象资源管理器”窗口来实现。

3．案例实现

SQL Server 2012 数据库系统管理员 sa 账号所对应密码的重置步骤如下：

① 在“对象资源管理器”窗口中展开根目录，单击“安全性”文件夹中的“登录名”选项，按 F7 按钮后，在右边的“详细信息”窗口中就会显示出登录账号的列表。

② 右键单击 sa 账号，在弹出的菜单中选择“属性”选项，打开如图 5.33 所示的“登录属性-sa”窗口。在“密码”文本框中输入 sa 的新密码，在“确认密码”文本框中重新输入新密码，以保证修改的密码有效。

③ 最后单击“确定”按钮即可。

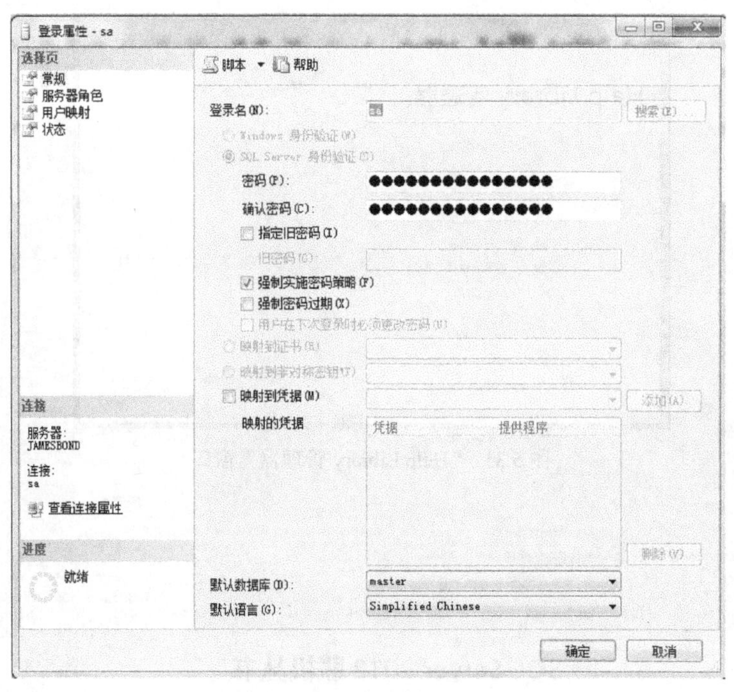

图 5.33 “登录属性-sa”窗口

5.4.3 典型案例 15——SQL Server 数据库的附加和分离

1. 案例描述

SQL Server 2012 安装后，有时需要从另一台计算机的数据库服务器中把数据库文件拷贝到当前计算机的数据库服务器中，有时又需要从当前计算机的数据库服务器中把数据库文件拷贝到另一台计算机的数据库服务器中，这是一项重要的操作。

2. 案例分析

从另一台计算机的数据库服务器中把数据库文件拷贝到当前计算机的数据库服务器中，这需要在另一台计算机的数据库服务器中将要拷贝的数据库文件先做“分离”操作，然后在当前计算机的数据库服务器中做“附加”操作。反过来的话，操作过程也一样。但必须注意：已经附加在数据库服务器上的数据库文件，在没有经过分离操作的情况下是不能进行拷贝操作的。

3. 案例实现

① 数据库文件“分离”操作：在 SQL Server Management Studio 登录成功的情况下，在“对象资源管理器”窗口中展开服务器和数据库目录，右键单击数据库目录中的某个数据库（如“teaching”），在弹出的菜单中选择“任务”→“分离”选项，打开如图 5.34 所示的“分离数据库”窗口，并单击“确定”按钮。

② 数据库文件“附加”操作：在 SQL Server Management Studio 登录成功的情况下，在“对象资源管理器”窗口中展开服务器和数据库目录，右键单击数据库，在弹出的菜单中选择“附加”选项，打开如图 5.35 所示的“附加数据库”窗口。在图 5.35 中单击“添加”按钮，在原始文件名目录中选择“teaching_Data.MDF”文件并单击“确定”按钮。回到图 5.35 开始状态后，再单击“确定”按钮即可。

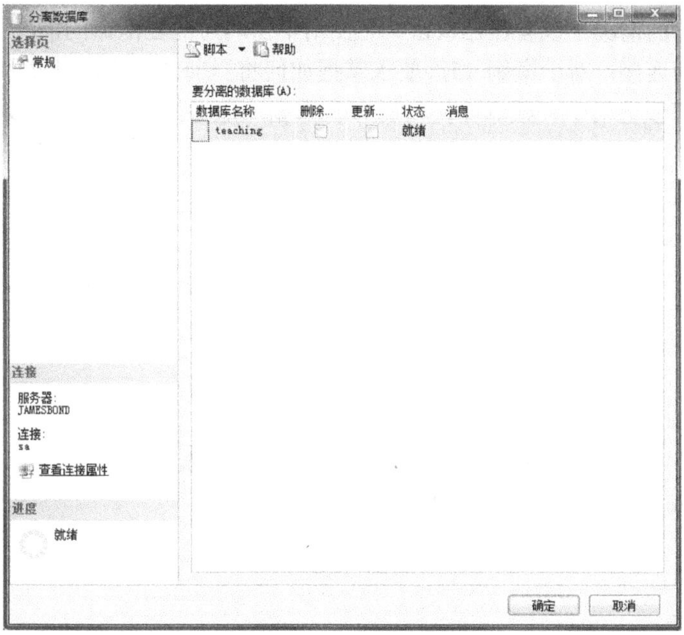

图 5.34 “分离数据库”窗口

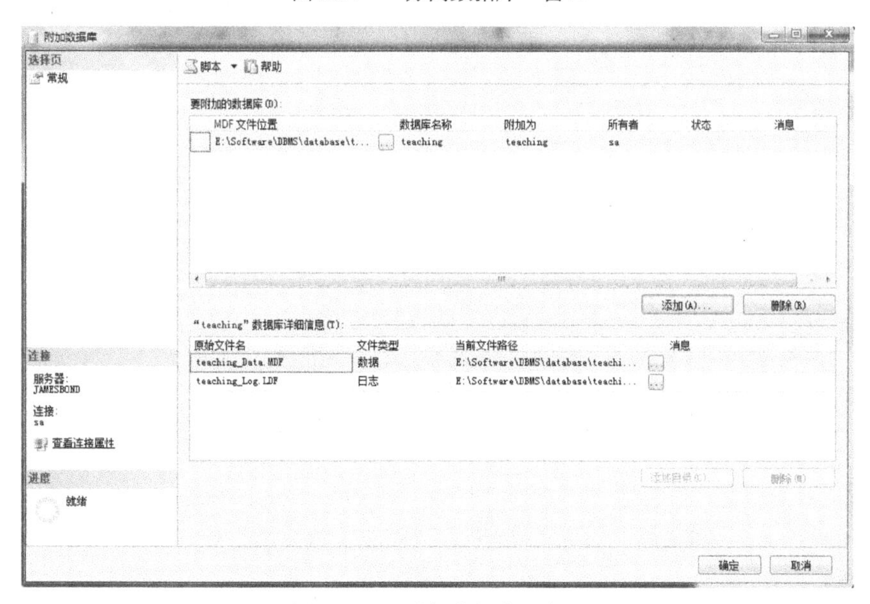

图 5.35 “附加数据库”窗口

小 结

本章主要介绍了 SQL Server 2012 的安装、管理工具和典型案例分析等内容，要求实践 SQL Server 2012 的安装（包括 SQL Server 的安装环境和安装过程）；掌握 SQL Server 2012 的管理工具（包括 SQL Server 服务器的配置、注册、连接、启动、关闭和常用工具等）。

本章最后分析了 3 个典型案例。对于案例 13，要求掌握如何借助于百度搜索引擎和 SQL Server 联机丛书来解决程序设计中出现的问题；对于案例 14，要求掌握如何在数据库系统管理员账号未设密码的情况下或者在已设密码、使用中密码可能已泄露的情况下重新设定密码，以防止非法的访问连接；对于案例 15，要求掌握如何将当前数据库服务器中的数据库文件拷贝到另一台数据库服务器中，或者如何将另一台数据库服务器中的数据库文件拷贝到当前数据库服务器中。

本章内容重在实践，希望读者能自己动手安装 SQL Server 2012 数据库管理系统，并进行一些相关的设置练习。

习　题

5.1　简述 SQL Server 2012 的安装环境（硬件环境和软件环境）。

5.2　在自己的计算机上练习安装 SQL Server 2012 数据库管理系统。

5.3　简述 SQL Server 2012 包含哪些主要服务？

第 6 章　SQL Server 的 T-SQL I

☞本章目标

T-SQL 是 Transaction Structured Query Language 的缩写，即事务结构查询语言。本章主要介绍 SQL Server 的数据库、SQL Server 的数据表、SQL Server 的数据更新、SQL Server 的数据查询、SQL Server 的视图和函数、典型案例分析等内容，学习并掌握好 SQL Server 的数据更新、数据查询、视图和典型案例分析尤为重要，不仅能加深对本章内容的理解，而且能为学生在学习 SQL 语言基础内容时打下扎实的基础。

6.1　SQL Server 的数据库

6.1.1　数据库及其组成

1．数据库与事务日志

数据库是 SQL Server 存放表和索引等数据库对象的逻辑实体，一个数据库可以存放在一个或多个文件中。每个数据库都有一个相关的事务日志，事务日志记录了 SQL Server 所有的事务和由这些事务引起的数据库的变化。在数据库中数据的任何改变在写到磁盘之前，都会自动在事务日志中做好记录。

2．数据库文件

SQL Server 用文件来存放数据库，数据库文件有 3 类：①主数据文件（Primary），用来存放数据，每个数据库都必须有一个主数据文件；②其他数据文件（Secondary），也用来存放数据，一个数据库可以没有也可以有多个其他数据文件；③日志文件（Transaction Log），用来存放事务日志，每个数据库必须有一个或多个日志文件。

一般情况下，一个简单的数据库可以只有一个主数据文件和一个日志文件。若数据库很大，则可以设置多个其他数据文件和日志文件，并将它们存放在不同的磁盘上。默认状态下，数据库文件存放在\MSSQL\DATA\目录下，数据文件名的扩展名为.mdf，日志文件名的扩展名为.ldf。数据库的创建者可以在创建时指定其他的路径和文件名，也可以添加其他数据文件和更多的日志文件。

3．数据库对象

SQL Server 数据库中的数据在逻辑上被组织成一系列对象，当一个用户连接到数据库后，他所看到的是这些逻辑对象，而不是物理的数据库文件。

SQL Server 中有以下数据库对象：表（Table）、视图（View）、存储过程（Stored Procedures）、触发器（Triggers）、用户自定义数据类型（User-Defined Data Types）、用户自定义函数（User-Defined Functions）、索引（Indexes）、规则（Constraints）、默认值（Defaults）等。

4．数据库组成

SQL Server 是多数据库结构的 DBMS，它由两类数据库组成：一类是在系统初始安装时就建立的系统数据库；另一类是由用户建立的用户数据库。

（1）系统数据库

在 SQL Server 安装时自动建立 4 个系统数据库，分别是主数据库（master 数据库）、原型数据库（model 数据库）、临时数据库（tempdb 数据库）和微软数据库（msdb 数据库）。

① master 数据库：它记录了 SQL Server 系统级的信息，这些信息都记录在 master 数据库的表中，用来管理和控制整个 DBMS 的运行。master 数据库的主人是用户 ID 为 sa 的系统管理员。

② model 数据库：model 数据库是系统所有数据库的模板，所有系统中创建的新数据库的内容在刚创建时都和 model 数据库完全一样。若 SQL Server 专门用作一类应用，而这类应用都需要某个表甚至在这个表中都要包括同样的数据，则可在 model 数据库中创建这样的表，并向表中添加那些公共的数据，以后每个新创建的数据库中都会自动包含这个表和这些数据。

③ tempdb 数据库：用于存放所有连接到系统的用户的临时表和临时存储过程，以及 SQL Server 产生的其他临时性的对象。tempdb 数据库是 SQL Server 中负担最重的数据库，因为几乎所有的查询工作都可能需要使用它。在 SQL Server 关闭时，tempdb 数据库中的所有对象都被删除。每次启动 SQL Server，都会重新创建 tempdb 数据库。

④msdb 数据库：它主要被 SQL Server Agent 用来进行复制、作业调度及管理报警等活动，也可通过调度任务来排除故障。

（2）用户数据库

从数据定义和数据操纵的角度来看，服务器的主要任务是管理用户数据库。用户数据库可以利用 Create database 语句来建立；也可以在进入 SQL Server Management Studio 后，通过右键单击对象资源管理器的“数据库”选项，再选择“新建数据库”选项来建立。一个数据库（或任何数据库对象）的建立者称为它的主人（Owner），来负责管理该数据库。

6.1.2 创建用户数据库

1．在查询分析器中创建数据库

使用 T-SQL 中的 Create database 语句可以在查询分析器中创建数据库，该语句在执行过程中能自动创建数据文件和日志文件。通过在 SQL Server Management Studio 中单击“新建查询”按钮，在查询分析器中输入以下代码可以创建名为 20401010201 的数据库。

```
Create database 20401010201
    ON (NAME =20401010201,
        FILENAME ='d:\Program Files\SQL Server DB\20401010201.mdf',
        SIZE =10,
        MAXSIZE =50,
        FILEGROWTH =5)
LOG ON (NAME =20401010201_log,
        FILENAME ='d:\Program Files\SQL Server DB\20401010201_log.ldf',
        SIZE =5MB,
        MAXSIZE =25MB,
        FILEGROWTH =5MB)
GO
```

上述 T-SQL 代码执行后，可以通过在图 5.30 的“面板”工具栏中单击刷新按钮或按 F5 键，在数据库服务器上看到名为 20401010201 的数据库，并在 d:\Program Files\SQL Server DB 目录下看到名为 20401010201.mdf 和 20401010201_log.ldf 的两个文件。

注意：在执行上述代码过程中，若存放数据库文件的目录不存在，或者虽然此目录存在但数据库文件已存在（已创建），则执行代码将会出错。

2. 在对象资源管理器中创建数据库

在进入 SQL Server Management Studio 后，通过右键单击对象资源管理器中的“数据库”选项，再选择“新建数据库”选项，出现如图 6.1 所示的“新建数据库”对话框。在此对话框中，输入数据库名称（如学号），根据需要调整数据文件和日志文件的初始大小、自动增长和路径，最后单击“确定”按钮来建立一个用户数据库。

图 6.1 “新建数据库”对话框

6.1.3 管理用户数据库

1. 在查询分析器中管理数据库

（1）查看数据库

使用 T-SQL 语句可以查看数据库的信息，这需要用到系统存储过程 sp_helpdb。存储过程名的后面可以给定要查看的数据库名，如果不给出此项，则显示服务器中所有数据库的信息。

例如，要查看 20401010201 数据库的信息，可以在查询分析器中执行如下系统存储过程：

```
sp_helpdb 20401010201
```

又如，要查看服务器中所有数据库的信息，可以在查询分析器中执行如下系统存储过程：

```
sp_helpdb
```

（2）修改数据库

使用 T-SQL 语句也可以修改数据库的信息，这需要用到 Alter database 语句。请看下列 T-SQL 语句：

```
Alter database 20401010201
ADD FILE
( NAME=20401010201_2,
   FILENAME='d:\Program Files\SQL Server DB\20401010201_2.mdf',
   SIZE=5MB,
   MAXSIZE=50MB,
```

```
    FILEGROWTH=1MB
  )
```

其中，ADD FILE 是指增加一个数据文件，还可以是 ADD LOG FILE、REMOVE FILE、MODIFY FILE 等，分别代表增加日志文件、删除数据库文件和修改文件信息。比如，以下的语句将 20401010201 数据库的第二个数据文件 20401010201_2.mdf 的初始大小修改为 20MB，具体代码如下：

```
Alter database 20401010201
MODIFY FILE
   ( NAME=20401010201_2,
     SIZE=20MB
)
```

关于 Alter database 语句更详细的用法可以参考 SQL Server 联机丛书。

（3）删除数据库

使用 T-SQL 语句删除数据库需要使用 Drop database 语句。使用该语句，可以一次删除多个数据库。例如，若已创建 20401010201 和 test 两个数据库，则删除这两个数据库的代码如下：

```
Drop database 20401010201,test
```

注意：如果用户没有备份某个数据库，则删除这个数据库后是不能恢复的，这一点要格外小心。

2．在对象资源管理器中管理数据库

进入 SQL Server Management Studio 后，通过单击对象资源管理器中“数据库”左边的“+”号来展开“数据库”，选中并右键单击要管理的用户数据库，在弹出的菜单中选择“属性”选项，出现如图 6.2 所示的“数据库属性”对话框，在此对话框的“常规”和“文件”选项中可以查看和修改一些信息；也可以选中并右键单击要管理的用户数据库，在弹出的菜单中选择“删除”选项，将此数据库删除。

注意：删除数据库后将不能恢复。

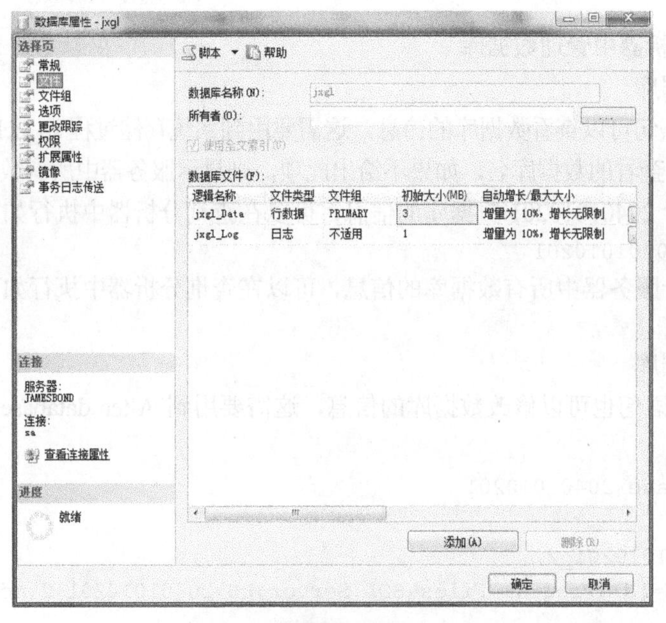

图 6.2 “数据库属性”对话框

6.2 SQL Server 的数据表

6.2.1 数据表结构和内容

1. 数据表的结构

在进入 SQL Server Management Studio 后，通过单击对象资源管理器中“数据库”左边的“+”号来展开“数据库”，接着展开 teaching 数据库、表和 dbo.student，右键单击 dbo.student，并在弹出的菜单中选择“设计”选项，出现如图 6.3 所示数据表结构的对话框，图中 student 表的列名处有 7 个属性，每个属性有一个数据类型和是否允许为空的选项。

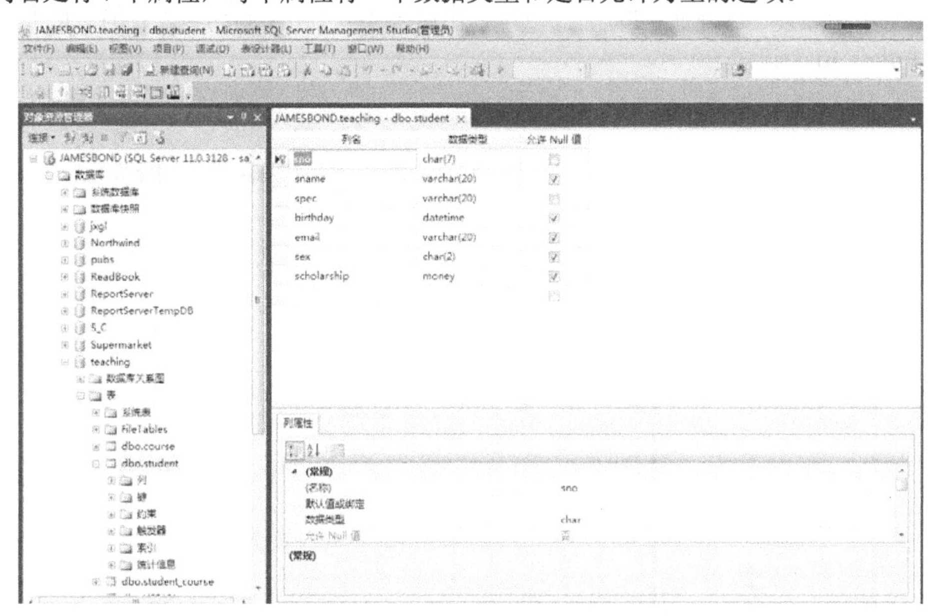

图 6.3 数据表结构的对话框

2. SQL Server 数据类型

不同系统数据类型的定义是不同的，SQL Server 支持系统数据类型和用户定义数据类型。前者是由服务器提供的基本类型，而后者是基于系统数据类型由用户定义的数据类型。

（1）常用系统数据类型

- 字符数据：char(*n*)，varchar(*n*)，text
- 二进制数据：binary(*n*)，varbinary(*n*)，image

（其中 $1 \leqslant n \leqslant 8000$，text 和 image 的最大长度可多达 2GB）

- 整数数据：bigint（8 字节），int（4 字节），smallint（2 字节），tinyint（1 字节），bit（1 位，不允许空值和建索引）
- 浮点数据：float（8 字节），real（4 字节）
- 货币数据：money（8 字节），smallmoney（4 字节）
- 日期时间数据：datetime（8 字节），smalldatetime（4 字节）

（2）用户定义数据类型

格式：

```
sp_addtype <类型名>,<系统类型> [,<null 说明>]
```

例如：

```
use pubs
     exec sp_addtype phone_type,'varchar(24)','not null'
     exec sp_addtype fax_type,'varchar(24)','null'
```

使用 sp_droptype <类型名>可删除用户自定义数据类型。

关于 SQL Server 数据类型的更详细用法可以查阅 SQL Server 联机丛书。

3．数据表的内容

进入 SQL Server Management Studio 后，通过单击对象资源管理器中“数据库”左边的“+”号来展开“数据库”，接着展开 teaching 数据库、表和 dbo.student，右键单击 dbo.student，并在弹出的菜单中选择“选择前 1000 行”选项，出现如图 6.4 所示数据表内容的对话框，图中 student 表共有 10 个记录。

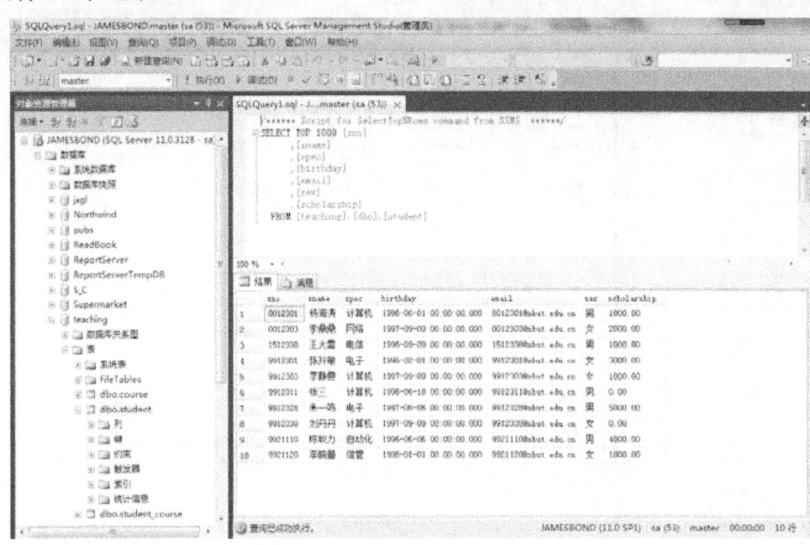

图 6.4　数据表内容的对话框

6.2.2　创建用户数据表

1．在查询分析器中创建数据表

使用 T-SQL 中的 CREATE TABLE 语句可以创建基本表。在默认状态下，只有系统管理员和数据库拥有者（DBO）可以创建新表，但系统管理员和数据库拥有者可以授权其他人来完成这一任务。当用户需要一个新的表来存放数据时，首先要生成这个表。生成新的表要使用 CREATE TABLE 命令，其语句格式为：

```
CREATE TABLE[[<数据库名>.]<主人名>.]<表名>(<列名 1> <类型 1> {NOT NULL | NULL} [,<列名 2> <类型 2>{NOT NULL | NULL}…])
```

功能：建立一个新的基本表，指明基本表的表名与结构，包括组成该表的每个字段名、数据类型等，任选项“NOT NULL”表明该列的值不能为空，通常是键码属性不能为空。

【例 6.1】选择数据库 20401010201 为当前数据库，使用 CREATE TABLE 语句来创建 20401010201 数据库的 3 个基本表：student、course 和 student_course。

（1）创建 student 表

```
CREATE TABLE student(
```

```
    sno  char(11)  NOT  NULL  PRIMARY  KEY,
    sname  varchar(20)  NOT  NULL,
    spec  varchar(20)  NOT  NULL,
    birthday  datetime  NULL,
    email  varchar(20)  NULL  UNIQUE)
```

上面语句表明在20401010201数据库中创建了一个名为student的学生表，表中字段含义分别为学号、姓名、专业、生日和电子邮箱，其中sno字段非空且设置为主键，email字段可以为空，但必须不能取重复值。在查询分析器中执行上述代码后，在图5.30的“面板”工具栏中单击刷新按钮，在对象资源管理器的此数据库中即可看到dbo.student表。

（2）创建course表

```
CREATE TABLE course(
    cno  char(5)  NOT  NULL  PRIMARY  KEY,
    cname  varchar(20)  NOT NULL,
    chour  tinyint  NULL )
```

上面语句表明在20401010201数据库中创建了一个名为course的课程表，表中字段含义分别为课程号、课程名和学时数，其中cno字段非空且设置为主键，cname字段不能为空，chour字段可以取空值。在查询分析器中执行上述代码后，在图5.30的“面板”工具栏中单击刷新按钮，在对象资源管理器的此数据库中即可看到dbo.course表。

（3）创建student_course表

```
CREATE TABLE student_course (
    sno char(11) not null foreign key(sno) references student(sno)
      on delete  cascade,
    cno char(5) not null foreign key(cno) references course(cno)
      on delete no action,
    grade decimal(5,0) null check(grade>=0 and grade<=100))
  go
  alter table student_course add constraint pk_student_course
     primary key(sno,cno)
  go
```

上面语句表明在20401010201数据库中创建了一个名为student_course的选课表，表中字段含义分别为学号、课程号和成绩，其中sno字段不能为空，设置成相对于student表来说为外键，并且当在student表中删除某个学生记录时，会根据学号自动在student_course表中删除此学生的选课记录；cno字段也不能为空，设置成相对于course表来说为外键，只有当在student_course表中无某门课的选课记录时才能在course表中删除这门课程的记录；grade字段可以为空，但取值必须为0～100之间。在查询分析器中执行上述代码后，在图5.30的“面板”工具栏中单击刷新按钮，在对象资源管理器的此数据库中即可看到dbo.student_course表。

2．在对象资源管理器中创建数据表

进入SQL Server Management Studio后，在对象资源管理器中展开“数据库”，选中要管理的用户数据库（如20401010201），展开20401010201数据库及下属的表，右键单击表并在弹出的菜单中选择“新建表”，在新表创建过程中，输入列名、数据类型和允许Null值，最后单击“文件”→“保存”命令，输入表名后单击“确定”按钮即可。在对象资源管理器中创建数据表的窗口如图6.5所示。

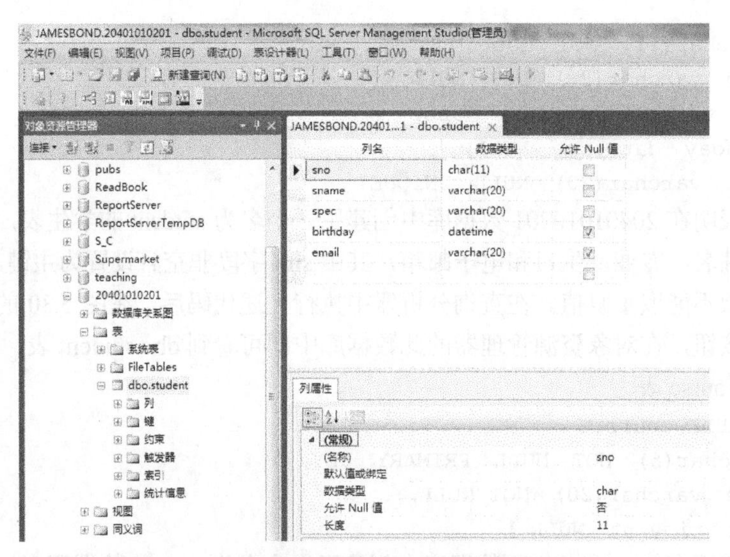

图 6.5　在对象资源管理器中创建数据表的窗口

注意：在同一个数据库里，用户数据表不可以同名。

6.2.3　管理用户数据表

1．在查询分析器中管理数据表

（1）添加和删除表中的列

用户使用数据表时，随着应用要求的改变，往往需要对原有的表结构进行少量修改，此时要使用 ALTER TABLE 命令，下面以具体实例来说明其使用方法，详细语句格式可以查阅 SQL Server 联机丛书。

① 在表中添加列

向表中增加一列时，应使新增加的列有默认值或允许为空值，SQL Server 将向表中已存在的行填充新增列的默认值或空值。如果既没有提供默认值也不允许为空值，则新增列的操作将出错。例如，选择数据库 20401010201 为当前数据库，在 student 表中添加 address 列，设置最大长度为 40 的 varchar 型数据且允许为空值，代码如下：

```
ALTER TABLE student ADD address varchar(40) null
```

② 在表中删除列

例如，选择数据库 20401010201 为当前数据库，在 student 表中删除 address 列，代码如下：

```
ALTER TABLE student DROP COLUMN address
```

注意：若删除列有约束条件，则要先去除约束条件后才能删除列。

（2）修改表中的列

在表中修改列包括列名、数据类型、数据长度及是否允许为空值等。例如，选择数据库 20401010201 为当前数据库，在 student 表中将 email 列改为最大长度为 20 的 varchar 型数据且不允许为空值，代码如下：

```
ALTER TABLE student ALTER COLUMN email varchar(20) not null
```

注意：若某列要改变成非空值（not null），则要求该列当前不含有空值；若不选择该项，则其默认值保持原有的值。若一个列要改变数据类型，则该列数据必须全为空值，否则不能改变。

（3）删除基本表

如果一个表被其他表通过 foreign key 约束引用，那么必须先删除定义 foreign key 约束的表，或删除其 foreign key 约束。当没有其他表引用它时，这个表才能被删除，否则删除操作就会失败。例如，选择数据库 20401010201 为当前数据库，若存在要删除的表 table1，则可使用 DROP TABLE 语句，代码如下：

```
DROP TABLE table1
```

特别注意：DROP TABLE 语句不能用来删除系统表，否则系统将会不正常，这要引起高度的重视。

（4）表中索引的建立和删除

SQL Server 中提供了两种形式的索引：簇集索引（Clustered）和非簇集索引（Nonclustered）。簇集索引根据键的值对行进行排序，每个表只能有一个簇集索引。非簇集索引不根据键值排序，索引数据结构与数据行是分开的，每个表可以有多个非簇集索引。例如，选择数据库 20401010201 为当前数据库，要在课程表上建立和删除索引，代码如下：

```
Create unique clustered index kh_ind on course(cno);
Drop index course.kh_ind;
```

建立索引可以加快检索速度，但并不意味着表的索引建得越多越好，因为维护索引结构也需要花费系统的一定开销，尤其是对那些经常有更新操作的表，其索引结构维护的代价是很大的。通常是根据需要建立索引，如果需要经常使用某列数据进行查询，则使用该列建立索引，效果会很好。

2. 在对象资源管理器中管理数据表

进入 SQL Server Management Studio 后，在对象资源管理器中展开“数据库”，选中要管理的用户数据库（如 20401010201），展开 20401010201 数据库及下属的表，选择 dbo.student，右键单击此表并在弹出的菜单中选择“设计”选项，出现图 6.3 所示对话框，在此对话框中就可修改此表的结构（包括列名、数据类型和允许 Null 值），最后单击“文件”→“保存”命令即可。

类似地，在对象资源管理器中展开“数据库”，选中要管理的用户数据库（如 20401010201），展开 20401010201 数据库及下属的表，选择 dbo.student，右键单击此表并在弹出的菜单中选择“编辑前 200 行”选项，出现类似于图 6.4 对话框，在此对话框中就可修改此表的内容，最后单击“文件”→“保存”命令即可。

6.3 SQL Server 的数据更新

所谓数据更新，是指对已经存在的数据库中的数据进行增加、删除和修改操作，它与数据检索语句共同构成数据操纵语言（DML）。

6.3.1 数据插入

使用 INSERT 语句向表中添加数据有两种方式：一种是用 VALUES 关键字直接给各列赋值；另一种是使用 SELECT 子句，把从其他表或视图中选取的数据插入表中。无论采取何种方式，都必须注意以下几点：

- 输入项的列数、列序和数据类型必须与表中的列数、列序和数据类型保持一致；

● 可以不给全部列赋值，但没有赋值的列必须是可以为空的列、有默认值列、标识列等；
● 字符型和日期型值插入时要用单引号括起来。

插入语句的格式如下：

1．插入语句格式一

```
INSERT [INTO] <表名>[(<列名1>,…,<列名n>)]
              VALUES (<常量1>,…,<常量n>)
```

此语句的功能是将 VALUES 后面的数据插入指定表中。当需要插入表中所有列的数据时，表名后面的列名可以省略，但插入数据的格式必须与表的格式完全吻合；若只需要插入表中某些列的数据，则就必须列出插入数据的列名，当然相应数据位置应与之对应。

【例 6.2】选择数据库 20401010201 为当前数据库，在 student、course 和 student_course 表中各插入一个数据记录。

```
INSERT INTO student(sno,sname,dept,birthday,email)
    VALUES('15480060101','张三','计算机','1996-02-18',
           '20401010201@nbut.edu.cn')
INSERT INTO course(cno,cname,chour)
    VALUES('10108','软件工程',64)
INSERT INTO student_course(sno,cno,grade)
    VALUES('15480060101','10108',90)
```

注意：向表中插入的数据不能违反完整性约束条件。如本例中，sno 列和 cno 列已分别设置成 student 表和 course 表的外键，(sno,cno) 列已设置成 student_course 表的主键，grade 列也设置了检查约束，所以在表数据插入时不能违反这些规定。

2．插入语句格式二

```
INSERT INTO <表名>[(<列名1>,…,<列名n>)]
          子查询
```

此语句的功能是利用一个子查询将从一个或多个表或视图中选择来的数据添加到表中。在具体操作时，要保证被插入数据表与子查询结果集兼容，即列数、列序、数据类型都应一致。

【例 6.3】选择数据库 20401010201 为当前数据库，在 student、course、student_course 表中插入 teaching 数据库中相应数据表中的全部记录。

```
insert into student
     select sno,sname,spec,birthday,email from teaching.dbo.student
insert into course
     select * from teaching.dbo.course
insert into student_course
     select * from teaching.dbo.student_course
```

说明：假设 20401010201 数据库中 student 表的 5 个属性和 teaching 数据库中 student 表的 5 个属性具有相同的结构，这两个数据库中另外两个表的结构也完全相同，在此不再赘述。

6.3.2 数据修改

使用 UPDATE 语句可以对表中数据行的取值进行修改，其语句格式为：

```
UPDATE <表名>
SET <列名1>=<表达式1>[,<列名2>=<表达式2>,…]
```

```
[FROM <表名1>[,<表名2>,…]]
[WHERE <条件>]
```

此语句的功能是对由表名指定的表进行修改。修改时，对表中满足条件的行，将表达式的值替换相应列的值。

【例6.4】 选择数据库20401010201为当前数据库，假设原student表中的学号字段是7位字符，现在每个学号的左侧加上'2040'，学号字段加长到11位字符；再将sno为'20401010201'记录的email改为'20401010201@nbut.edu.cn'（更新语句不含FROM子句）。

```
update student
set sno='2040'+ltrim(rtrim(sno))
update student
set email='20401010201@nbut.edu.cn'
where sno='20401010201'
```

注意： student表中sno字段升位后，有可能导致student_course表中的数据丢失。因为在student_course建立数据表时，学号sno有约束ON DELETE CASCADE，它表明student表中sno与student_course表中sno是同步的，那些非法选课记录将会被自动删除。

【例6.5】 选择数据库20401010201为当前数据库，将学生表中'计算机'专业学生的选课成绩置0（更新语句含FROM子句）。

```
UPDATE student_course
SET grade = 0
FROM student
WHERE spec='计算机' and student.sno=student_course.sno
```

请读者自己理解上述两个例子中更新语句的不同。

6.3.3 数据删除

使用DELETE语句可以删除数据库表中一个或多个记录，其语句格式为：

```
DELETE FROM <表名>
[FROM <表名1>[,<表名2>,…]]
[WHERE 条件]
```

此语句的功能是从由表名指定的表中删除满足条件的行，其中第2个FROM子句选项表示依据另一个表中的数据约束条件来删除一些行，这是T-SQL的增强功能。当不选择WHERE子句时，表示删除表中的全部数据。

【例6.6】 选择数据库20401010201为当前数据库，删除student_course表中没有成绩的选课记录。

```
DELETE FROM student_course
WHERE grade is null
```

【例6.7】 选择数据库20401010201为当前数据库，删除选修'计算机专业英语'课程的所有选课记录。

```
DELETE FROM student_course
FROM student_course sc,course c
WHERE sc.cno=c.cno and c.cname ='计算机专业英语'
```

这里出现的sc是student_course表的别名，c是course表的别名。注意：在删除数据记录时必须十分小心，否则将会丢失数据。

6.4 SQL Server 的数据查询

查询最基本的方式是使用 SELECT 语句，SELECT 语句按照用户给定的条件从 SQL Server 数据库中取出数据，并将这些数据通过一个或多个结果集返回给用户。SELECT 语句的结果集采用表的形式，即表是由行和列组成的。完整的 SELECT 语句的语法可以查阅 SQL Server 联机丛书，以下仅列出最常用的 SELECT 语句的语法：

```
SELECT <投影的字段列表>
FROM <参与查询的表列表>
[ WHERE <查询选择的条件> ]
[ GROUP BY <分组表达式> ] [ HAVING <分组查询条件> ]
[ ORDER BY <排序表达式> [ ASC | DESC ] ]
```

整个语句的含义为：根据 WHERE 子句中的条件表达式，从基本表（或视图）中找出满足条件的元组，按 SELECT 子句中的目标列，选出元组中的分量形成结果表。如果有 ORDER 子句，则结果表要根据指定的表达式按升序（ASC）或降序（DESC）排序。如果有 GROUP 子句，则将结果按列名分组，根据 HAVING 指出的条件，选取满足该条件的组予以输出。

选择数据库 20401010201 为当前数据库，并以下面 3 个数据表 student、course 和 student_course 为例，说明如何在查询分析器中查询数据表中的数据。

6.4.1 数据基本查询

【例 6.8】在 student 表中查询学生的姓名、专业和年龄，要求给结果集中的列指定中文别名，同时消除结果集中重复的行。

```
SELECT DISTINCT sname as 姓名,spec as 专业,year(getdate())-year(birthday) as
    年龄
FROM student
```

关于函数 year( )和 getdate( )的详细内容可以查阅 SQL Server 联机丛书。

【例 6.9】在 student 表中查询 2001 年出生的计算机科学与技术或网络工程专业的学生，要求这些学生的电子邮件包含'@nbut.edu.cn'字符串。

```
SELECT *
FROM student
WHERE birthday BETWEEN '2001-01-01' AND '2001-12-31'
    and spec IN ('计算机科学与技术','网络工程') and email like '%@nbut.edu.cn'
```

其中，SQL Server 的通配符有以下几个。

- %：代表任意多个字符。
- _（下画线）：代表单个字符。
- [ ]：代表指定范围内的单个字符，[ ]中可以是单个字符（如[nbgcxy]），也可以是字符范围（如[a-h]）。
- [^]：代表不在指定范围内的单个字符，[^]中可以是单个字符（如[^ nbgcxy]），也可以是字符范围（如[^ a-h]）。

【例 6.10】在 student_course 表中查询成绩非空的选课记录，结果集要求按成绩的升序排列。

```
SELECT  *
FROM student_course
```

```
WHERE grade IS NOT NULL
ORDER BY grade ASC
```

6.4.2 数据分组查询

聚合函数是对一组值计算后返回单个值；除 count（统计项数）函数外，其他的聚合函数在计算时都会忽略空值（null）。T-SQL 提供的聚合函数有 13 个之多，详细内容可以查阅 SQL Server 联机丛书，以下仅列出 5 个常用的聚合函数：

① MIN(<表达式>)，求（字符、日期、数值）列的最小值；

② MAX(<表达式>)，求（字符、日期、数值）列的最大值；

③ COUNT(*)，计算选中结果的行数；

COUNT([ALL | DISTINCT]<表达式>)，计算所有/不同列值的个数；

④ SUM([ALL | DISTINCT]<表达式>)，计算所有/不同列值的总和；

⑤ AVG([ALL | DISTINCT]<表达式>)，计算所有/不同列值的平均值。

【例 6.11】 在 student 和 student_course 表中，按学号分组查询每个学生选课成绩的总分和平均分，并按每个学生选课成绩的平均分的降序排列。

```
SELECT s.sno as 学号, s.sname as 姓名, sum(sc.grade) as 总分, avg(sc.grade) as
    平均分
FROM  student  s, student_course  sc
WHERE s.sno=sc.sno
GROUP BY s.sno, s.sname
ORDER BY 平均分 DESC
```

注意：若按题意只要在 GROUP BY 后跟 s.sno 即可，但 SQL Server 语法规定：在使用 GROUP BY 子句时，只要在投影列中含有 s.sname，那么在 GROUP BY 后除写上 s.sno 外还应写上 s.sname。另外，s 和 sc 分别是 student 表和 student_course 表的别名，若在字段引用时不会产生字段名引用二义性，则字段名前缀也是可以省略的。

6.4.3 多表连接查询

1. 内连接（Inner join）

内连接也叫自然连接，它是组合两个表最常用的方法。自然连接将两个表中的公共列进行比较，将两个表中满足连接条件的行组合起来作为结果。自然连接有以下两种形式的语法：

格式一：

```
SELECT  <投影的字段列表>
FROM  <表1>, <表2>
WHERE  <表1.列1> = <表2.列2>
```

格式二：

```
SELECT  <投影的字段列表>
FROM  <表1>  [INNER]  JOIN  <表2>
        ON  <表1.列1> = <表2.列2>
```

【例 6.12】 在 student、course 和 student_course 表中，查询选修'数据库理论与技术'课程的所有学生情况。

```
SELECT  s.*
FROM  student  s, student_course  sc, course  c
```

```
WHERE  s.sno=sc.sno and sc.cno=c.cno and c.cname='数据库理论与技术'
```

或者

```
SELECT student.*
FROM student INNER JOIN student_course ON student.sno=student_course.sno
             INNER JOIN  course  ON  student_course.cno=course.cno
WHERE  course.cname='数据库理论与技术'
```

建议使用第一种格式，从代码上看可能会更简练一些。

2．外连接（Outer join）

在内连接中，只有在两个表中匹配的行才会在结果集中出现。而在外连接中，可以只限制一个表，而对另外一个表不加限制（所有的行都出现在结果集中）。外连接分为左外连接、右外连接和全外连接。左外连接是对连接条件中左边的表不加限制；右外连接是对连接条件中右边的表不加限制；全外连接是对连接条件中的两个表都不加限制，两个表中的所有行都会包括在结果集中。

左外连接的语法为：

```
SELECT <投影的字段列表>
FROM  <表1>  LEFT  [OUTER]  JOIN <表2>
      ON  <表1.列1> = <表2.列2>
```

右外连接的语法为：

```
SELECT <投影的字段列表>
FROM  <表1>  RIGHT  [OUTER]  JOIN <表2>
      ON  <表1.列1> = <表2.列2>
```

全外连接的语法为：

```
SELECT <投影的字段列表>
FROM  <表1>  FULL  [OUTER]  JOIN <表2>
      ON  <表1.列1> = <表2.列2>
```

【例 6.13】在 student_course 和 course 表中进行右外连接，并说明以下代码的含义。

```
SELECT sno, student_course.cno,cname,grade
FROM  student_course  RIGHT OUTER  JOIN  course
     ON  student_course.cno=course.cno
```

关于上述代码的含义，请读者根据右外连接的定义自己进行理解。这里仅举了右外连接的例子，关于左外连接和全外连接的例子也类似，读者可自己练习。

3．自连接（Self join）

连接操作不仅可以在不同的表上进行，而且在同一个表内也可以进行自身连接。自连接可以看成是一个表的两个副本之间进行的连接，相当于关系代数中带约束条件的笛卡儿积。在自连接中，必须为两个表分别指定别名，使它们在逻辑上成为两个表。

自连接的语法如下：

```
SELECT  <投影的字段列表>
FROM  <表>  <别名1>,  <表>  <别名2>
WHERE  <查询选择的条件>
```

【例 6.14】在 student 表中，查询同名同姓的学生。

```
SELECT s1.sno, s1.sname,s2.sno,s2.sname
FROM  student  s1,student  s2
WHERE s1.sname=s2.sname and s1.sno<s2.sno
```

4．交叉连接（Cross join）

交叉连接也叫非限制连接，它将两个表不加任何约束地组合在一起，相当于关系代数中的笛卡儿积。交叉连接后得到的结果集的行数是两个被连接表的行数的乘积。

交叉连接的语法如下：

```
SELECT <投影的字段列表>
FROM  <表1>, <表2>
```

在实际应用中，使用交叉连接产生的结果集一般没什么意义，但在数据库理论研究中有重要的作用。

6.4.4 数据子查询

子查询是指一个 SELECT 语句作为另一个 SELECT 语句的一部分，外层的 SELECT 语句被称为外部查询，内层的 SELECT 语句被称为内部查询（或子查询）。子查询分为嵌套子查询和相关子查询两种。

1．嵌套子查询

嵌套子查询的执行不依赖于外部查询，其执行过程为：首先执行子查询，子查询得到的结果集不被显示出来，而是传递给外部查询并作为外部查询的条件来使用，然后执行外部查询并显示查询结果集。嵌套子查询一般可分为返回单个值和返回一个值列表两种。

① 返回单个值：该值被外部查询的比较操作（如=、!=、<、<=、>、>=）使用，可以是子查询中使用集合函数得到的值。

【例 6.15】 在 student 和 student_course 表中，查询大于所有学生选课成绩平均值的学生情况。

```
SELECT s1.*
FROM  student  s1, student_course  sc
WHERE s1.sno=sc.sno and sc.grade>
        ( SELECT Averagegrade=AVG(grade)
          FROM student_course )
```

② 返回一个值列表：该列表被外部查询的 IN、NOT IN、ANY 或 ALL 比较操作使用，其中 IN 表示属于，NOT IN 表示不属于，ANY 和 ALL 用于一个值与一组值的比较。为了更清楚地说明它们的含义，表 6.1 给出了 IN 谓词及 ANY、ALL 谓词与集函数的等价转换关系。

表 6.1 IN 谓词及 ANY、ALL 谓词与集函数的等价转换关系

	=	!=	<	<=	>	>=
ANY	IN	—	<MAX	<=MAX	>MIN	>=MIN
ALL	—	NOT IN	<MIN	<=MIN	>MAX	>=MAX

【例 6.16】 在 student 表中，查询其他专业比'计算机'专业所有学生年龄都小的学生情况。

```
SELECT student.*
FROM  student
WHERE birthday>ALL
       ( SELECT birthday FROM student WHERE spec='计算机' )
```

查询其他专业比计算机专业所有学生年龄都小的学生情况，也就是查询其他专业比计算机专业所有学生的生日都晚的学生情况。

2. 相关子查询

在相关子查询中，子查询的执行依赖于外部查询且需要重复地执行，多数情况下是在子查询的 WHERE 子句中引用了外部查询的表；而在嵌套子查询中，子查询的执行不依赖于外部查询且只需要执行一次。下面介绍相关子查询的执行过程：

① 子查询为外部查询的每一行执行一次，外部查询将子查询引用的列的值传给子查询；

② 如果子查询的任何行与其匹配，则外部查询就返回结果行；

③ 回到第①步，直到处理完外部表的每一行。

【例 6.17】 在 student 和 student_course 表中，查询所有选修了'10101'号课程的学生姓名。

```
SELECT DISTINCT  sname
FROM  student
WHERE  EXISTS
      ( SELECT * FROM student_course  WHERE sno=student.sno and cno='10101')
```

使用存在量词 EXISTS 后，若内层查询结果非空，则外层的 WHERE 子句返回真值，否则返回假值。使用存在量词 NOT EXISTS 后，若内层查询结果非空，则外层的 WHERE 子句返回假值，否则返回真值。

6.4.5 附加子句

1. 合并结果集

使用 UNION 语句将两个或两个以上的查询结果集合并为一个结果集，其语法如下：

```
SELECT  语句1
UNION  [ALL]
SELECT  语句2
```

合并结果集有以下 4 点限制：

① UNION 中的每一个查询所涉及的列必须在列数、顺序和类型上保持一致；

② 最后结果集中的列名来自第一个查询语句；

③ 若 UNION 中包含 ORDER BY 子句，则将对最后的结果集排序；

④ 在合并结果集时，默认将从最后的结果集中删除重复的行，除非使用 ALL 关键字。

2. 查询创建新表

使用 SELECT 语句中的 INTO 子句可以在查询的基础上创建新表，INTO 子句首先创建一个新表，然后用查询的结果填充新表。其语法介绍如下：

```
SELECT <投影的字段列表>
INTO <新表>
FROM <参与查询的表列表>
[ WHERE <查询选择的条件> ]
[ GROUP BY <分组表达式> ] [ HAVING <分组查询条件> ]
[ ORDER BY <排序表达式> [ ASC | DESC ] ]
```

由于新表的结构由<投影的字段列表>定义，所以<投影的字段列表>中的每一列必须有名称；如果是一个表达式，则应该为其指定别名。

【例 6.18】 在 student 和 student_course 表中，查询没有选修'10101'号课程的所有学生姓名。

```
SELECT DISTINCT sname
INTO  new1
FROM  student
```

```
WHERE NOT EXISTS
      ( SELECT * FROM student_course  WHERE sno=student.sno and cno='10101')
```

如果在<新表>前加一个#或加两个#，将自动产生局部临时表和全局临时表。如在上例中，将 INTO new1 换成 INTO #new1 或 INTO ##new1，将会产生局部临时表#new1 或全局临时表##new1。

6.5 SQL Server 的视图和函数

6.5.1 视图的建立

用 CREATE TABLE 语句建立的表是实表，而用 CREATE VIEW 语句建立的表是虚表。创建视图的语句格式如下：

```
CREATE VIEW <视图名>[(<视图列名表>)]
AS <SELECT 语句>
[WITH ENCRYPTION][WITH CHECK OPTION]
```

此语句的功能是建立一个视图名指定的视图，其数据为<SELECT 语句>选择的结果。<视图列名表>是一个可选项，当不选该项时，新生成视图的列名与 SELECT 命令所选择的数据列名称相同。如果选择该项，则给 SELECT 命令所选择的数据列重新起个名字作为视图的列名，它们的对应关系是按顺序对应的。其中 3 个选项的含义如下。

用来定义视图的内容，对其中的 SELECT 语句有如下限制：

（1）AS <SELECT 语句>

① 不能含有 ORDER BY 及 COMPUTE 子句；

② 不能含有 DISTINCT 及 INTO 关键字；

③ 不允许引用临时表。

（2）WITH ENCRYPTION

如果使用此选项，则 syscomments 系统表中的视图定义被加密，从而保证视图的定义不被他人获得。

（3）WITH CHECK OPTION

强制所有通过视图修改的数据要满足 SELECT 语句中指定的条件。

创建视图时必须注意：

① 视图只能在当前数据库中创建；

② 用户定义的视图名称必须唯一且不能与某个表名相同；

③ 不能将规则、默认值定义绑定在视图上，不能将触发器与视图相关联。

【例 6.19】先定义一个学生平均成绩的视图 avg_grade，然后在视图 avg_grade 基础上再建立一个计算机专业学生平均成绩的视图 computer_avg_grade。

```
CREATE VIEW avg_grade(sno,avg_grade)
       AS SELECT sno,avg(grade)
          FROM student_course
          GROUP BY sno
GO
CREATE VIEW computer_avg_grade(sno,sname,avg_grade,email)
       AS SELECT s1.sno,s1.sname,s2.avg_grade,s1.email
```

```
        FROM student s1, avg_grade s2
        WHERE s1.sno=s2.sno and spec='计算机'
GO
```

6.5.2 视图的查询和删除

1．视图信息的获取

获取视图信息的方法有以下两种。

① 利用系统存储过程 sp_help <视图名>来获取视图的主人、类型、创建日期、列名和数据类型等信息。

② 利用系统过程 sp_helptext <视图名>可查看用于定义该视图的 CREATE VIEW 语句。

当然，在对象资源管理器中展开“数据库”，选中要管理的用户数据库（如 20401010201），展开 20401010201 数据库及下属的视图，选择 dbo.avg_grade，右键单击此视图，并在弹出的菜单中选择“编写视图脚本为”→“CREATE 到”→“新查询编辑器窗口”，也可以看到上述视图的源代码。

2．视图的查询

视图创建后，可以和基本表一样进行查询，这里不再赘述，在此仅举一例予以说明。

【例 6.20】查询在计算机专业就读且平均成绩大于 85 分的学生学号和姓名。

```
select sno,sname
from computer_avg_grade
where avg_grade>85
```

3．视图的删除

利用 DROP VIEW<视图名表>语句可以将视图的定义从数据字典中删除，由此视图导出的其他视图也将自动删除；若导出此视图的基本表删除了，则此视图也将自动删除。

【例 6.21】删除视图 computer_avg_grade。

```
DROP  VIEW  computer_avg_grade
```

✍**问答题**：关于视图能否进行更新的问答。

（1）视图是否都可以更新？答：大部分情况下是不能更新的，如例 6.19 的视图就不能进行更新。

（2）什么样的视图可以更新？答：一般情况下，只有行、列子集视图才能进行更新。

6.5.3 系统函数的分类

在 SQL Server 查询、报表和许多 T-SQL 语句中常使用系统函数来返回信息，这些系统函数与在其他语言中使用的函数相似。SQL Server 的系统函数共分 13 类，详见表 6.2。

表 6.2 SQL Server 系统函数的类别

函数类别	说明
聚合函数（T-SQL）	执行的操作是将多个值合并为一个值，如 COUNT、SUM、MIN 和 MAX
配置函数	是一种标量函数，可返回有关配置设置的信息
游标函数	返回有关游标状态的信息
日期和时间函数	可以更改日期和时间的值
数学函数	执行三角、几何和其他数字运算

续表

函数类别	说明
元数据函数	返回数据库和数据库对象的属性信息
其他函数	提供了不属于按位、聚合、数学、日期和时间、字符串类别的其他规范函数
层次结构 ID 函数	提供了有关层次结构和级别函数的详细参考信息
行集函数（T-SQL）	返回可在 T-SQL 语句中表引用所在位置使用的行集
安全函数	返回有关用户和角色的信息
字符串函数	可更改 char、varchar、nchar、nvarchar、binary 和 varbinary 的值
系统统计函数（T-SQL）	返回有关 SQL Server 性能的信息
文本和图像函数	可更改 text 和 image 的值

系统函数可以通过查看 SQL Server 联机丛书来得到每种函数的使用方法，也可以在 SQL Server Management Studio 的“对象资源管理器”中根据需要查看相应的函数，如图 6.6 所示。

图 6.6　在“对象资源管理器”中查看相应函数的界面

6.5.4　用户定义函数

1. 函数名的命名规则

用户定义的函数名必须唯一且符合如下命名规则。

① 有效字符：函数名一般应以字母开头，后跟字母、数字等。

② 有效长度：函数名的有效长度为 1~128 个字符。

③ SQL Server 的保留关键字不能用作函数名。

④ 嵌入的空格或其他特殊字符不能在函数名中使用。

2. 创建用户定义函数

① 使用 CREATE FUNCTION 语句创建用户定义函数，具体语法可参见 SQL Server 联机丛书。

② 使用 SQL Server Management Studio 创建用户定义函数，操作如下：

在“对象资源管理器”中展开“20401010201”数据库，再展开“可编程性”选项，右键单击“函数”选项，在弹出的快捷菜单中选择“新建”命令，在打开的级联菜单中选择需要创建的函数类型（如标量值函数）后，再修改和添加相应代码即可，如图 6.7 所示。

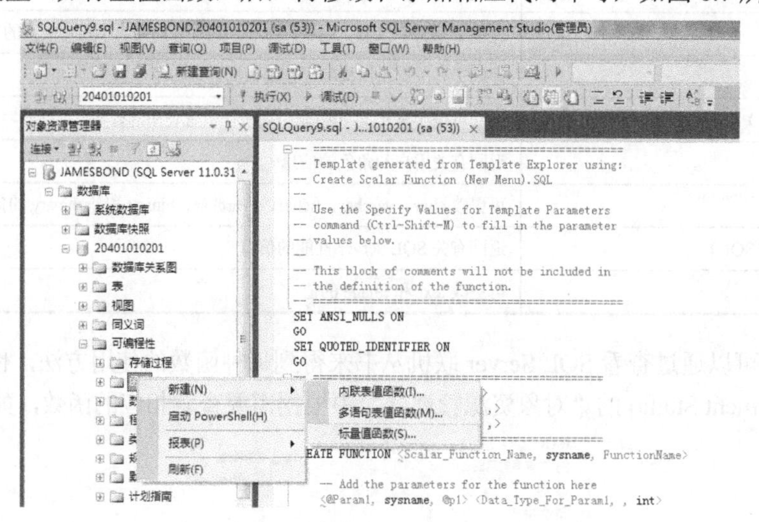

图 6.7　在“对象资源管理器”中创建函数

3．执行用户定义函数

可以在查询或其他语句及表达式中调用用户定义函数，也可用 EXECUTE 语句执行标量值函数。

① 在查询中调用用户定义函数：可以在 SELECT 语句的列表中使用，也可以在 WHERE 或 HAVING 子句中使用。

② 赋值运算符可调用用户定义函数，以便在指定为右操作数的表达式中返回标量值。

关于用户定义函数的相关内容，读者可以查阅 SQL Server 联机丛书，在此不再赘述。

6.6　典型案例分析

6.6.1　典型案例 16——SQL Server 基本表查询的应用

1．案例描述

假设有 3 个数据表：S(SNO,SNAME,AGE,SEX)，SC(SNO,CNO,GRADE)，C(CNO,CNAME,TEACHER)，要求用 T-SQL 语言完成下列操作：

（1）检索'LIU'老师所授课程的课程号、课程名。

（2）检索年龄大于 23 岁的男学生的学号与姓名。

（3）检索学号为'S1'学生所学课程的课程名与任课教师名。

（4）检索至少选修 LIU 老师所授课程中一门课的女学生姓名。

（5）检索'WANG'学生不学的课程的课程号。

（6）检索至少选修两门课程的学生学号。

（7）检索全部学生都选修的课程的课程号与课程名。

（8）检索选修课程包含 LIU 老师所授全部课程的学生学号。

2．案例分析

（1）此检索只涉及课程表 C 的 3 个属性，属于最简单的单表查询。

（2）此检索只涉及学生表 S 的 4 个属性，其中性别 SEX 用'm'或' f '来表示，也属于最简单的单表查询。

（3）此检索涉及 SC 的一个属性和 C 的两个属性，但两个表必须通过公共属性 CNO 进行自然连接，这属于两个表的连接查询。

（4）此检索涉及 C 的一个属性和 S 的两个属性，由于 S 和 C 没有公共属性不能进行自然连接，所以必须引入中间表 SC，使得 S 和 SC 通过 SNO 先进行自然连接，然后与 C 通过 CNO 进行自然连接，这属于 3 个表的连接查询。

（5）此检索只要先求出'WANG'学生选修课程的课程号（需要 S 和 SC 通过 SNO 进行自然连接），然后所求的是不属于这些课程的课程（这里要用到谓词 NOT IN）。

（6）本题要用到 SQL 语言中的分组计数功能（Group by SNO having count(*)>=2），此方法可以推广到多于 2 门的课程。

（7）因 SQL 语言中没有除法运算，所以本题采用分组计数方法（解法 1）和采用谓词推理方法（解法 2），详见下面的案例实现。

（8）因 SQL 语言中没有除法运算，所以本题采用谓词推理方法，详见下面的案例实现。

3．案例实现

（1）检索'LIU'老师所授课程的课程号、课程名。

```
Select CNO,CNAME
From C
Where TEACHER like 'LIU%';
```

（2）检索年龄大于 23 岁的男学生的学号与姓名。

```
Select SNO,SNAME
From S
Where AGE>23 and SEX='男';
```

（3）检索学号为'S1'学生所学课程的课程名与任课教师名。

```
Select CNAME,TEACHER
From SC,C
Where SC.CNO=C.CNO and SNO='S1';
```

（4）检索至少选修 LIU 老师所授课程中一门课的女学生姓名。

```
Select SNAME
From S,SC,C
Where S.SNO=SC.SNO and SC.CNO=C.CNO and TEACHER like 'LIU%' and SEX='女';
```

（5）检索'WANG'学生不学的课程的课程号。

```
(Select CNO
from C
where CNO not in
      (select CNO
       From S,SC
       Where S.SNO=SC.SNO and SNAME like 'WANG%');
```

（6）检索至少选修两门课程的学生学号。

```
Select SNO
From SC
```

```
Group by SNO having count(*)>=2;
```

（7）检索全部学生都选修的课程的课程号与课程名。

解法 1：

```
select SC.CNO,CNAME
From S,SC,C
Where S.SNO=SC.SNO and SC.CNO=C.CNO
Group by SC.CNO,CNAME having count(*)=
                    (select count(*) from S);
```

解法 2：用 p 表示谓词"学生 y 选修了课程 x"，上述题意可形式化表示为

$$(\forall y)p \rightarrow \neg(\exists y(\neg p))$$

也就是说，没有一个学生 y 是不选修课程 x 的。

```
select  CNO,CNAME
from  C
where  not  exists
       (select  *
       from  S
       where  not  exists
              (select  *
              from  SC
              where SNO=S.SNO  and CNO=C.CNO ));
```

（8）检索选修课程包含 LIU 老师所授全部课程的学生学号。

查询学号为 x 的学生，对任一课程 y，只要 LIU 老师讲授了课程 y，则学生 x 也选修了课程 y。

若用 p 表示谓词"LIU 老师讲授了课程 y"，用 q 表示谓词"学生 x 选修了课程 y"，则上述题意可形式化表示为

$$(\forall y)p \rightarrow q \equiv \neg(\exists y(\neg(p \rightarrow q))) \equiv \neg(\exists y(\neg(\neg p \vee q))) \equiv \neg(\exists y(p \vee \neg q))$$

也就是说，不存在这样的课程 y，LIU 老师讲授了课程 y，而学生 x 没有选修课程 y。

```
Select  SNO
From  SC  SCX
Where not exists
    (select *
     From  C  CY
     Where TEACHER='LIU' and  not exists
              (select *
               From  SC  SCZ
               Where CY.CNO=SCZ.CNO and SCZ.SNO=SCX.SNO ));
```

备注：第（7）题解法 2 和第（8）题在解答中涉及谓词推理，在理解上可能有些难度，教师可以对教学内容进行选择。

6.6.2 典型案例 17——SQL Server 视图查询的应用

1. 案例描述

假设有 3 个数据表：S(SNO,SNAME,AGE,SEX),SC(SNO,CNO,GRADE),C(CNO,CNAME,TEACHER)，要求用 T-SQL 语言将多表连接操作定义为视图，并根据此视图来查询选修了'关系数据库设计、技术与实践'课程的所有学生的学号、姓名和成绩，并按成绩的降序排列。

2. 案例分析

这是一个常用的方法，可以大大减少操作的复杂性。新的视图一旦建立，以后就可以当作基本表一样进行查询。

3. 案例实现

```
create view S_SC_C
as  select  S.SNO,SNAME,AGE,SEX,SC.CNO,CNAME,GRADE,TEACHER
    from S, SC, C
    where S.SNO=SC.SNO and SC.CNO=C.CNO
select S.SNO,SNAME,GRADE
from S_SC_C
where CNAME='关系数据库设计、技术与实践'
order by GRADE desc;
```

6.6.3 典型案例18——SQL Server函数的应用

1. 案例描述

定义一个求圆面积的用户定义函数，半径用局部变量@R表示，函数名用AREA命名。

2. 案例分析

首先，弄清楚使用CREATE FUNCTION语句来创建用户定义函数的格式，其具体语法可以参见SQL Server联机丛书；其次，根据6.5.4节介绍的内容，使用SQL Server Management Studio来创建用户定义函数。

3. 案例实现

（1）求圆面积的用户定义函数创建

```
create function AREA(@R float)
returns float
as
  begin
    set @R=3.1415926*@R*@R
    return @R
  end
```

（2）求圆面积的用户定义函数调用

```
Select dbo.AREA(3.5)
```

或

```
Exec dbo.AREA 3.5
```

（3）求圆面积的用户定义函数删除

```
Drop function AREA
```

小　　结

本章主要介绍了SQL Server的数据库、数据表、数据更新、数据查询、视图、函数和典型案例分析等内容，要求理解创建数据库和数据表的语句；掌握数据更新语句（包括插入、修改和删除）的操作；掌握数据查询语句（包括数据基本查询、数据分组查询、多表连接查询和数据子查询）的使用；掌握视图建立、查询和删除的用法；了解用户定义函数建立、调用和删除的方法。

本章最后分析了 3 个典型案例。对于这 3 个案例，要求掌握基本表查询、视图查询和用户定义函数的应用，重点要求掌握数据基本查询、数据分组查询、多表连接查询和数据子查询，并根据题意分析涉及几个表、每个表涉及几个属性、不同表之间有没有公共属性进行连接、用什么语句来解题等。

在本章学习中，要求读者结合实验多加练习和实践。SQL 语言的数据查询语句是最丰富，也是最复杂的，读者应认真掌握。

习　　题

6.1　数据库文件包含哪两种文件？其文件扩展名是什么？

6.2　简述基本表和视图的区别及联系。

6.3　设两个关系模型为：S(sno,name,sex,age)、SC(sno,cno,grade)，请用 SQL 语言实现下列操作（假设每门课都有人选）：

（1）求'01'号课成绩大于 80 分的所有男生的姓名；

（2）求至少选修'01'和'03'两门课的学生信息；

（3）建立一个新的关系模式 TSCC(sno,name,avggrade)，并将学生的平均成绩存入该关系中；

（4）求学习全部课程的所有学生姓名；

（5）求课程不及格学生的课程号、姓名及成绩。

6.4　已知 3 个关系模式：学生（学号，姓名，年级，专业）、选课（学号，课程号，成绩）、课程（课程号，课名，学时数），请用 SQL 语言完成下列操作：

（1）查询选修“Java 程序设计”课程的学生学号和姓名；

（2）查询所有低于学生选课平均成绩的学生情况；

（3）将学生的学号、姓名及其平均成绩定义为一个视图；

（4）由（3）建立的视图是否可更新？请说明理由。

6.5　现有关系模式如下：S(sno,sname,sex,spec,scholarship)，其属性分别表示学号、姓名、性别、专业、奖学金；C(cno,cname,credit)，其属性分别表示课程号、课程名、学分；SC(sno,cno,grade)，其属性分别表示学号、课程号、成绩。请用 SQL 语言完成下列操作：

（1）检索“信息管理”专业的学生信息，包括学号、姓名、性别；

（2）检索“网络工程”专业且有课程成绩不及格（<60 分）的学生信息，包括学号、姓名、课程名和成绩；

（3）检索有学生成绩为满分（100 分）的课程的课程号、课程名和学分；

（4）检索没有一门课程成绩在 80 分以下的所有学生的信息，包括学号、姓名和专业；

（5）将获得奖学金（奖学金不为 0）的学生的奖学金数量变为原来的 2 倍；

（6）定义学生成绩得过满分（100 分）的课程视图 V100，包括课程号、课程名和学分。

6.6　试举例说明 3 个系统函数的用法，并创建一个用户定义函数。

第 7 章 SQL Server 的 T-SQL II

☞本章目标

本章主要介绍 SQL Server 的流程控制语言、存储过程和触发器、数据库保护和典型案例分析等内容，学习并掌握好 SQL Server 的流程控制语言、存储过程、数据库安全性和完整性、典型案例分析尤为重要，不仅能加深对本章内容的理解，而且能为学生在学习 SQL 语言高级内容时打下扎实的基础。

7.1 SQL Server 的流程控制语言

流程控制语句是 T-SQL 对标准 SQL 语言的扩充，它可以用来控制批处理、游标应用程序、存储过程和触发器中 T-SQL 语句的执行顺序。在介绍这些流程控制语句之前，下面先介绍批处理、脚本和变量的概念。

7.1.1 批处理、脚本和变量

1. 批和脚本

当要完成的任务不能由单独的 T-SQL 语句来完成时，SQL Server 提供了批（Batches）、脚本（Scripts）、存储过程（Stored Procedures）和触发器（Triggers）这 4 种方式来组织多个 T-SQL 语句，下面先介绍批和脚本的概念。

（1）批

批是由一个或多个 T-SQL 语句组成的语句集，这些语句一起提交并作为一个组来执行。一个批中的所有语句被当作一个整体而被成组地分析、编译和执行，称为批处理。可以想象，如果在一个批中存在一个语法错误，那么所有的语句都无法通过编译。

在所有的批中都使用 GO 作为结束的标志，当编译器读到 GO 时，它就会把 GO 前面所有的语句当作一个批来处理，并包装成一个数据包发送给服务器。GO 本身并不是 T-SQL 语句的组成部分，它只是一个用于表示一个批处理结束的前端指令。

【例 7.1】以下例子包含 3 个批，请读者自己理解批的含义。

```
Use teaching
GO
Create View stud_2001_later
  As  select sno,sname,spec,email
      From student
      Where birthday>'2001-01-01'
GO
Select *
From stud_2001_later
Where email like '%@nbut.edu.cn'
GO
```

【例 7.2】以下例子包含 3 个批，请读者自己理解批的含义。

```
Use teaching
GO
Select sno, sname, birthday, email
into stud_computer
from student
where spec='计算机'
GO
Select *
From stud_computer
Where birthday>'2001-01-01'
GO
```

必须注意，在批中使用的 T-SQL 语句要遵从以下规定。

① 对 PROCEDURE、RULE、DEFAULT、TRIGGER 及 VIEW 进行定义的语句，不能与其他 T-SQL 语句在同一个批中使用（应当独自提供给 SQL Server），但建立 DATABASE、TABLE 及 INDEX 的语句例外。

② USE 用来指定当前数据库，它必须在一个批中提交。

③ 不能在同一个批中修改完一个表的结构后立刻引用刚修改的新列。

④ 在同一个批中，不允许刚删除（DROP）一个对象后又立刻重新建立（CREATE）它。

⑤ 如果批的第一个语句是 EXECUTE（执行），则 EXECUTE 关键字可以省略，否则不能省略。

（2）脚本

脚本是一系列顺序提交的批，如例 7.1 和例 7.2 中的两段代码都是脚本。脚本可以在查询分析器等工具中输入并执行，也可以保存在文件中，当需要时由查询分析器等工具打开并执行。执行脚本文件就是依次执行其中的 T-SQL 语句。

一个脚本可以包含一个或多个批，脚本中的 GO 命令标志一个批的结束。如果一个脚本没有包含任何 GO 命令，则它整个被看作一个批。

脚本可以用于：

① 将服务器上创建一个数据库的步骤永久地记录在脚本文件中；

② 将语句保存为脚本文件，并从一台计算机传递到另一台计算机，这样可以方便地使两台计算机执行同样的操作。

2. 局部变量和全局变量

（1）局部变量

局部变量是以@开头的用户定义的变量，它用 DECLARE 语句声明，用户可以在与定义它的 DECLARE 语句的同一批中用 SET 语句为其赋值。局部变量的使用范围是定义它的批、存储过程和触发器。

① 局部变量的命名

语句格式：

```
DECLARE  <局部变量名 1>  <数据类型 1>[,<局部变量名 2>  <数据类型 2>,…]
```

局部变量被声明后，系统自动给它们初始化为 NULL。

② 局部变量的赋值

语句格式：

```
SET <局部变量名>= <表达式>
```

其中，表达式是与局部变量的数据类型相匹配的表达式，赋值语句的作用是将表达式的值赋给指定的局部变量。下面举一例加以说明。

【例 7.3】在同一批中先声明两个变量，并为它们赋值，然后将它们用到 SELECT 语句的 WHERE 子句中。

```
Use teaching
GO
-- 声明两个局部变量
DECLARE @student_name varchar(20), @student_birthday datetime
-- 对两个局部变量赋值
SET @student_name='杨涛'
SET @student_birthday='2001-01-01'
-- 根据这两个局部变量的值进行查询
SELECT sno, sname, birthday
FROM student
WHERE sname=@student_name or birthday= @student_birthday
GO
```

当然，也可以用 SELECT 语句为局部变量赋值。例如，以下语句将局部变量@student_name 赋值为'abc'：

```
DECLARE @student_name varchar(20)
SELECT @student_name='abc'
```

以下语句将学号 sno 为'20401010301'学生的姓名 sname 赋值给@student_name：

```
DECLARE @student_name varchar(20)
SELECT @student_name=sname
FROM student
WHERE sno='20401010301'
PRINT @student_name   /* 显示学号为'20401010301'学生的姓名 */
```

如果上述 SELECT 语句得到的不是单一的结果而是一组结果集，则只有最后一个结果被赋值给局部变量，请看下面例子：

```
DECLARE @student_name varchar(20)
SELECT @student_name=sname
FROM student
PRINT @student_name   /*显示 student 表中最后一个记录学生的姓名 */
```

（2）全局变量

全局变量是以@@开头的 SQL Server 提供并赋值的变量。用户不能建立全局变量，也不能用 SET 语句来修改全局变量的值，但可以将全局变量的值赋给局部变量，以便保存和处理。

SQL Server 提供的全局变量分为两类：

① 与当前的 SQL Server 连接有关的全局变量，与当前的处理有关的全局变量；

② 与整个 SQL Server 有关的全局变量。

【例 7.4】应用 3 个全局变量的例子。

```
/* 第一类全局变量 */
-- @@rowcount 表示最近一个语句影响的行数
PRINT @@rowcount
-- @@error 保存最近执行操作的错误状态
```

```
PRINT @@error
/* 第二类全局变量 */
-- @@version 表示 SQL Server 的版本信息
PRINT @@version
```

【例 7.5】将全局变量的值赋给局部变量，请读者利用 SQL Server 联机丛书来理解@@MAX_PRECISION 的含义。

```
DECLARE @max_p  tinyint
SET @max_p = @@MAX_PRECISION
PRINT @max_p
```

7.1.2 顺序、分支和循环结构语句

1. 程序注释语句

注释语句在程序中不被执行，它有两个作用：一是说明代码的含义，增强代码的可读性；二是可以把程序中暂时不用的语句注释掉，使它们暂时不被执行，等需要这些语句时再将它们恢复。SQL Server 的注释有两种：

① --（两个减号）用于注释单行；

② /*……*/用于注释多行（注意多行注释不能跨批）。

以下是注释的一个例子。

【例 7.6】查看所有选修'数据库理论与技术'课程的学生信息。

```
-- 打开教学数据库
Use teaching
GO
/* 查看所有选修'数据库理论与技术'课程的学生信息，包括
   学号、姓名、课程号、课程名、成绩                */
SELECT s.sno, s.sname, sc.cno, c.cname, sc.grade
From student  s, student_course  sc, course  c
Where s.sno=sc.sno and sc.cno=c.cno and cname='数据库理论与技术'
GO
```

2. BEGIN…END 语句块

BEGIN…END 可以将一组 T-SQL 语句作为一个单元来执行，关键字 BEGIN 定义了 T-SQL 语句块的起始位置，关键字 END 标识同一块 T-SQL 语句的结尾。下面介绍 BEGIN…END 的语法，其语句格式如下：

```
BEGIN
    <T-SQL 语句序列>
END
```

3. IF…ELSE 语句

IF…ELSE 可以用来控制 T-SQL 语句按条件执行，当 IF 后的条件成立时，就执行其后的 T-SQL 语句；否则，若有 ELSE 语句，就执行 ELSE 后的 T-SQL 语句，若无，则执行 IF 语句后的其他语句。下面介绍 IF…ELSE 的语法，其语句格式如下：

```
IF  <逻辑表达式>
       <T-SQL 语句序列 1>
[ELSE
       <T-SQL 语句序列 2>]
```

其中，<T-SQL 语句序列 1>和<T-SQL 语句序列 2>可以是单个 T-SQL 语句或 T-SQL 语句块。

【例 7.7】 请读者仔细阅读下列程序，并理解其含义。

```
Use teaching
GO
IF EXISTS (Select *  From student_course  Where cno='10101' )
     BEGIN
          PRINT '存在选修 10101 号课程的选课记录！'
          Select cno, avg(grade)
          From student_course
          Where cno='10101'
          Group by cno
     END
ELSE
     PRINT '不存在选修 10101 号课程的选课记录！'
GO
IF ( Select avg(grade) From student_course  Where cno='10101' )>80
     BEGIN
          PRINT '选修 10101 号课程学生的平均成绩大于 80 分！'
          Select s.sno, s.sname
          From student s, student_course sc
          Where s.sno=sc.sno and cno='10101' and grade>=85
     END
ELSE
     PRINT '选修 10101 号课程学生的平均成绩小于等于 80 分！'
GO
```

4. CASE 语句

使用 CASE 语句可以根据多个选择来确定执行的内容，下面介绍 CASE 语句的两种语法。

语句格式 1：

```
CASE  <条件判断表达式>
     WHEN <比较表达式 1> THEN <结果表达式 1>
     [WHEN <比较表达式 2> THEN <结果表达式 2>
             …
     WHEN <比较表达式 n> THEN <结果表达式 n]
     [ELSE  <结果表达式 q>]
END
```

CASE 语句格式 1 依次将 WHEN 后的<比较表达式>与<条件判断表达式>进行比较。若某个<比较表达式 *i*>与<条件判断表达式>的值相等，则执行其后的<结果表达式 *i*>；若 WHEN 后的<比较表达式>没有一个与<条件判断表达式>的值相等，则执行 ELSE 后的<结果表达式 *q*>。

语句格式 2：

```
CASE
    WHEN <逻辑表达式 1> THEN <结果表达式 1>
    [WHEN <逻辑表达式 2> THEN <结果表达式 2>
            …
    WHEN <逻辑表达式 n> THEN <结果表达式 n]
    [ELSE  <结果表达式 q>]
END
```

CASE 语句格式 2 依次判断 WHEN 后的<逻辑表达式>是否为 TRUE，若某个<逻辑表达式 *i*>的值为 TRUE，则执行其后的<结果表达式*i*>；若 WHEN 后的<逻辑表达式>的值没有一个为 TRUE，则执行 ELSE 后的<结果表达式 *q*>。

【例 7.8】 使用 CASE 语句格式 1 的例子。

```
Use Teaching
GO
Select  Sno  as  '学号', sname  as  '姓名',
     CASE  spec
          WHEN  '电信'  THEN  '是来自电信专业的学生'
          WHEN  '计算机'  THEN  '是来自计算机专业的学生'
          WHEN  '网工'  THEN  '是来自网工专业的学生'
          WHEN  '电科'  THEN  '是来自电科专业的学生'
          ELSE  '是来自其他专业的学生'
     END  as  '专业名'
From student
Order by spec
GO
```

【例 7.9】 使用 CASE 语句格式 2 的例子。

```
Use Teaching
GO
Select sc.sno as '学号', sname as '姓名', sc.cno as '课程号', cname as '课程名',
     CASE
         WHEN  grade>=90  THEN  '优秀'
         WHEN  grade>=80  THEN  '良好'
         WHEN  grade>=70  THEN  '中等'
         WHEN  grade>=60  THEN  '及格'
         ELSE  '不及格'
     END  as  '成绩'
From student  s, student_course  sc, course  c
Where  s.sno=sc.sno  and  sc.cno=c.cno
Order by s.sno
GO
```

请读者仔细阅读上述两个例子，理解它们的含义。

5. WHILE 语句

使用 WHILE 语句可以在条件成立时重复执行一个或多个 T-SQL 语句。下面介绍 WHILE 语句的语法，其语句格式如下：

```
WHILE <逻辑表达式>
    <T-SQL 语句序列>
```

与 IF…ELSE 语句一样，WHILE 语句只能执行一个 T-SQL 语句，如果希望包含多个 T-SQL 语句，就应该使用 BEGIN…END 结构。下面举例说明。

【例 7.10】 计算 *s*=1+2+3+…+99+100 的和。

```
DECLARE @x int, @s int
SET @s=0
SET @x=1
WHILE @x<=100
```

```
    BEGIN
         SET @s=@s+@x
         SET @x=@x+1
    END
PRINT 'S='+convert (char(4), @s)
GO
```

其中，convert (char(4),@s)为转换数据类型的函数，请读者参考 SQL Server 联机丛书。

6. BREAK 和 CONTINUE 语句

（1）BREAK 语句

BREAK 语句用于退出最内层的 WHILE 循环。下面介绍 BREAK 语句的语法，其语句格式如下：

```
WHILE <逻辑表达式>
      <T-SQL 语句序列 1>
      BREAK
      <T-SQL 语句序列 2>
```

BREAK 语句将中断 WHILE 语句中的执行语句，即：在循环中先执行<T-SQL 语句序列 1>，当遇上 BREAK 时循环就中断，转而继续执行 WHILE 下面的语句。必须注意：如果循环语句的循环体多于一个语句，则应使用 BEGIN…END 结构，请看下面的实例。

【例 7.11】 利用 BREAK 语句跳出循环的例子。

```
DECLARE @x int, @s int
SET @s=0
SET @x=1
WHILE @x<=100
    BEGIN
         SET @s=@s+@x
         SET @x=@x+1
         IF @s>2000
            BREAK
    END
PRINT 'x='+convert (char(3), @x)
PRINT 'S='+convert (char(4), @s)
GO
```

（2）CONTINUE 语句

CONTINUE 语句用于重新开始一次 WHILE 循环，即：在循环中遇到 CONTINUE 语句后，程序马上跳转到循环开始的地方继续执行，而 CONTINUE 语句后的语句实际上都不会被执行。下面介绍 CONTINUE 的语法，其语句格式如下：

```
WHILE <逻辑表达式>
     <T-SQL 语句序列 1>
     CONTINUE
     <T-SQL 语句序列 2>
```

如果循环语句的循环体多于一个语句，则应使用 BEGIN…END 结构，请看下面的实例。

【例 7.12】 利用 CONTINUE 语句开始新一轮循环的例子。

```
DECLARE @x int, @s int
SET @s=0
SET @x=1
```

```
WHILE @x<=100
    BEGIN
        SET @s=@s+@x
        SET @x=@x+1
        IF @x<=50
          CONTINUE
        ELSE
          BREAK
    END
SET @x=@x-1
PRINT 'x='+convert (char(3), @x)
PRINT 'S='+convert (char(4), @s)
GO
```

7.1.3 程序返回、屏幕显示等语句

1. RETURN 语句

RETURN 语句可以在过程、批和语句块中的任何位置使用，作用是无条件地从过程、批或语句块中退出，在 RETURN 之后的其他语句不会被执行。RETURN 语句不仅可以终止程序的执行，还可以返回一个整数。下面介绍 RETURN 的语法，其语句格式如下：

```
RETURN [<整数表达式>]
```

【例 7.13】使用 RETURN 语句返回整数的例子。

```
use teaching
GO
CREATE PROCEDURE checkstate @param char(11)
AS
   IF (SELECT spec FROM student WHERE sno = @param) = '计算机'
      RETURN 1
   ELSE
      RETURN 2
GO
DECLARE @return_status int
EXEC @return_status = checkstate @param='20401010308'
SELECT  @return_status as 'Return Status'
GO
```

2. PRINT 和 RAISERROR 语句

（1）PRINT 语句

在前面的示例代码中，已经多次用过 PRINT 语句。PRINT 语句的作用是在屏幕上显示用户消息。下面介绍 PRINT 的语法，其语句格式如下：

```
PRINT <字符串>|局部变量|全局变量
```

其中，局部变量和全局变量必须是 char 或 varchar 型。请看下面的例子。

【例 7.14】使用 PRINT 语句的例子。

```
DECLARE @mymsg char(20)
Set @mymsg='This is my message.'
PRINT @mymsg
```

```
/* 以下语句记录自服务器最后一次启动以来所有针对该服务器进行的连接数目，包括连接失败的尝试。*/
PRINT @@CONNECTIONS
-- 以下语句返回自服务器启动以来所遇到的读写错误的总数。
PRINT @@TOTAL_ERRORS
/* 以下语句得到上一次使用游标 FETCH 操作所返回的状态值。返回值为 0，表示操作成功；返回值为-1，表示操作失败或者已经超出了游标所能操作的数据行的范围；返回值为-2，表示返回的值已经丢失。 */
PRINT @@FETCH_STATUS
GO
```

（2）RAISERROR 语句

RAISERROR 语句是一个比 PRINT 语句功能更强大的返回信息的语句，其作用是将错误信息显示在屏幕上，同时也可以记录在 Windows NT 日志中。RAISERROR 语句可以返回以下两种类型的信息。

① 保存在 sysmessages 系统表中的用户自定义错误信息，在 RAISERROR 语句中用错误号表示。自定义错误信息是用 sp_addmessage 系统存储过程添加到 sysmessages 系统表中的。

② RAISERROR 语句中以字符串形式给出的错误信息。

下面介绍 RAISERROR 语句的语法，其语句格式如下：

```
RAISERROR ({ <错误号> | <错误信息> } { ,<严重等级> , <状态信息> })
 [ WITH <选项> ]
```

其中，<错误号>是 sysmessages 系统表中用户自定义错误信息的错误号，任何用户自定义的错误号都应大于 50000。<错误信息>表示以字符串形式直接给出错误信息，系统直接给出错误信息的错误号为 50000。<严重等级>代表错误的严重等级，用大于 0 的整数表示，其中 0～18 号错误代表用户引发，19～25 号错误代表系统管理员引发等。<状态信息>代表发生错误时的状态信息，可以取 1～127 之间的整数。WITH <选项>是任选项，可以取 LOG 或 NOWAIT 或 SETERROR。下面举一个使用 RAISERROR 语句的例子。

【例 7.15】 在屏幕上显示一条信息，信息中给出了当前使用的数据库的标识号和名称。

```
DECLARE @dbid int
SET @dbid=DB_ID()
DECLARE @dbname nvarchar(128)
SET @dbname =DB_NAME()
RAISERROR ('当前使用的数据库的标识号是：%d,数据库的名称是：%s。',
16, 1, @dbid,@dbname )
GO
```

3. WAITFOR 语句

WAITFOR 语句可以将它之后的语句在一个指定的时间间隔后执行，或在未来的某一指定时间执行。下面介绍 WAITFOR 的语法，其语句格式如下：

```
WAITFOR { DELAY 'TIME' | time 'time' }
```

其中，DELAY 指定 SQL Server 等待一个指定的时间间隔，最长为 24 小时；TIME 指定 SQL Server 等待到一个指定的时间点；time 指定等待的时间。

【例 7.16】 使用 WAITFOR 语句的例子。

```
-- 以下代码指示 SQL Server 等待两秒后查询 student 表
 WAITFOR DELAY '00:00:02'
 Select * from teaching.dbo.student
```

```
GO
-- 以下代码指示 SQL Server 等待到当天上午 09:18:00，才执行查询操作
use teaching
GO
WAITFOR  TIME  '09:18:00'
Select  *  from  student
GO
```

7.1.4 游标概念及使用

通常情况下，数据库执行的大多数 SQL 命令都是同时处理数据集合内部的所有数据，但有时用户需要处理数据集合中的每一行，在没有游标情况下必须借助于高级语言来实现，这将导致不必要的数据传输，从而延长执行的时间。通过使用游标，可以在服务器端妥善地解决这个问题。游标提供了一种在服务器内部处理结果集的方法，它可以识别一个数据集合内部指定的工作行，从而可以有选择地按行进行操作。游标的功能比较复杂，本节只介绍游标最基本和最常用的方法，若要进一步深入学习，读者可参考数据库的有关书籍。

1．游标的概念

（1）声明游标

在使用游标之前要先声明游标，考虑到应用游标的普遍性和实用性，在此仅介绍 ANSI92 SQL 对游标的声明方法，经过这种方法声明的游标已经可以解决几乎所有需要游标来解决的问题。现介绍声明游标语句的语法，其语句格式如下：

```
DECLARE  <游标名>  [INSENSITIVE] [SCROLL]  CURSOR
FOR  <SELECT 语句>
[FOR  {READ  ONLY|UPDATE [OF<列名 1> [,<列名 2>… ] ] } ]
```

下面解释声明游标语句的有关参数：

① <游标名>是为声明的游标所取的名字。

② 使用 INSENSITIVE 关键字定义的游标会把提取出来的数据放在一个由 Tempdb 数据库创建的临时表中，任何通过这个游标进行的操作都在这个临时表中进行，故所有对基本表的改动都不会在用游标进行的操作中体现出来；如果不选 INSENSITIVE 关键字，则用户对基本表所做的任何改动都将在游标中得到体现。

③ 使用 SCROLL 关键字定义的游标，包括如下 6 种取数功能：

- FIRST，表示取第一行数据；
- LAST，表示取最后一行数据；
- PRIOR，表示取前一行数据；
- NEXT，表示取后一行数据；
- RELATIVE，表示按相对位置取数据；
- ABSOLUTE，表示按绝对位置取数据。

如果在声明时没有使用 SCROLL 关键字，则所声明的游标只具有默认的 NEXT 功能。

④ <SELECT 语句>主要用来定义游标所要进行处理的结果集，在声明游标的 SELECT 语句中不允许使用 COMPUTE、COMPUTE BY、INTO 等关键字。

⑤ READ ONLY 表示声明只读游标，不允许通过只读游标进行数据的更新。

⑥ UPDATE [OF <列名 1> [,<列名 2>…]]表示定义在这个游标里的可更新的列。如果选

用了 OF <列名 1> [, <列名 2>…] 项，则只有 OF 列表中的列可以被更新；如果没有此项，则游标里所有列都可以被更新。

【例 7.17】先定义一个可以在 student 表中所有行上进行操作的游标，再定义一个可以对游标处理的结果集进行筛选和排序的只读游标。

```
Use teaching
GO
-- 定义一个可以在 student 表中所有行上进行操作的游标
DECLARE student_cursor1  CURSOR
FOR   SELECT  *
       FROM  student
GO
-- 定义一个可以对游标处理的结果集进行筛选和排序的只读游标
DECLARE student_cursor2  CURSOR
FOR   SELECT  sno, sname
       FROM  student
       WHERE spec='计算机'
       ORDER  BY  sno
FOR  READ  ONLY
GO
```

（2）打开游标

在使用游标之前，必须先打开游标。下面介绍打开游标的语法，其语句格式如下：

```
OPEN  <游标名>
```

当执行打开游标的语句时，SQL Server 服务器执行声明游标时使用的 SELECT 语句，同时创建数据结果集。

（3）关闭游标

在打开游标以后，SQL Server 服务器会专门为游标开辟一定的内存空间，用于存放游标操作的数据结果集，同时游标的使用也会根据具体情况对某些数据进行封锁，所以不使用游标时应关闭游标，以通知服务器释放游标所占用的资源。下面介绍关闭游标的语法，其语句格式如下：

```
CLOSE  <游标名>
```

关闭游标后可以再次打开游标，在一个批处理中，可以多次打开和关闭游标。

（4）释放游标

游标结构本身也会占用一定的计算机资源，所以在使用完游标后应回收被游标占用的资源和空间，彻底将游标释放。下面介绍释放游标的语法，其语句格式如下：

```
DEALLOCATE  <游标名>
```

当释放完游标后，如果要重新使用这个游标，则必须重新执行声明游标的语句。下面举一例说明游标的定义、打开、关闭和释放的过程。

【例 7.18】说明游标的定义、打开、关闭和释放的过程。

```
Use teaching
GO
-- 定义一个游标
DECLARE student_course_cursor  CURSOR
  FOR  SELECT  *
        FROM  student_course
```

```
        WHERE cno='10106'
SELECT @@CURSOR_ROWS  /* 返回值为 0，表示游标还没被打开 */
-- 打开游标
OPEN student_course_cursor
FETCH NEXT FROM  student_course_cursor  /* 返回满足条件的第一个记录 */
SELECT  @@CURSOR_ROWS  /* 返回值为-1，表示游标是动态的 */
-- 关闭游标
CLOSE student_course_cursor
-- 释放游标
DEALLOCATE student_course_cursor
GO
```

2．游标的使用

（1）使用游标取数

在打开游标以后，就可以利用游标提取数据。使用游标提取某一行的数据应使用下面FETCH语句的语法。

语句格式如下：

```
FETCH  [ [ NEXT | PRIOR | FIRST | LAST
       | ABSOLUTE { n | @nvar } | RELATIVE { n | @nvar }]
  FROM ]<游标名>
  [ INTO  <局部变量 1> [ , <局部变量 2>,…] ]
```

其中，n和@nvar表示游标相对于作为基准的数据行所偏离的位置。在使用INTO子句对局部变量赋值时，局部变量必须和声明游标时使用的SELECT语句中引用到的数据列在数量、顺序和数据类型上保持一致，否则服务器会提示错误。下面举例进行说明。

【例 7.19】使用游标取数的操作与循环语句相结合的例子。

```
Use teaching
GO
-- 定义局部变量
DECLARE @sno char(11), @sname varchar(20)
-- 声明游标
DECLARE  student_cursor1  CURSOR
    FOR  SELECT sno, sname
          FROM student
          WHERE spec= '计算机'
          ORDER  BY  sno
-- 打开游标
OPEN student_cursor1
-- 执行第一次取数操作并对局部变量赋值
FETCH NEXT FROM  student_cursor1
           INTO @sno, @sname
/* 检查上一次操作的执行状态，若@@FETCH_STATUS 为 0，则表示成功，可以打印并继续取数，否则停止取数 */
WHILE  @@FETCH_STATUS=0
  BEGIN
     PRINT '学号：'+@sno+'姓名：'+@sname
     FETCH  NEXT  FROM  student_cursor1
                INTO @sno, @sname
```

```
  END
-- 关闭游标
CLOSE  student_cursor1
-- 释放游标
DEALLOCATE  student_cursor1
GO
```

【例 7.20】定义一个滚动游标，以实现更灵活的数据提取。

```
Use teaching
GO
-- 首先执行一遍查询语句以提供滚动游标操作成功与否的对比
SELECT  sno, sname
FROM  student
WHERE  birthday between  '1999-01-01'  and  '1999-12-31'
ORDER  BY  sno
--定义滚动游标
DECLARE  student_cursor2  SCROLL  CURSOR
   FOR   SELECT  sno , sname
         FROM  student
         WHERE  birthday between  '1999-01-01'  and  '1999-12-31'
         ORDER  BY  sno
-- 打开游标
OPEN student_cursor2
-- 提取数据集中的最后一行
FETCH  LAST  FROM  student_cursor2
-- 提取当前游标所在行的上一行
FETCH  PRIOR  FROM  student_cursor2
-- 提取数据集中的第 5 行
FETCH  ABSOLUTE  5  FROM  student_cursor2
-- 提取当前行的前 2 行
FETCH  RELATIVE -2  FROM  student_cursor2
-- 关闭游标
CLOSE  student_cursor2
-- 释放游标
DEALLOCATE  student_cursor2
GO
```

（2）利用游标修改数据

① 要使用游标进行数据的更新，其前提条件是该游标必须被声明为可更新的游标。在进行游标声明时，没有带 READ ONLY 关键字的游标都是可更新的游标。下面介绍声明游标更新语句的语法，其语句格式如下：

```
UPDATE <表名>
SET <列名 1>=<表达式 1>[,<列名 2>=<表达式 2>,…]
WHERE CURRENT OF <游标名>
```

其中，CURRENT OF<游标名>表示当前游标所指的数据行。CURRENT OF 子句只能使用在 UPDATE 和 DELETE 操作的语句中。

② 使用游标还可以进行数据的删除，其方法与上面类似，下面仅给出它的语法结构，其语句格式如下：

```
DELETE
FROM <表名>
WHERE CURRENT OF <游标名>
```

注意：在使用游标进行数据的更新或删除之前，用户必须事先获得相应数据库对象的更新或删除的权力，这是进行这类操作的必要前提。

7.2 SQL Server 的存储过程和触发器

7.2.1 存储过程的建立、执行和删除

1. 存储过程的建立

语句格式：

```
CREATE PROCEDURE <过程名> [;<序号>]
   [<参数 1><数据类型 1>[= <默认值 1>][,<参数 2><数据类型 2>[=<默认值 2>]]…]
   [WITH {RECOMPILE | ENCRYPTION | RECOMPILE, ENCRYPTION}]
   AS <一组 SQL 语句>
```

下面对存储过程定义中的选项进行一些说明。

① 同名过程组。相关的几个过程编成一个组，它们取相同的名称，后缀加以不同的序号。其主要特点是用 DROP 语句删掉其中任一过程时，则全组的过程都自动被删掉，这样能方便及时地释放所占空间。**建议：每个存储过程在创建时按其功能取不同的名称。**

② RECOMPILE 选项是出于优化的考虑。当它出现在 CREATE PROCEDURE 语句中时，代表每次执行此过程时都重新进行优化和编译；当它出现在 EXECUTE 语句中时，代表本次执行时要先进行优化和编译。而 ENCRYPTION 选项则表示存储过程被加密，用户看不到存储过程定义的代码。

另外，创建一个存储过程时应掌握它的使用规则：

① 执行 CREATE PROCEDURE 时不能与其他 SQL 语句处在同一个批中；

② 过程定义的本体部分不允许包含 USE 语句和 CREATE VIEW、CREATE DEFAULT、CREATE RULE、CREATE TRIGGER 和 CREATE PROCEDURE 的语句；

③ 创建存储过程的权限默认属于数据库拥有者，该权限可以授予他人；

④ 只能在当前数据库中创建存储过程，创建好的存储过程在数据库的 sysobjects 系统表中有一个表项，存储过程的文本存储在 syscomments 系统表中。

【例 7.21】建立存储过程 student_info，当执行此过程时，只要给出学生的姓名，就能查到他们的电子邮件。

```
CREATE PROCEDURE student_info  @student_name varchar(20)
        AS select sno,sname,email
           from student
           where sname=@student_name
GO
```

2．存储过程的执行

语句格式：

```
EXECUTE <过程名> [;<序号>]
      [[<参数 1>=]<值 1>[,[<参数 2>=]<值 2>…]]
      [WITH {RECOMPILE | ENCRYPTION | RECOMPILE, ENCRYPTION}]
```

【例 7.22】 查找学生'王大雷'的电子邮件。

```
EXECUTE student_info @student_name='王大雷'
```

3．存储过程的删除

语句格式：

```
DROP PROCEDURE <过程名 1>[,<过程名 2>…]
```

4．有关存储过程信息的获取

类似于对视图的处理，同样可借助于系统存储过程来完成。

语句格式：

```
sp_help <过程名>及 sp_helptext <过程名>
```

7.2.2 触发器的建立和删除

1．触发器的建立

语句格式：

```
CREATE TRIGGER <触发器名>
      ON TABLE <表名>
      { AFTER | INSTEAD OF }
      { INSERT | UPDATE | DELETE }
      AS  <SQL 语句块>
```

INSTEAD OF 触发器用于替代引起触发器执行的 T-SQL 语句。AFTER 触发器（同 FOR 触发器）在一个 INSERT、UPDATE 或 DELETE 语句之后执行，进行约束检查等动作都将在 AFTER 触发器被激活之前发生。触发器除了要遵守一般存储过程的约束，还受到以下几点限制：

① CREATE TRIGGER 语句必须是一个批中的第一个语句；

② 只有表的拥有者可以建立和删除触发器，而且这种权力不得转让；

③ 只能在当前数据库中创建触发器，且不能在临时表或系统表上创建；

④ 不能包含参数，不能以明显方式调用，不可被嵌套；

⑤ 一个表最多只能建立 3 个触发器，且在 INSERT、DELETE、UPDATE 中只能有一个。

⑥ 测试表 inserted、deleted 及 IF UPDATE 语句仅可用在触发器的本体部分。

其中，表 inserted 和 deleted 称为触发器的测试表，可用这两个表去测试数据更新的结果及设定触发器的条件。测试表的内容是当执行 INSERT、DELETE 或 UPDATE 语句时，由系统自动对其进行修改，用户只能在定义触发器时对其执行 SELECT 语句。测试表 inserted 和 deleted 的含义为：inserted 表中存储执行 INSERT 语句后插入的新数据；deleted 表中存储执行 DELETE 语句前准备删除的旧数据；由于 UPDATE 操作相当于先执行 DELETE 再执行 INSERT 操作，因此其旧值存入 deleted 表中，而新值存入 inserted 表中。SQL Server 可借助于这两个表来维护引用完整性及复杂的业务规则。

【例 7.23】已知 3 个基本表：ss(sno,sname,sage,sdept)，sc(sno,cno,grade)和 cc(cno,cname,chour)，要求建立以下触发器：

（1）维护引用完整性（如学生转专业时需要修改学号 sno 和课程号 cno）；

（2）设置级联删除（如学生转学时需要在删除学生记录的同时也删除相应的选课记录）；

（3）建立数值约束（如更新 grade 时保证 0≤grade≤100）。

根据题目要求，可以建立如下 4 个触发器。

（1）维护引用完整性（如学生转专业时需要修改学号 sno 和课程号 cno），可以创建以下两个触发器：

```
Create trigger SS_update
    On ss
    After update
As
  If update(sno)
   If (select count(*) from deleted, ss where deleted.sno=ss.sno)>0
       Update sc
       Set sc.sno = inserted.sno
       From sc, deleted
       Where sc.sno=deleted.sno
```

同理可得：

```
Create trigger CC_update
    On cc
    After update
As
 If update(cno)
   If (select count(*) from deleted, cc where deleted.cno=cc.cno)>0
      Update sc
      Set sc.cno = inserted.cno
      From cc, deleted
      Where sc.cno=deleted.cno
```

（2）设置级联删除（如学生转学时需要在删除学生记录的同时也删除相应的选课记录），下面是创建的触发器：

```
Create trigger SS_delete
    On ss
    After delete
As
  Delete from sc
  From sc,deleted
  Where sc.sno=deleted.sno
```

（3）建立数值约束（如更新 grade 时保证 0≤grade≤100）。

```
Create trigger Grade_update
    On sc
    After update
As
 If update(grade)
   If (select count(*) from deleted, inserted
      where deleted.sno=inserted.sno and deleted.cno=inserted.cno
```

```
        and (inserted.grade<0 or inserted.grade>100))>0
    begin
        print '成绩更新超范围！'
        rollback transaction
    end
```

2．触发器的删除

语句格式：

DROP TRIGGER <触发器名>

触发器是一种非常有效而灵活的完整性约束工具，它涉及内容多且有一定的难度，有兴趣的读者可参阅有关书籍，在此不再详述。

7.3 SQL Server 的数据库保护

运行中的数据库系统容易受到来自多方面的干扰和破坏，对数据库的保护就是要排除各种干扰和破坏，以确保数据安全、完整、可靠和正确。数据库保护包括安全性、完整性、数据库恢复和并发控制等内容。

7.3.1 SQL Server 系统的安全性

1．数据库的安全性概念

"安全性"和"完整性"这两个术语在学习数据库时很容易混为一谈，实际上这两者在概念上是截然不同的。安全性是用来防止越权使用、修改或破坏数据；而完整性则关系到数据的正确性和相容性。换句话说，安全性保证允许用户能做他们想做的事；而完整性则保证他们想做的事的正确性。

对于数据库的安全保密方式可以有系统的和物理的两个方面。所谓"物理的"，是指对于强力逼迫透露口令、在通信线路上窃听及盗窃物理存储设备等行为而采取的将数据编为密码，加强警卫以识别用户身份和保护存储设备等措施，这些不在我们的讨论之列，我们只讨论在计算机系统中采取的措施。在一般计算机系统中，安全措施是一级一级层层设置的，如图 7.1 所示。

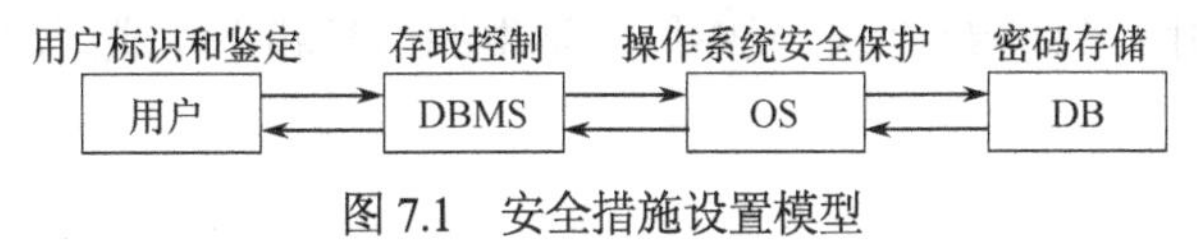

图 7.1　安全措施设置模型

① 用户标识和鉴定：系统提供一定的方式让用户标识自己的名字或身份，系统进行核实，通过鉴定后才提供机器使用权。常用方法是用一个用户名和口令来进行识别。

② 存取控制：对于获得上机权的用户还要根据预先定义好的用户权限进行存取控制，以保证用户只能存取到有权存取的数据。所谓"用户权限"，是指不同的用户对于不同的数据对象允许执行的操作权限。它由两部分组成，一是数据对象，二是操作类型。例如：

数据对象	操作类型
{模式，外模式，内模式}	{建立，修改，使用}
{表，记录，字段}	{查找，插入，修改，删除}

在关系数据库系统中，数据库管理员可以把建立、修改基本表的权力授予用户，用户获得此权力后可以建立基本表、索引和视图。某个用户也可以把自己建立表 S 的查询权力授予

其他用户，从而使其他用户可以访问 S 表，却不能修改、插入或删除 S 表。对于存取权限的定义，有授权和收权的语句，这些定义构成了用户权限的合法权检查机制。

③ 操作系统安全保护：数据库系统是建立在操作系统之上的，对操作系统的各种保护措施也可以对数据库起到保护作用。例如，对有关数据库文件设定读写权限。

④ 密码存储：将数据以密码形式存储在数据库中，这样，即使窃密者以其他手段从数据库中取得了数据，也难于理解。

2．SQL Server 系统的安全性

在使用 SQL Server 的系统中，一般有两项各自独立的安全性技术。

（1）视图技术

视图技术可以使无权使用数据的用户不能接触他感兴趣的数据。下面以 SQL Server 数据库为例予以说明。

【例 7.24】对于基本表 SC(SNO,SNAME,CNO,GRADE)，只允许学生查看'C1'课程的成绩。

```
CREATE VIEW C1_G
        AS SELECT SNO, SNAME, CNO, GRADE
           FROM SC
           WHERE CNO='C1'
```

使用这个视图的用户只能看到基本表 SC 的一个“水平子集”，而无法访问到 SC 表的全部内容。

【例 7.25】允许学生访问所有的 SC 记录，但看不到姓名(SNAME)字段的值。

```
CREATE VIEW S_C_G
       AS SELECT SNO, CNO, GRADE
         FROM SC
```

使用这个视图的用户只能看到基本表 SC 的一个“垂直子集”，看不到学生的姓名。

【例 7.26】允许学生了解各门课的平均成绩，但不需要知道具体某一门课的成绩。

```
CREATE VIEW AVG(SNO, AVGRADE)
       AS SELECT SNO, AVG(GRADE)
          FROM SC
          GROUP BY  SNO;
```

使用这个视图的用户只能看到 SC 表中每个学生的学号和平均成绩，但看不到某门课的具体成绩。

（2）许可子系统

允许具有特殊权力的用户有选择地、动态地将其许可权授予其他用户，后面想要收回时还可以再收回权限，这一功能由授权语句 GRANT 和 REVOKE 提供。

① 对象权力授予与收回

对象许可是指用户对数据库对象进行操作的权利，仅允许由对象主人进行对象权力的授权，即只允许表 7.1 的 DML 语句施加于有关的数据库对象上。

对象权力授予语句的语法结构如下：

```
GRANT {ALL|<语句清单>} ON {<表名>|<视图名>|<过程名>}|[(<列名>)]
                    TO {PUBLIC|<用户名清单>} [WITH GRANT OPTION];
```

对象权力收回语句的语法结构如下：

```
REVOKE {ALL|<语句清单>} ON {<表名>|<视图名>|<过程名>}|[(<列名>)]
                    FROM {PUBLIC|<用户名清单>};
```

表 7.1　DML 语句

数据库对象	DML 语句
表	SELECT,INSERT,UPDATE,DELETE
视图	SELECT,INSERT,UPDATE,DELETE
列	SELECT,UPDATE
存储过程	EXECUTE

【例 7.27】 如果 teaching 数据库的主人想授予全体用户在 student 表上除对 sno、birthday 两列的更新权力、用户 Jack 和 Tom 对 student 表的删除权力之外的所有权力，则应执行以下 3 个语句：

```
Grant  all  on  student  to  public
revoke  update  on  student(sno, birthday)  from   public
revoke  delete  on  student  from Jack, Tom
```

② 语句权力授予与回收

语句权力主要由 SA（系统管理员）和 DBO（数据库拥有者）授给，这些语句是：CREATE DATABASE（仅能由 SA 授权）、CREATE DEFAULT、CREATE PROCEDURE、CREATE RULE、CREATE TABLE、CREATE VIEW、BACKUP DATABASE、BACKUO LOG。此外，CREATE INDEX 和 CREATE TRIGGER 的权力仅属于相应表的主人（创建者），并且不允许转授给其他用户。

语句权力授予语句的语法结构如下：

```
GRANT {ALL|<语句清单>} TO {PUBLIC|<用户名清单>} [WITH GRANT OPTION];
```

语句权力收回语句的语法结构如下：

```
REVOKE {ALL|<语句清单>} FROM {PUBLIC|<用户名清单>};
```

【例 7.28】 在 teaching 数据库中，将所有语句的使用权力授予用户 John，将创建表的权力授予用户 Mary。

```
use  teaching
go
grant   all  to John
grant   create  table   to  Mary
go
```

若收回 Mary 创建表的权力，则可用以下语句：

```
revoke  create  table  from  Mary
```

③ 许可的传递

在给用户授予某种表或视图的存取许可时，还可以同时授予一种特殊的权限，即被授权的用户可以将授予他的许可继续授予其他用户。例如，SCOTT 在 S 表上授予 ADAMS 用户 SELECT 特权，并且使 ADAMS 能将对 S 表的 SELECT 权限继续授予其他用户。

```
GRANT  SELECT   ON   S   TO   ADAMS  WITH   GRANT   OPTION;
```

数据库的安全性显然是很重要的，安全保护措施越复杂、越全面，系统的开销就越大，用户使用起来也会相应地越复杂，因此必须权衡利弊。

7.3.2　SQL Server 系统的完整性

1．数据库的完整性概念

数据库的完整性是指数据的正确性和相容性。DBMS 必须提供一种功能来保证数据库中数据的完整性，即系统用一定的机制来检查数据库中的数据是否满足规定的条件，这种条件在数据库中称为完整性约束条件。

DBMS 的完整性控制机制应具有 3 个方面的功能：

- 定义功能，提供定义完整性约束条件的机制；
- 检查功能，检查用户发出的操作请求是否违背了完整性约束条件；
- 保证功能，如发现用户的操作请求使数据违背了完整性约束条件，则采取一定的动作来保证数据的完整性。

在关系数据库系统中，最重要的完整性约束条件是实体完整性和引用完整性，其他完整性约束条件则可以归入用户定义的完整性。现用以下两个例子进行讨论。

学生-选课关系数据库模式	职工-部门关系数据库模式
student(sno,sname,dept,age)	emp(empno,ename,deptno)
sc(sno,cno,grade)	dept(deptno,dname,manager)
course(cno,cname,credit)	

（1）外键码能否接受空值问题

例如，职工-部门数据库包含职工表 emp 和部门表 dept，其中 dept 关系的主键码为部门号 deptno，emp 关系的主键码为职工号 empno，外键码为部门号 deptno，称 dept 为被引用关系，emp 为引用关系。在 emp 中，若某一元组的 deptno 列为空值，则表示这个职工尚未分配到任何具体的部门工作，这与实际的应用环境是相符的，因此 emp 的 deptno 列可以取空值。

但在学生-选课数据库中，student 关系为被引用关系，其主键码为 sno，而 sc 为引用关系，其主键码为（sno,cno），外键码为 sno。若 sc 的 sno 为空值，则表明尚不存在的某个学生，或者某个不知学号的学生选修了某门课程，其成绩记录在 grade 列中，这与学校的应用环境是不相符的，因此 sc 的 sno 列不能取空值。

因此在实现引用完整性时，系统除了应提供定义外键码的机制，还应提供定义外键码列是否允许空值的机制。

（2）在被引用关系中删除元组的问题

例如，要删除 student 关系中 sno='15480412334'的元组，而 sc 关系中又有 4 个元组的 sno 都等于'15480412334'，一般地，当删除被引用关系的某个元组，而引用关系存在若干元组时，其外键码值与被引用关系删除元组的主键码值相同，这时可有 3 种不同的策略。

① 级联删除（CASCADES）

将引用关系中所有外键码值与被引用关系中要删除元组的主键码值相同的元组一起删除。例如，将上面 sc 关系中 4 个 sno='15480412334'的元组一起删除。如果引用关系同时又是另一个关系的被引用关系，则这种删除操作会继续级联下去。

② 受限删除（RESTRICTED）

仅当引用关系中没有任何元组的外键码值与被引用关系中要删除元组的主键码值相同时，系统才执行删除操作，否则拒绝此删除操作。例如对于上面的情况，系统将拒绝删除 student 关系中 sno='15480412334'的元组。

③ 置空值删除（NULLIFIES）

删除被引用关系的元组，并将引用关系中相应元组的外键码值置为空值。例如，将上面 sc 关系中所有 sno='15480412334'的元组的 sno 值置为空值。

这 3 种处理方法，哪一种是正确的呢？这要根据应用环境的语义来确定。在学生-选课数据库中，显然第一种方法是正确的。因为当一个学生毕业或退学后，他的个人记录从 student 表中删除了，他的选课记录也应随之从 sc 表中删除。

（3）在引用关系中插入元组时的问题

例如，向 sc 关系插入('15480412334','C1',90)元组，而 student 关系中尚没有 sno='15480412334'的学生，一般地，当引用关系插入某个元组，而被引用关系不存在相应的元组时，可有以下策略。

① 受限插入

仅当被引用关系中存在相应的元组，其主键码值与引用关系插入元组的外键码值相同时，系统才执行插入操作，否则拒绝此操作。例如对于上面的情况，系统将拒绝向 sc 关系插入('15480412334','C1',90)元组。

② 递归插入

首先向被引用关系中插入相应的元组，其主键码值等于引用关系插入元组的外键码值，然后向引用关系插入元组。例如对于上面的情况，系统将首先向 student 关系插入('15480412334','王五','计算机系',21)的元组，然后向 sc 关系插入('15480412334','C1',90)元组。

（4）修改关系中主键码值的问题

① 不允许修改主键码值

在有些 RDBMS 中，修改关系主键码值的操作是不允许的，例如，不能用 UPDATE 语句将学号'15480412334'改为'15480512334'。如果需要修改主键码值，只能先删除该元组，然后把具有新主键码值的元组插入关系中。

② 允许修改主键码值

在有些 RDBMS 中，允许修改关系主键码值，但必须保证主键码值唯一和非空，否则拒绝修改。

当修改的关系是被引用关系时，还必须检查引用关系是否存在这样的元组，其外键码值等于被引用关系要修改的主键码值。例如，要将 student 关系中 sno='15480412334'的 sno 值改为'15480512334'，而 sc 关系中有 4 个元组的 sno='15480412334'，这时与在被引用关系中删除元组的情况类似，可以有级联修改、拒绝修改、置空值修改 3 种策略加以选择。

当修改的关系是引用关系时，还必须检查被引用关系是否存在这样的元组，其主键码值等于被引用关系要修改的外键码值。例如，要把 sc 关系中('15480412334','C1',90)元组修改为('15480512334','C1',90)，而 student 关系中尚没有 sno='15480512334'的学生，这时与在引用关系中插入元组时情况类似，可以有受限插入和递归插入两种策略加以选择。

从上面的讨论可以看到，DBMS 在实现引用完整性时，除了要提供定义主键码、外键码的机制，还需要提供不同的策略。DBMS 具体采用哪种策略，这要视具体的 DBMS 来确定。

2．SQL Server 系统的完整性

SQL Server 提供了各种保证完整性的工具，包括标识列、限制、规则和声明性引用完整性；对于复杂操作，采用触发器和存储过程。

（1）标识列

标识列（IDENTITY）就是表中引用完整性自动提供数值的列。默认情况下，第一个值是 1，此后按增量 1 递增，但初始值“种子”和增量都可以由数据库管理人员指定。

（2）限制

SQL Server 用限制（CONSTRAINT）来约束某个表格列中可以输入的数据。具体有：

① UNIQUE 限制

UNIQUE 限制指定某列中所有数据应当唯一，表中可以有多个 UNIQUE 限制。例如：

```
create table sc(
      id int identity (1,1) not null,
      sno char (11) not null,
      cno char (5) not null,
      grade int null,
      constraint uniq_event unique(sno,cno))
```

② DEFAULT 限制

DEFAULT 限制可以提供对任何表中的列提供默认值，即在列中的值没有另外指定时，DEFAULT 限制可以在新记录中提供合理的数值，从而保证域的完整性。

③ CHECK 限制

CHECK 限制可以通过对表达式进行评估来控制某列中输入的数据，对可接受的数据设置限制以保证域的完整性。例如：

```
create table S(
     sno char (11) not null primary key,
     sname varchar (20) not null,
     dept  varchar(20) not null default('计算机系'),
     age int null check(age>=18 and age<=25))
```

（3）规则

规则提供了数据库中保证域和用户定义完整性规则的另一种方法。简而言之，规则就是可以重复使用的限制。它与 SQL Server 对象分离，可以与一个或多个表中的一个或多个列连接。例如：

```
create rule grade_rule as @A between 0 and 100
go
```

① 绑定规则

```
sp_bindrule 'grade_rule','sc.grade'
go
```

② 解除绑定

```
sp_unbindrule 'sc.grade'
go
```

（4）声明性引用完整性

声明性引用完整性就是将表与表之间的引用完整性告诉 SQL Server，并让服务器自动保证这种关系。声明性引用完整性可以用两种限制：主键码（PRIMARY KEY）约束和外键码（FOREIGN KEY）约束。

① 主键码约束

在关系数据库系统中，表的主键码有两个作用：其一，它在每个记录上是唯一的，因此可以保证实体的完整性；其二，它是其他表引用完整性关系的连接点。例如：

```
CREATE  TABLE  C
    (CNO  CHAR(5)  NOT  NULL,
     CNAME  CHAR(10)  NOT NULL,
     CREDIT INT NOT NULL,
     CONSTRAINT  C_PK  PRIMARY KEY(CNO))
```

或者

```
CREATE  TABLE  C
    (CNO CHAR(5) NOT NULL PRIMARY KEY,
```

```
        CNAME   CHAR(10)   NOT  NULL,
        CREDIT  INT  NOT  NULL)
```

或者

```
CREATE   TABLE   C
    (CNO   CHAR(5)   NOT   NULL,
     CNAME   CHAR(10)   NOT  NULL,
     CREDIT  INT  NOT  NULL)
ALTER  TABLE  C  ADD  CONSTRAINT   C_PK  PRIMARY  KEY(CNO)
```

② 外键码约束

和主键码约束一样,外键码约束也是用 CONSTRAINT 子句实现的。但与主键码不同的是,一个表可以有多个外键码。例如:

```
CREATE  TABLE  SC
   (SNO CHAR(11) NOT NULL FOREIGN KEY(SNO) REFERENCES  S(SNO),
    CNO CHAR(5) NOT NULL FOREIGN KEY(CNO) REFERENCES  C(CNO),
    GRADE INT NULL CHECK (GRADE>=0 AND GRADE<=100))
ALTER   TABLE   SC ADD  CONSTRAINT  SC_PK  PRIMARY  KEY(SNO,CNO)
```

或者

```
CREATE  TABLE  SC
    (SNO   CHAR (11)  NOT  NULL,
     CNO   CHAR (5)  NOT  NULL,
     GRADE  INT  NULL  CHECK (GRADE>=0  AND GRADE<=100))
ALTER TABLE SC  ADD  CONSTRAINT  SC_PK  PRIMARY  KEY(SNO, CNO)
ALTER TABLE SC  ADD  CONSTRAINT  SNO_FK  FOREIGN  KEY(SNO) REFERENCES  S(SNO)
ALTER TABLE SC  ADD  CONSTRAINT  CNO_FK  FOREIGN  KEY(CNO) REFERENCES  C(CNO)
```

(5)定义触发器

触发器是一种存储过程，当特定的表上发生某个数据修改操作时，触发器能够自动执行。对于不同类型的数据对象，需要定义不同的触发器。每种表都有以下 3 种类型的触发器：INSERT 触发器、UPDATE 触发器、DELETE 触发器。

在同一个表中可以有相同类型的多个触发器。触发器有一个特殊的特征：访问 inserted 表和 deleted 表。每次触发器被激活，inserted 表中包含插入表中的新的记录值，deleted 表中包含删除表中的旧的记录值。

【例 7.29】当在学生选课表 SC 中加入一个记录时，保证 CNO 与课程表 C 中的某个 CNO 相同，SNO 与学生表 S 中的某个 SNO 相同，要求定义一个 INSERT 触发器（在 SC 表对应的块上）。

```
CREATE TRIGGER SC_INS  ON  SC
        AFTER INSERT
AS
    IF (SELECT COUNT(*) FROM INSERTED,C,S
        WHERE INSERTED.CNO=C.CNO AND INSERTED.SNO=S.SNO)<> @@ROWCOUNT
     BEGIN
        ROLLBACK TRANSACTION
        PRINT 'SC.SNO<>S.SNO OR SC.CNO<>C.CNO!'
     END
```

当用户对 SC 表进行插入操作时，此语句被首先触发执行。若执行成功，则表示通过完整性检查，系统可执行插入操作；若执行失败，则表示欲插入的记录违反了完整性约束条件，插入操作拒绝执行。在这里，@@ROWCOUNT 表示最近一个语句影响的行数，读者可以自己理解上述程序。

【例 7.30】在 S 表对应的块上定义一个 DELETE 触发器，要求只能删除没有选课的学生。

```
CREATE TRIGGER S_DEL ON S
      AFTER  DELETE
AS
  IF  (SELECT  COUNT(*)  FROM  DELETED, SC
      WHERE DELETED.SNO=SC.SNO)>0
    BEGIN
        ROLLBACK TRANSACTION
        PRINT 'CAN NOT DELETE SNO IN S !'
END
```

每当删除学生记录的操作请求发出后，便触发该语句的执行。若发现学生有选课记录，系统便拒绝执行删除操作。

7.3.3 SQL Server 系统的备份和恢复

1. 日志文件优先原则

任何正确的程序在计算机系统中难免出现故障，当故障发生时，一个或多个正在执行的程序被中断而得不到应有的结果。更为严重的是，由于程序的执行破坏了数据库的一致性状态。那么如何消除故障造成的后果，并将数据库恢复到故障前的正确状态，这也是数据库系统要研究的问题。在介绍数据库恢复的基本原则前，先介绍事务的概念。

所谓事务（TRANSACTION），是一个操作序列，这些操作要么都做，要么都不做，它是一个不可分割的工作单位。下面通过例子来进一步说明事务的概念。

【例 7.31】设银行数据库有两个用户账号甲和乙，现要把一笔金额 Amount 从账户甲转给另一个账户乙，两个账户间资金转换的事务可处理如下：

```
BEGIN TRANSACTION
    读账户甲的余额 Temp
    Temp＝Temp-Amount;
    写回 Temp;
    IF(Temp＜0)
        {打印 '资金不足,不能转账！';ROLLBACR;}
    ELSE
        {读账户乙的余额 Temp1;
        Temp1＝Iemp1+Amount;
         写回 Temp1;
         COMMIT;}
END TRANSACTION
```

这个例子说明：事务是一个完整的工作单位，它所包括的一组更新操作要么全部完成，要么全部不做，否则就会使数据库处于不一致状态。例如，只把账户甲的余额减少而没有把账户乙的余额增加，这样就造成了数据库的不一致。事务和程序是两个概念．一般来讲，程序可包括多个事务，而事务是并发控制的基本单位，并且事务具有原子性、一致性、隔离性和持续性 4 个特性。

在运行数据库系统时，可能会出现各种各样的故障，如磁盘损坏、电源故障、软件错误、机房失火或人为恶意破坏等。在发生故障时，很可能丢失数据库中的数据。DBMS 的恢复管理子系统采取一系列措施，保证在任何情况下保持事务的原子性和持久性，确保数据不被损坏。数据库系统中常见的故障很多，造成数据库中数据损坏的故障通常有以下几种。

① 事务故障：第一种是非预期的事务故障，即不能由事务程序处理的故障。如运算溢出、并行事务发生死锁而被选中撤销该事务等。第二种是可以预期的事务故障，即应用程序可以发现并且可以让事务回退（ROLLBACK）、撤销错误的事务故障，恢复数据库到正确状态。

② 系统故障：在硬件故障和软件（DBMS、操作系统或应用程序）错误的影响下，虽引起内存信息丢失，但未破坏外存中的数据。例如，中央处理器故障、操作系统故障、突然停电等，这类故障影响正在运行的所有事务，但不破坏数据库，这时数据库缓冲区中的内容都被丢失，使得运行事务都非正常终止，从而造成数据库可能处于不正确的状态。DBMS 的恢复管理子系统必须在系统重新启动时，让所有非正常终止的事务回退，把数据库恢复到正确的状态。

③ 介质故障：介质故障通常称为磁盘故障，如磁盘的磁头碰撞、瞬时的强磁场干扰等。这类故障将破坏数据库，并影响正在存取这部分数据的所有事务。此时，只能把其他备份磁盘或第三级介质中的内容再复制回来。

④ 计算机病毒：计算机病毒是一种人为的故障，是一些恶作剧者研制的一种计算机程序。计算机病毒会像医学上的病毒一样进行繁殖和传染，并给计算机系统（包括数据库）带来危害。

总结各类故障可以发现，对数据库的影响只有两种可能：一是数据库本身被破坏；二是数据库本身没有破坏，但数据可能不正确。数据库系统中故障恢复的基本原则就是冗余，也就是事先进行数据备份。DBMS 应能把数据库从被破坏、不正确的状态恢复到最近一个正确的状态，DBMS 的这种能力称为可恢复性。

写一个修改到数据库中和写一个表示这个修改的登记记录到日志文件中是两个不同的操作。有可能在两个操作之间发生故障，即第一个操作完成之后，第二个操作还未来得及做，故障就发生了。这时，如果先写了数据库修改，而在运行记录中没有登记下这个修改，则以后就无法恢复这个修改，那么也就无法撤销这个修改。因此，为了安全起见，运行记录应该先写下来，这就是“日志文件优先原则”。该原则有两点：

- 至少要等相应运行记录已经写入日志文件后，才能允许事务往数据库中写记录；
- 直至事务的所有运行记录都已写入运行日志文件后，才能允许事务完成“END TRANSACTION”处理。

2. SQL Server 系统的恢复技术

任何数据库系统都提供了保护数据库的重要手段，但这种保护措施也不是万无一失的，各种非预期的事故还是会发生。例如，电源的突然断电、硬件故障和某些逃脱控制的人为破坏等，这些事故往往会给数据库造成很大的破坏。为避免这种破坏所造成的损失，数据库系统应提供一旦发生意外后能恢复到原状态的能力。数据库恢复可用以下方法来实现。

（1）定期对整个数据库进行转储

转储是数据库恢复中采用的基本技术。所谓转储，就是数据库管理员（DBA）定期地将整个数据库复制到磁带或另一个磁盘上保存起来的过程。这些备用的数据文本称为后备副本或后援副本。当数据库遭到破坏后，就可以利用后备副本把数据库恢复，但这时的数据库只能恢复到转储时的状态，转储以后的所有更新事务必须重新运行才能恢复到故障时的状态，如图 7.2 所示。

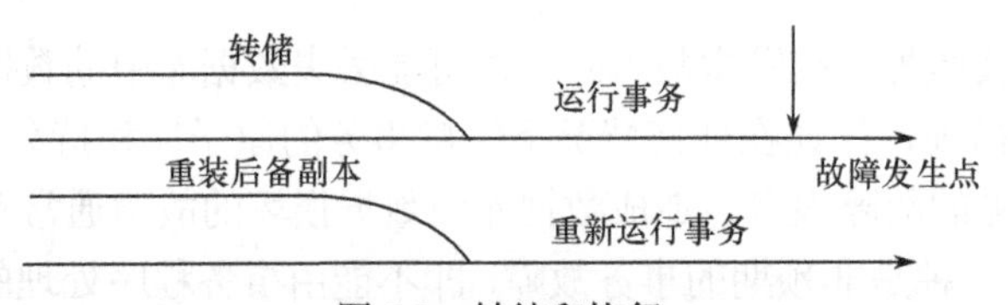

图 7.2 转储和恢复

转储是十分耗费时间和资源的，不能频繁进行。DBA 应根据数据库使用情况确定一个适当的转储周期。转储可分为静态转储和动态转储。静态转储是指转储期间不允许对数据库进行任何存取、修改活动。动态转储是指转储期间允许对数据库进行存取或修改，即转储和用户事务可以并发执行。转储还可以分为海量转储和增量转储。海量转储是指每次转储全部数据库；增量转储则指每次只转储上次转储后更新过的数据。

（2）建立日志文件

一般的恢复策略是：定期将数据库内容转储到脱机装置上来形成副本，同时对每次转储后新发生的改变一一记录。日志文件就是用来记录对数据库每一次更新活动的文件。这样，即使联机的数据库存储设备中的信息被破坏，DBA 也可以很快地利用这些副本和日志文件使原状态得以恢复。

（3）数据库恢复

转储和日志文件是恢复数据库的有效手段。

若数据库已被破坏，则先装入最近一次备份的数据库，然后利用日志文件执行 REDO（重做）操作，这种处理方法是正向扫描日志文件，重新执行登记的操作。具体过程如图 7.3 所示。

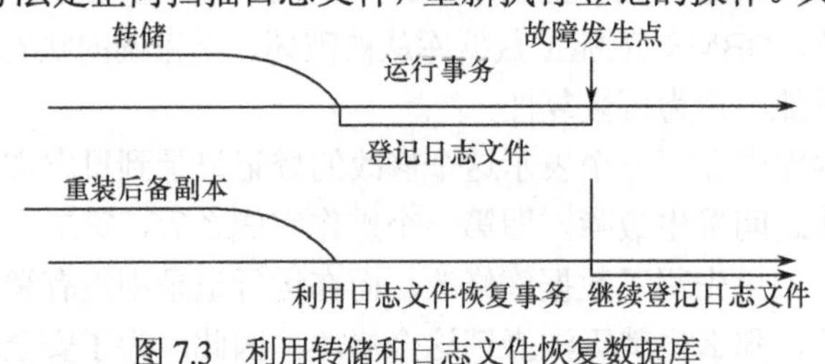

图 7.3 利用转储和日志文件恢复数据库

✍思考题：在 SQL Server 中，如何对数据库进行备份和恢复操作？

7.3.4 SQL Server 系统的并发控制简介

1. 并发操作存在的问题

数据库系统最突出的特点之一，就是数据的共享性。当多个用户同时要访问数据库时，这些用户程序可以串行地执行，但这样做有一个缺点：如果一个用户程序涉及大量数据输入/输出交换，则数据库系统的大部分时间将处于休闲状态。为了充分利用数据库资源，一般在数据库系统中允许多个用户程序并行地存取数据库，这样就会产生多个用户程序并发地存取同一数据的情况。若对并发操作不加控制，就会存取不正确的数据，从而破坏数据库的完整性。在没有采用适当的并发控制的系统中，会在以下 3 个方面发生错误。

（1）丢失修改问题

考虑飞机订票系统中的一个活动序列：

① 甲售票点读出某航班的机票余额 A=10；

② 乙售票点读出同一航班的机票余额 A，当然也为 10；

③ 甲售票点卖出一张机票，修改余额 A 为 9，把 A 写回数据库；

④ 乙售票点也卖出一张机票，修改余额 A 为 9，把 A 写回数据库。

结果卖出两张机票而余额只减少 1。造成这种现象的原因是：在并发操作情况下，对甲、乙两个事务的操作序列的调度是随机的，若按上面的调度序列执行，则甲事务的修改就被丢失。这是由于第④步中乙事务修改 A 并写回后破坏了甲事务的修改。

（2）不可重复读问题

考虑如下操作序列：

① 事务 T1 读取数据 C=100；

② 事务 T2 也读取数据 C=100；

③ 事务 T2 做如下操作：$C=C\times2$，并把 C 存入数据库；

④ T1 为了对读取值进行核对，再读 C，则此时 C 为 200，与第一次读取值不一致。

（3）读“脏数据”问题

事务 T1 修改某一数据，事务 T2 读取同一数据，而 T1 由于某种原因被撤销，则 T2 读到的数据就为“脏数据”。例如：

① T1 将数据库中 C 值由 100 改为 200；

② T2 读 C 值，此时 C=200；

③ T1 撤销刚才修改 C 值的操作（ROLLBACK），C 恢复原值 100。

T1 事务由于被撤销，因此没有对数据库产生任何影响，但 T2 事务却读到 C 为 200，与数据库内容不一致。

为了避免上述情况的发生，就必须对并发操作施加某些控制措施，用正确的方式调度并发操作，避免造成数据的不一致，使一个用户事务的执行不受其他事务的干扰。

2．并发调度的可串行性

怎样对并发操作进行调度才能防止数据不一致呢？或者说，怎样才能保证并发操作得到正确的结果呢？假如事务都是串行运行的，一个事务的运行过程完全不受其他事务的影响，只有一个事务结束（提交或者退回）之后，另一个事务才能开始运行，那么可以认为所有事务的运行结果都是正确的。这些事务假如以不同的次序运行，可能会对数据库造成不同的影响，从而得到不同的运行结果。以此为判断标准，我们将可串行化的并发事务调度当作唯一能够保证并发操作正确性的调度策略。也就是说，假如并发操作调度的结果与按照某种顺序串行执行这些操作的结果相同，就认为并发操作是正确的。

【例 7.32】 现在有两名学生同时对学生-选课数据库进行操作，一名学生的事务是选修“数据库理论与技术”课程，假设“数据库理论与技术”课的余额为 A，那么该事务包括如下操作序列：

读 A；$A=A-1$；写回 A；（事务 1 包括的操作序列）

另一名学生的事务是退选“数据库理论与技术”课程，该事务包括如下操作序列：

读 A；$A=A+1$；写回 A；（事务 2 包括的操作序列）

假设 A 的当前值为 20，如果按照先事务 1 后事务 2 的顺序来运行这两个事务，过程如下。

事务 1：

（1）读 A=20；

（2）$A=A-1$；

（3）写回 A=19。

事务 2：

（1）读 A=19；

（2）A=A+1；

（3）写回 A=20。

最后，数据库中记录的 A 值为 20。

如果按照先事务 2 后事务 1 的顺序来运行这两个事务，过程如下。

事务 2：

（1）读 A=20；

（2）A=A+1；

（3）写回 A=21。

事务 1：

（1）读 A=21；

（2）A=A−1=20；

（3）写回 A=20。

最后得到的结果也是 A=20。

根据可串行化的准则，两个事务并发执行的结果只要和任意一种串行执行的结果相同，就认为是正确的。在本例中，两种串行执行顺序的结果正好相同，因此只要两个事务并发执行得到的结果也是 A=20 就可以了。

对这两个并发事务可以进行多种不同的调度，下面就是一例：

（1）读 A=20；（事务 1 的操作）

（2）读 A=20；（事务 2 的操作）

（3）A=A−1；（事务 1 的操作）

（4）A=A+1；（事务 2 的操作）

（5）写回 A=19；（事务 1 的操作）

（6）写回 A=21。（事务 2 的操作）

问题出现了，数据库中最后的 A 值为 21，而不是正确的结果 20，说明这种调度方式并非可串行化调度。为了保证对并发操作的调度满足可串行化条件，数据库管理系统必须提供一定的手段，通常采用的是封锁机制。

3．SQL Server 系统的并发控制

SQL Server 并发控制的基本思想是：当一个应用程序对数据库的某一部分执行修改操作时，对该部分数据实行封锁，拒绝其他用户对该部分的并发访问要求，直至该事务执行完毕（正常结束或非正常情况下恢复到事务发生前的状态）。由于以一个完整的事务作为封锁的时间单位，这就确保了任何时候不可能有“脏数据”被读出，也不可能出现数据不一致和丢失修改的问题。当然，这种封锁是以降低并行度为代价来实现的。例如，考虑飞机订票系统，当甲售票点要进行售票操作时，先对该航班的机票余额字段加锁，拒绝其他售票点的并发访问。当甲售票点工作完成，机票余额字段修改后再解锁，允许其他售票点访问该航班的机票余额字段，这样就不会出现丢失修改的问题。

所谓封锁，指的是某事务在对某数据对象（如关系）进行操作以前，先请求系统对其加锁，成功加锁之后，该事务就对该数据对象有了控制权，只有该事务对其进行解锁之后，其他的事务才能更新它。SQL Server 提供了许多封锁类型，如共享锁、排他锁、更新锁、意向锁和模式锁等，下面只介绍最常用的排他锁（简记为X锁）及共享锁（简记为S锁）。若事务T对数据对象A加了X锁，则T就可以对A进行读取及更新（X锁也称为写锁）；在T释放A上的X锁以前，任何其他事务都不能再对A加任何类型的锁，从而也不能读取和更新A。若事务T对数据对象A加了S锁，则T就可以对A进行读取，但不能进行更新（S锁也称为读锁）；在T释放A上的S锁以前，其他事务可以再对A加S锁，但不能加X锁，从而可以读取A，但不能更新A。

加锁的数据对象可以大到整个关系、整个数据库，也可以小到一个元组、一个元组的某个分量。封锁对象的大小称为封锁的粒度（Granularity）。封锁的粒度越大，系统的并发度越低，并发控制的开销越少；反之，封锁的粒度越小，系统的并发度越高，并发控制的开销就越多。因此，要对系统并发度和并发控制开销进行认真权衡，才能选择合适的封锁粒度。必要的时候，可以在系统中提供不同粒度的封锁供不同的事务选用。

为了保证并发控制正确，在运用封锁机制时必须遵从一定的规则，例如，什么时候应该申请X锁或S锁、什么时候释放锁等。不同的封锁协议约定了不同的规则，为并发控制提供了不同程度的保证。常用的有三级封锁协议和两段锁协议。三级封锁协议能够保证数据的一致性（避免丢失修改、读“脏数据”及不可重复读的问题发生），两段锁协议可以保证并发操作调度的可串行化。有关并发控制封锁协议的内容已经做在数据库管理系统软件里了，在此不再详述，有兴趣的读者可搜索有关的参考文献。

7.4　典型案例分析

7.4.1　典型案例19——SQL Server游标的应用

1．案例描述

已知teaching数据库的3个基本表：student(sno,sname,spec,birthday,email,sex, scholarship)，course(cno,cname,credit,teacher)，student_course(sno,cno,grade)，要求声明一个可更新的游标，并限定可更新的列，然后针对该列进行更新运算。

2．案例分析

首先要求定义一个对成绩可以进行更新的滚动游标；其次打开游标，取第一行数并将@@FETCH_STATUS值赋给@fetch_status，检查上一次操作的执行状态，若@fetch_status为0，则表示取数成功，可以更新数据并继续取下一个数和赋值，否则停止取数；最后关闭游标和释放游标，并再次取数进行验证。

3．案例实现

```
Use teaching
GO
-- 定义一个对成绩可以进行更新的滚动游标
DECLARE  s_sc_c  SCROLL  CURSOR
     FOR  SELECT  s.sno, sname, sc.cno, cname, grade
           FROM  student  s, student_course  sc, course  c
          WHERE  s.sno=sc.sno and sc.cno=c.cno
                 and  cname='数据库理论与技术'
     FOR  UPDATE  OF  grade
DECLARE  @fetch_status  INT
```

```
-- 打开游标
OPEN  s_sc_c
-- 取第一行数并将@@FETCH_STATUS 值赋给@fetch_status
FETCH  FIRST  FROM  s_sc_c
SELECT @fetch_status=@@FETCH_STATUS
/* 检查上一次操作的执行状态，若@fetch_status 为 0，则表示成功，可以更新数据并继续取下一个数和赋值，否则停止取数 */
WHILE  @fetch_status =0
  BEGIN
     UPDATE  student_course
       SET grade=grade+5
       WHERE  CURRENT  OF  s_sc_c
     FETCH  NEXT  FROM  s_sc_c
     SELECT @fetch_status=@@FETCH_STATUS
  END
-- 关闭游标
CLOSE  s_sc_c
-- 释放游标
DEALLOCATE  s_sc_c
GO
-- 再次取数进行验证
SELECT s.sno, sname, sc.cno, cname, grade
FROM  student  s, student_course  sc, course  c
WHERE s.sno=sc.sno and sc.cno=c.cno and c.cname='数据库理论与技术'
GO
```

7.4.2 典型案例 20——SQL Server 存储过程的应用

1．案例描述

已知 teaching 数据库的 3 个基本表：student(sno,sname,spec,birthday,email,sex,scholarship)，course(cno,cname,credit,teacher)，student_course(sno,cno,grade)，要求创建一个存储过程 SP_AMM，实现查询'计算机'专业学生选修'数据库理论与技术'课程的平均分、最高分和最低分的功能。

2．案例分析

对于存储过程 SP_AMM 的创建，首先需要将 3 个表进行连接，并加上'计算机'专业学生选修'数据库理论与技术'课程的条件；其次要根据课程号 cno 和课程名 cname 进行分组；最后根据要求对课程号、课程名、平均成绩、最高分和最低分进行投影。

3．案例实现

```
Use teaching
go
create procedure SP_AMM
as
    SELECT sc.cno as 课程号,cname as 课程名,avg(grade) as 平均成绩,
          MAX(grade) as 最高分,min(grade) as 最低分
    FROM student s,student_course sc,course c
    WHERE s.sno=sc.sno and sc.cno=c.cno and spec='计算机'
          and cname='数据库理论与技术'
    group by sc.cno,cname
go
```

7.4.3 典型案例21——SQL Server系统完整性的应用

1．案例描述

已知两个关系模式：教师（教师编号、教师姓名、性别、出生日期、职称、部门编号），部门（部门编号、部门名称、主管），要求用SQL语句进行定义，并进行系统完整性的设置。

2．案例分析

首先将教师、教师编号、教师姓名、性别、出生日期、职称、部门、部门编号、部门名称和主管用英文或汉语拼音缩写表示为teacher、JSBH、JSXM、XB、CSRQ、ZC、department、BMBH、BMMC和ZG；然后用Create Table语句进行定义，并设置主键码、外键码和CHECK约束等。

3．案例实现

```
Create Table teacher(
   JSBH char(6) not null primary key,
   JSXM varchar(50) not null,
   XB char(2) check(XB in ('男', '女')),
   CSRQ datetime,
   ZC varchar(20),
   BMBH char(4) not null foreign key(BMBH) references department(BMBH));
Create Table department(
   BMBH char(4) not null primary key,
   BMMC varchar(50) not null,
   ZG varchar(50));
```

小　　结

本章主要介绍了SQL Server的流程控制语言、游标、存储过程和触发器、数据库保护和典型案例分析等内容，要求了解流程控制语言；理解游标的概念和使用；掌握存储过程建立、执行和删除的方法，了解触发器的建立和删除；掌握数据库保护（包括安全性、完整性、备份和恢复、并发控制）等内容。

本章最后分析了3个典型案例。对于案例19，要求掌握游标的最基本和最常用的方法，了解游标提供了一种在服务器内部处理结果集的方法——它可以识别一个数据集合内部指定的工作行，从而可以有选择地按行进行操作；对于案例20，要求掌握存储过程的语句格式，掌握多表连接和条件筛选的方法，掌握分组和聚合函数的用法；对于案例21，要求掌握完整性机制的应用，重点掌握主键码、外键码等约束的使用。

在本章学习中，要求读者结合实验多加以练习和实践；在学习数据库保护内容时，要求重点领会系统安全性和完整性的概念及方法。

习　　题

7.1　假设teaching数据库中包含3个关系：S(sno,sname,sex,spec,scholarship)，其属性分别表示学号、姓名、性别、专业、奖学金；C(cno,cname,credit)，其属性分别表示课程号、课程名、学分；SC(sno,cno,grade)，

其属性分别表示学号、课程号、成绩。请仔细分析下列程序，并分别写出以下两个程序完整的含义。

程序一：

```
Use teaching
GO
IF EXISTS (Select * From SC Where cno='10101' )
    BEGIN
        PRINT  '存在选修 10101 号课程的选课记录！'
        Select cno,avg(grade) From SC Where cno='10101'
        Group by cno
    END
ELSE
    PRINT '不存在选修 10101 号课程的选课记录！'
GO
```

程序二：

```
IF(Select avg(grade) From SC  Where cno='10101' )>80
    BEGIN
        PRINT '选修 10101 号课程学生的平均成绩大于 80 分！'
        Select S.sno, sname  From S, SC
        Where S.sno=SC.sno and cno='10101' and grade>=85
    END
ELSE
    PRINT '选修 10101 号课程学生的平均成绩小于等于 80 分！'
GO
```

7.2　什么是游标？使用游标进行编程要经过几个步骤？

7.3　什么是存储过程？什么是触发器？

7.4　什么是数据库的安全性和完整性？请举例说明实体完整性、引用完整性和用户定义完整性的用法。

7.5　简述数据库恢复的基本技术和并发控制的基本思想。

7.6　已知 T1、T2、T3 是如下的 3 个事务：

T1：$A=A+2$;

T2：$A=A*2$;

T3：$A=A**2$。

设 A 的初值为 0，若这 3 个事务允许并发执行，则有多少种可能的正确结果？请全部列举出来。

7.7　现有两个关系模式：学生（学号，姓名，性别，出生日期），选修课程（学号，课程号，成绩），请用 SQL 中的 GRANT 和 REVOKE 语句，完成以下授权定义和收权定义功能：

（1）用户王明对两个表有 SELECT 权力；

（2）用户刘刚对两个表有 INSERT 和 DELETE 权力；

（3）用户金星对选修课程表有 SELECT 权力，对学生表有更新姓名字段的权力；

（4）用户周平具有对两个表的所有权力，并具有给其他用户授权的权力；

（5）对于上述每种授权情况，撤销为用户所授予的权力。

第3篇　实践篇

☞ SQL Server 基础实验

☞ SQL Server 综合实验

☞ 数据库设计实验

第 8 章　SQL Server 基础实验

☞本章目标

本章主要介绍 SQL Server 和样本数据库安装、SQL Server 数据定义和更新、SQL Server 数据查询、SQL Server 视图和函数 4 个实验，实践并掌握好这 4 个实验非常重要，不仅能加深对 SQL Server 基础实验的理解，而且能为学生在实践 SQL Server 综合实验时打下扎实的基础。

8.1　实验 1：SQL Server 和样本数据库安装

8.1.1　实验目的和要求

（1）了解某个版本 SQL Server 的安装环境（包括硬件需求和软件需求），掌握 SQL Server 的安装过程。

（2）了解 SQL Server 的管理工具（包括服务器的配置、注册、连接、启动、关闭和常用工具等），掌握 SQL Server 对象资源管理器和查询分析器的使用方法。

（3）了解 SQL Server Management Studio 登录时的身份验证，掌握 SQL Server 联机丛书的使用方法，掌握 SQL Server 数据库的附加和分离。

（4）要求学生在每次实验前，根据实验目的和要求设计出本次实验的具体步骤；在实验过程中，要求独立进行程序调试和排错，学会使用在线帮助和运用理论知识来分析及解决实验中遇到的问题，并记录实验的过程和结果；上机实验结束后，根据实验模板的要求写出实验报告，并对实验过程进行分析和总结。

8.1.2　实验内容与过程记录

（1）在安装 SQL Server 时，如果计算机的硬件配置较高，完全可以安装 SQL Server 2012（第 5 章已介绍）、2016 或 2019 等版本；如果计算机的硬件配置不高，建议在网上下载 SQL Server 2008 R2 开发版（32 位或 64 位）进行安装，并写出安装的主要过程。

在百度上搜索“Microsoft SQL Server 2008 R2 官方中文版”，选择 32 位 SQL Server 2008 R2 FULL_x86_CHS 或 64 位 SQL Server 2008 R2 FULL_x64_CHS 进行下载。究竟安装 32 位还是 64 位 SQL Server 2008 R2，安装时会根据计算机的配置自动进行选择。下面简述 SQL Server 2008 R2 安装的主要过程。

启动 SQL Server 2008 R2 开发版安装程序，一般是解压后直接运行 setup.exe 文件，将出现“SQL Server 安装中心”对话框，在此对话框的左侧选择“安装”选项，并在右侧选择“全新安装或向现有安装添加功能”选项，如图 8.1 所示。

接下来弹出“安装程序支持规则”对话框，主要监测安装能否顺利进行。若通过，单击“确定”按钮，否则单击“重新运行”按钮来检查，如图 8.2 所示。

在弹出的“产品密钥”对话框中选择“输入产品密钥”选项，输入产品密钥并单击“下一步”按钮，如图 8.3 所示。

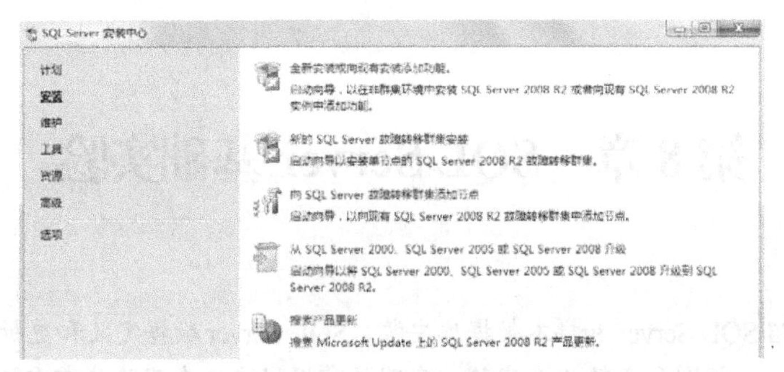

图 8.1 “SQL Server 安装中心”对话框

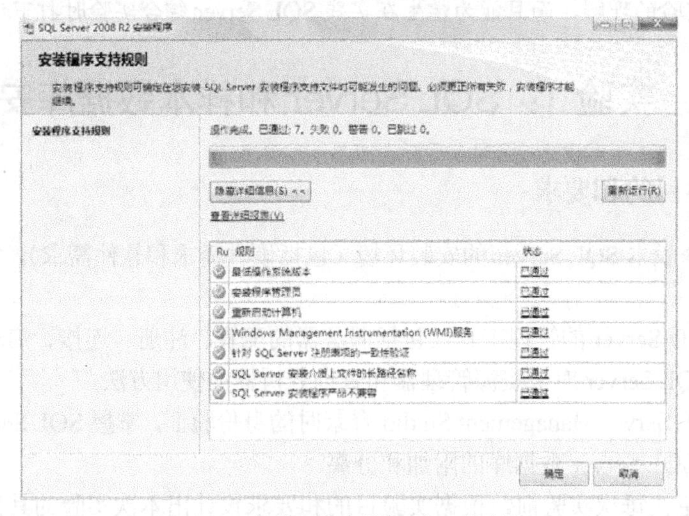

图 8.2 “安装程序支持规则”对话框 1

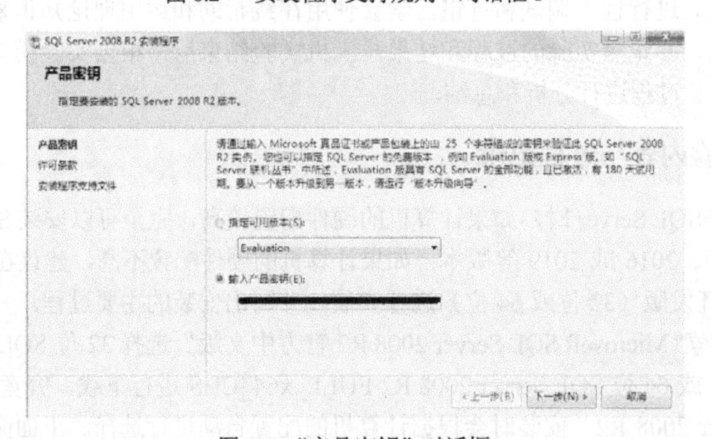

图 8.3 “产品密钥”对话框

在弹出的“许可条款”对话框中勾选“我接受许可条款”，并单击“下一步”按钮，如图 8.4 所示。

在弹出的“安装程序支持文件”对话框中，单击“安装”按钮，即可进入“安装程序支持规则”对话框，在此对话框中，安装程序支持规则可确定在安装时可能出现的问题，必须更正所有失败，否则安装程序将不能继续。若确认没有失败项目，则可单击“下一步”按钮，如图 8.5 所示。

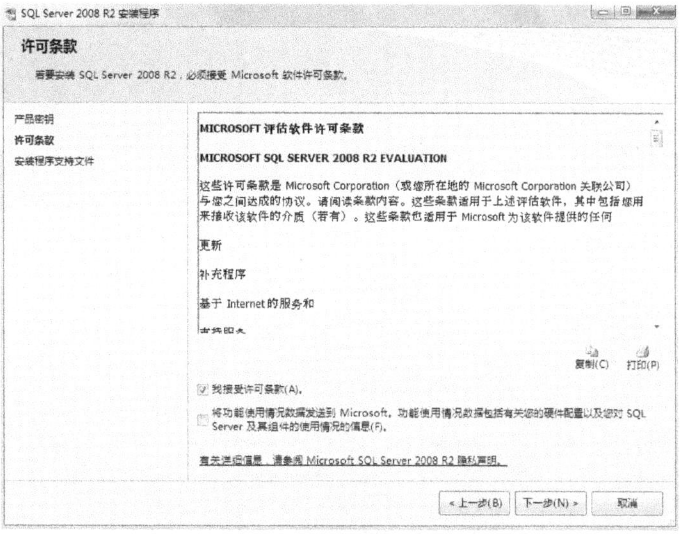

图 8.4 “许可条款”对话框

图 8.5 “安装程序支持规则”对话框 2

在弹出的“设置角色”对话框中，选中“SQL Server 功能安装”，并单击“下一步”按钮，即可进入“功能选择”对话框，在此对话框中选择要安装的实例功能和所有共享功能，选择好安装路径并单击“下一步”按钮，如图 8.6 所示。

在弹出的“安装规则”对话框中，安装程序正在运行规则以确定是否要阻止安装过程。若没有问题，则单击“下一步”按钮，如图 8.7 所示。

在弹出的“实例配置”对话框中，一般选择默认实例并选择好安装路径，并单击“下一步”按钮进入“磁盘空间要求”对话框，在此对话框中查看安装的 SQL Server 功能所需的磁盘摘要，并单击“下一步”按钮进入“服务器配置”对话框，在此对话框中单击“对所有 SQL Server 服务使用相同的账户”按钮，在弹出的“对所有 SQL Server 2008 R2 服务使用相同账户”对话框中，选择“NT AUTHORITY\NETWORK SERVICE”并单击“确定”按钮，返回到“服务器配置”对话框，单击“下一步”按钮，如图 8.8 和图 8.9 所示。

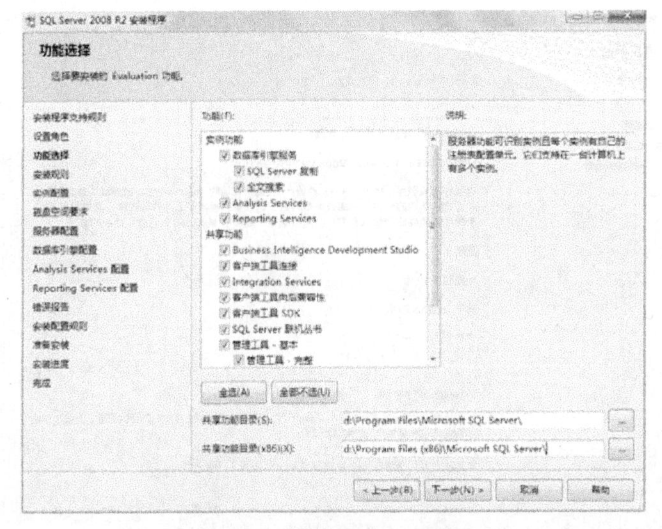

图 8.6 “功能选择”对话框

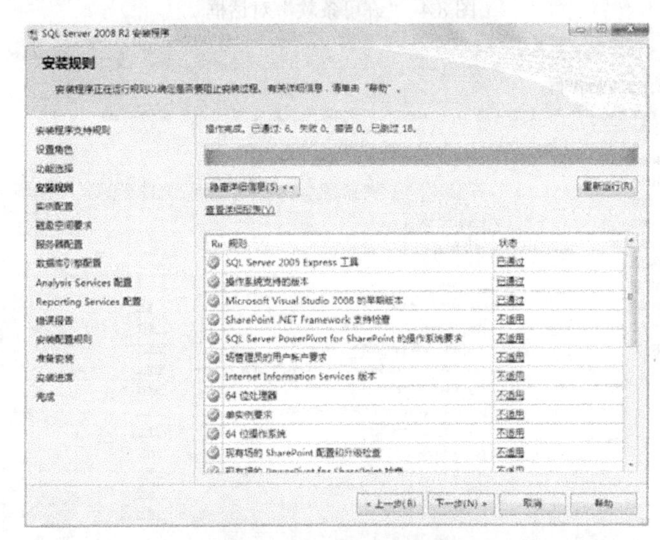

图 8.7 “安装规则”对话框

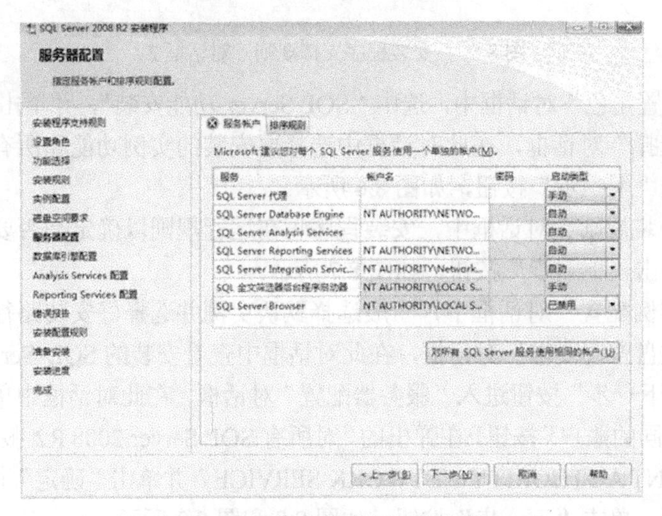

图 8.8 “服务器配置”对话框

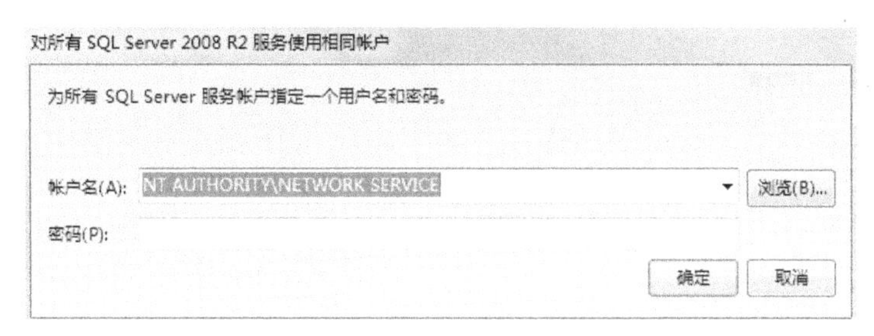

图 8.9 “对所有 SQL Server 2008 R2 服务使用相同账户”对话框

在弹出的“数据库引擎配置”对话框中，身份验证模式选择“混合模式”，为 SQL Server 系统管理员（sa）指定密码，单击“指定 SQL Server 管理员”框下面的“添加当前用户”按钮，最后单击“下一步”按钮，如图 8.10 所示。

图 8.10 “数据库引擎配置”对话框

在“Analysis Services 配置”对话框中，在账户设置中单击“添加当前用户”按钮，再单击“下一步”按钮；在“Reporting Services 配置”对话框中，选择“安装本机模式默认配置”，再单击“下一步”按钮；在“错误报告”对话框中，直接单击“下一步”按钮；在“安装配置规则”对话框中，系统自动检查有没有阻止安装过程，若没有阻止，则单击“下一步”按钮；在“准备安装”对话框中，直接单击“下一步”按钮；在“安装进度”对话框中，需要耐心等待安装过程，如图 8.11 所示。安装完成后，将出现“完成”对话框，如图 8.12 所示，最后单击“完成”按钮，至此 SQL Server 2008 R2 安装完毕。

（2）通过百度来查询“SQL Server 2008 身份验证”的设置，通过 SQL Server 2008 帮助来查询“SELECT 语句”的语法。

① 在百度上搜索“SQL Server 2008 身份验证”，将出现如图 8.13 所示的窗口。单击相关内容，即可查看到 SQL Server 2008 身份验证的设置方法。

② 在“Microsoft SQL Server Management Studio”窗口的菜单栏中，单击“帮助”→“索引”命令后，出现如图 8.14 所示的索引查找窗口，在该窗口的左上部“查找”处输入 select，在左下部选择“select 语句[SQL Server]”，即可查询到此语句的语法。

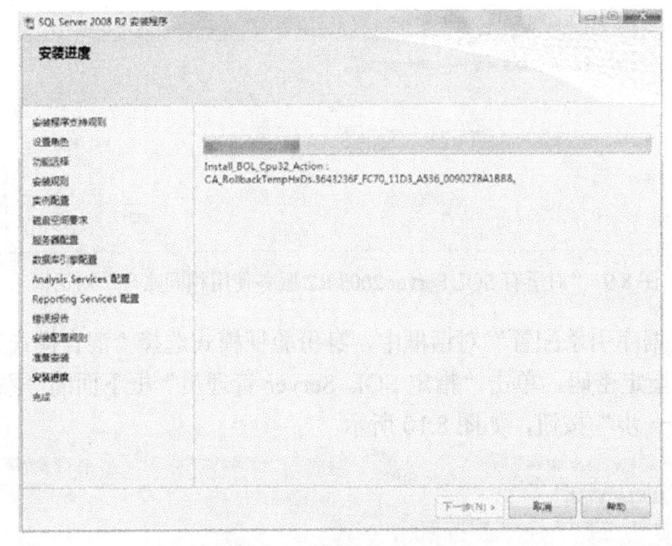

图 8.11 “安装进度”对话框

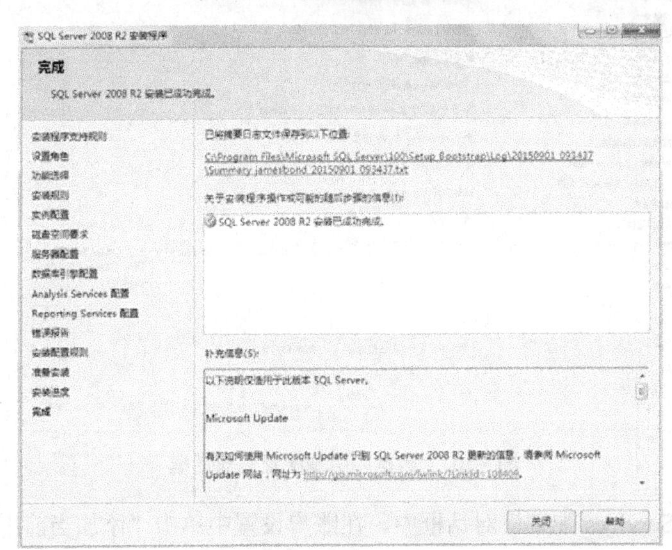

图 8.12 “完成”对话框

图 8.13 SQL Server 2008 身份验证的设置方法

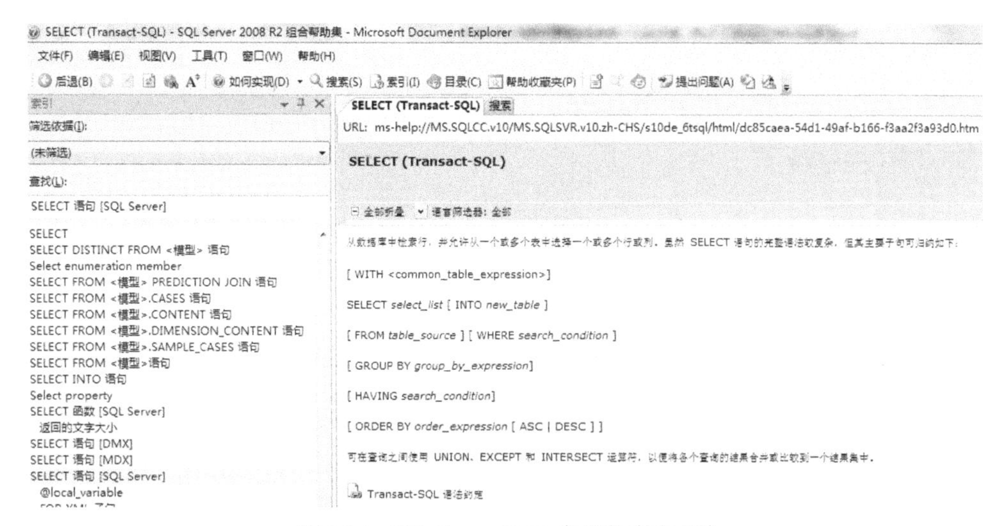

图 8.14 SQL Server 2008 帮助的查询方法

（3）使用 Windows 身份验证或 SQL Server 身份验证登录 SQL Server Management Studio，熟悉 SQL Server 2008 对象资源管理器和查询分析器的界面及使用方法。

① 登录 SQL Server Management Studio：选择“开始”→“所有程序”→“Microsoft SQL Server 2008 R2”→“SQL Server Management Studio”，打开如图 8.15 所示的“连接到服务器”对话框。

图 8.15 “连接到服务器”对话框

可以根据安装和设置情况，使用 SQL Server 身份验证或 Windows 身份验证进行登录，在成功连接到数据库服务器后，其对话框如图 8.16 所示。

图 8.16 中集成了多个管理工具和开发工具，主要有“对象资源管理器”和“查询分析器”等窗口，要显示或隐藏某个窗口，可通过选择“查看”菜单中相应的命令来设置。

② 对象资源管理器：“对象资源管理器”窗口位于图 8.16 的左侧，它主要以树状结构来组织和管理数据库实例中的所有对象。依次展开根目录，用户可选择某个数据库对象，并可以查看数据库对象的详细信息。

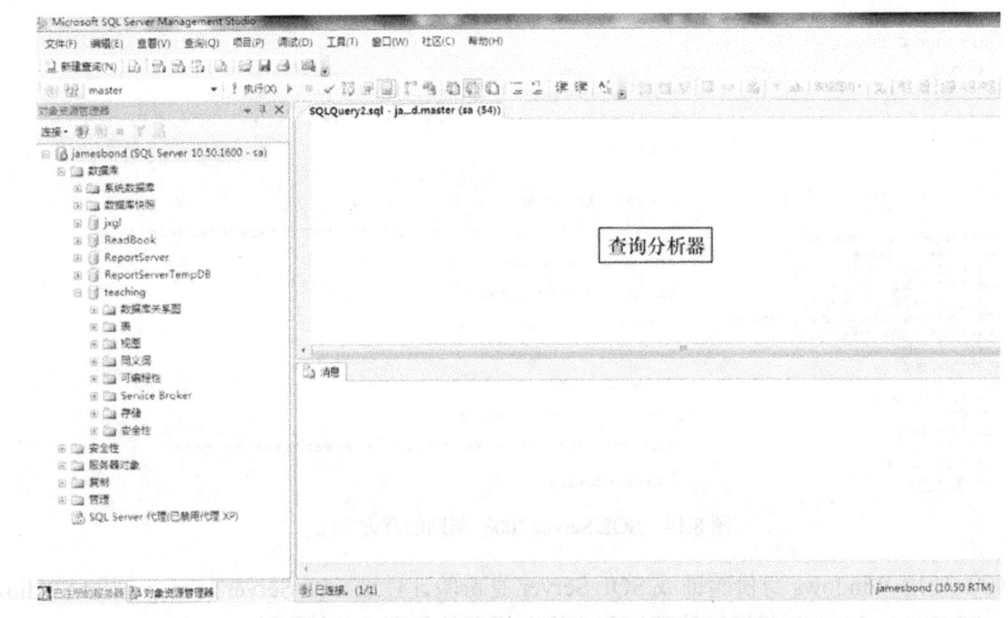

图 8.16 “SQL Server Management Studio”对话框

在“对象资源管理器”窗口中，右键单击数据库服务器名称，在弹出的菜单中选择“属性”选项，打开如图 8.17 所示的“服务器属性”对话框。在此对话框中，以目录方式来显示和设置服务器属性。选择左侧窗口中的目录项，可以在对话框右侧查看和设置相应的信息。

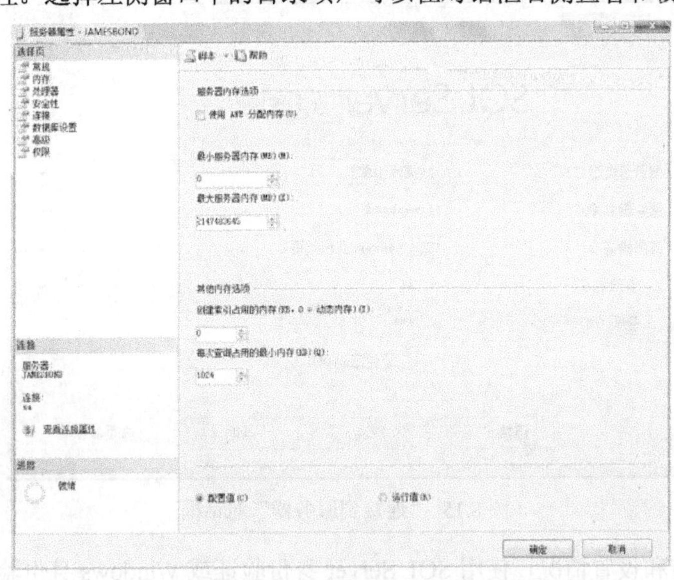

图 8.17 “服务器属性”对话框

③ 查询分析器：SQL 查询分析器是一种功能强大、可以交互执行 SQL 语句和脚本的 GUI 管理与图形编程工具，它最基本的功能是编辑 T-SQL 命令，然后发送到服务器并显示从服务器返回的结果。

单击“Microsoft SQL Server Management Studio”对话框中的“新建查询”按钮，在对话框中部将出现“查询分析器”窗口。在其空白编辑区中输入 T-SQL 命令，单击“执行”按钮，T-SQL 命令的运行结果就显示在“查询分析器”窗口下面的“结果”窗格中，如图 8.18 所示。

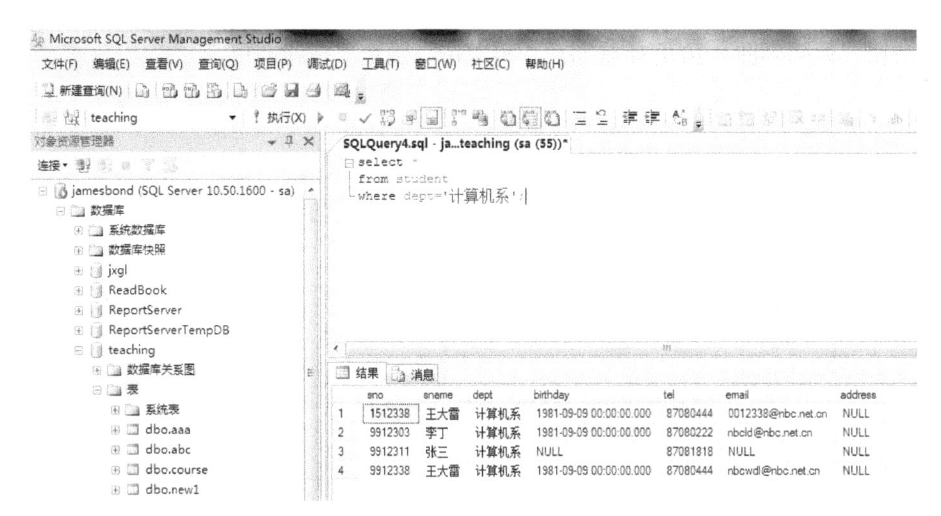

图 8.18 “查询分析器”窗口

（4）导入 teaching 案例数据库，掌握用户数据库的附加和分离方法。

从另一台计算机的数据库服务器中把数据库文件复制到当前计算机的数据库服务器中，这需要在另一台计算机的数据库服务器中将要复制的数据库文件先做“分离”操作，然后在当前计算机的数据库服务器中做“附加”操作；反之，操作过程也一样。但必须注意：已经附加在数据库服务器上的数据库文件，在没有经过分离操作的情况下是不能进行复制操作的。

① 数据库文件“分离”操作：在“对象资源管理器”窗口中展开根目录，右键单击“数据库”文件夹中的某个数据库（如“teaching”），在弹出的菜单中选择“任务”→“分离”选项，打开如图 8.19 所示的“分离数据库”对话框，并单击“确定”按钮即可。

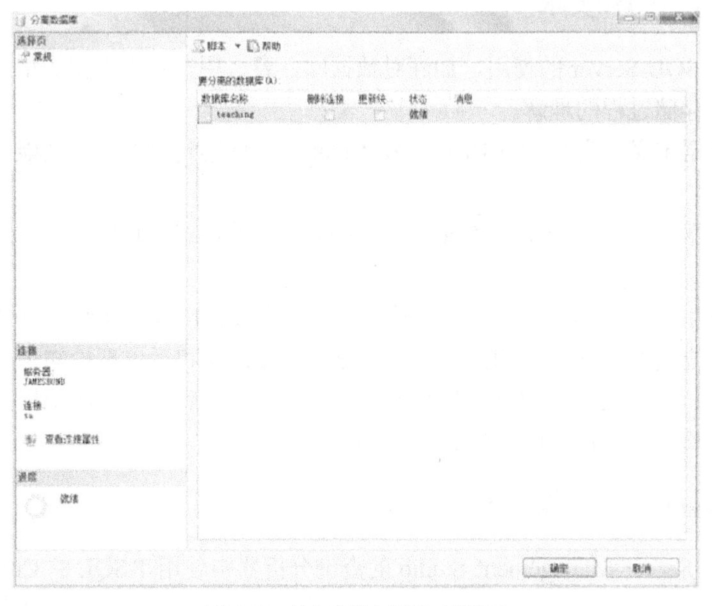

图 8.19 “分离数据库”对话框

② 数据库文件“附加”操作：在“对象资源管理器”窗口中展开根目录，右键单击“数据库”，在弹出的菜单中选择“附加”选项，打开如图 8.20 所示的“附加数据库”对话框，单击“添加”按钮，在原始文件名目录中选择要附加的数据库（如 teaching_Data.MDF）后单击

“确定”按钮。返回到图 8.20 开始状态后，再单击“确定”按钮即可。

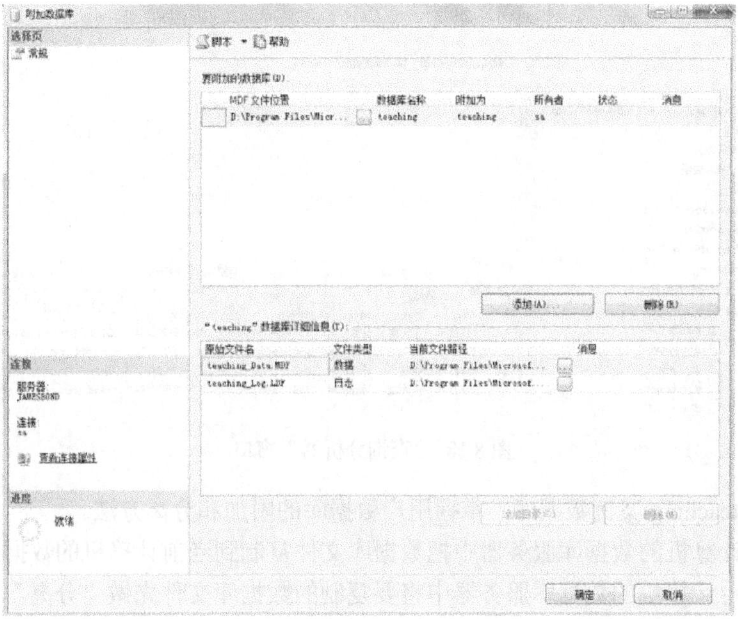

图 8.20 “附加数据库”对话框

8.2 实验 2：SQL Server 数据定义和更新

8.2.1 实验目的和要求

（1）通过对 SQL Server 的使用，加深对数据库、表、用户定义数据类型、索引等数据库对象和常用系统存储过程的理解。

（2）理解数据定义语言 Create Database、Create Table 语句的格式和功能，掌握这些语句的使用方法。

（3）理解数据操纵语言 Insert、Update、Delete 语句的格式和功能，掌握这些语句的使用方法。

（4）要求学生在每次实验前，根据实验目的和要求设计出本次实验的具体步骤；在实验过程中，要求独立进行程序调试和排错，学会使用在线帮助和运用理论知识来分析及解决实验中遇到的问题，并记录实验的过程和结果；上机实验结束后，根据实验模板的要求写出实验报告，并对实验过程进行分析和总结。

8.2.2 实验内容与过程记录

（1）在 SQL Server Management Studio 的查询分析器中使用 T-SQL 的 Create Database 语句创建数据库 Library。

① 创建 Library 数据库代码

```
create database Library
on primary (name=Library_data,filename='e:\Library_data.mdf',
         size=10mb,maxsize=50mb,filegrowth=20%)
```

```
log on     (name=Library_log,filename='e:\Library_log.ldf',
           size=5mb,maxsize=25mb,filegrowth=5mb)
collate chinese_prc_ci_as
go
```

② 代码运行结果（见图 8.21）

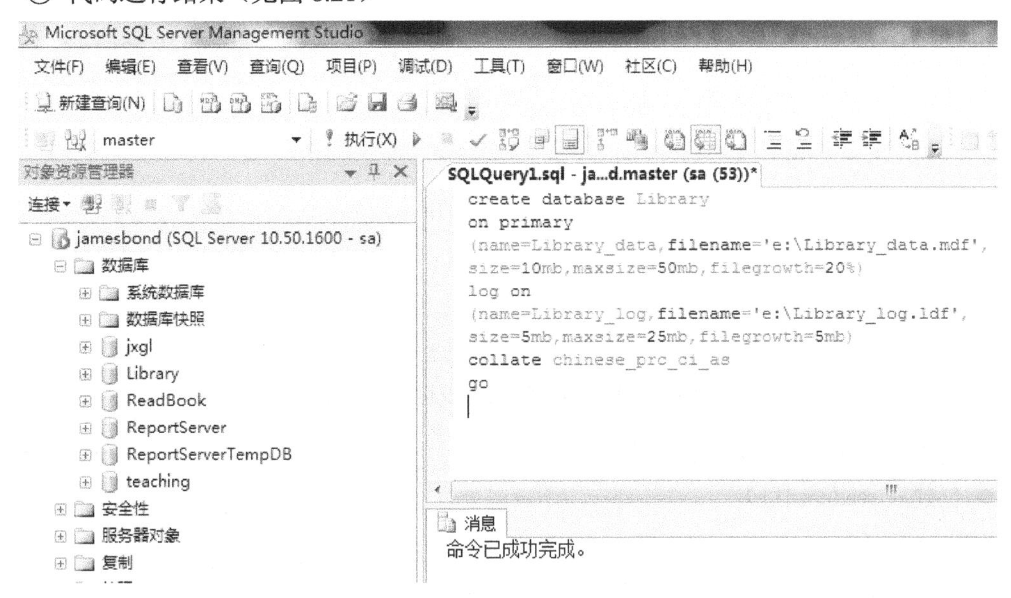

图 8.21　创建数据库及运行结果

（2）在 Library 数据库中，使用 T-SQL 的 Create Table 语句创建 3 个表 books、readers 和 L_R，其中，books(bookid,classid,bookname,author,price,pubcompany,csl)字段说明：bookid—图书编号，classid—分类号，bookname—图书名称，author—作者，price—单价，pubcompany—出版社，csl—藏书量；readers(rno,rname,rsex,spec,dept,bday)字段说明：rno—读者编号，rname—读者姓名，rsex—性别，spec—专业，dept—系别，bday—出生日期；L_R(rno,bookid,lenddate,limitdate,returndate,fine)字段说明：rno—读者编号，bookid—图书编号，lenddate—借书时间，limitdate—限定还书日期，returndate—还书时间，fine—罚金。根据以上要求创建 3 个表，并为每个表设置主键码。

① 创建表 books 和设置主键码

● 创建表 books 代码

```
use Library
go
create table books
  (bookid char(8) not null,
  classid char(5) not null,
  bookname varchar(80) not null,
  author varchar(30) null,
  price money null,
  pubcompany varchar(50) null,
  csl int null)
go
alter table books add constraint pk_books primary key(bookid)
```

● 代码运行结果（见图 8.22）

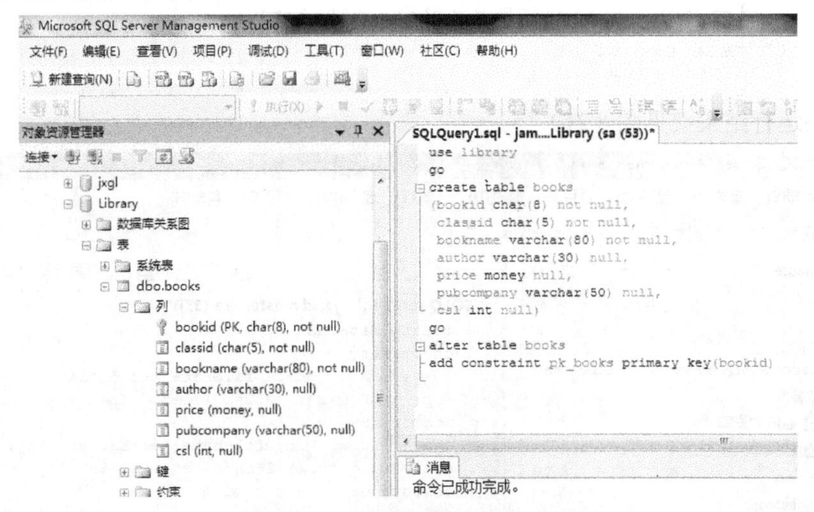

图 8.22　创建表 books 及运行结果

② 创建表 readers 和设置主键码

● 创建表 readers 代码

```
use Library
go
create table readers
   (rno char(7) not null,
   rname varchar(16) not null,
   rsex char(2) null,
   spec varchar(30) null,
   dept varchar(30) null,
   bday smalldatetime null)
go
alter table readers add constraint pk_readers primary key(rno)
```

● 代码运行结果（见图 8.23）

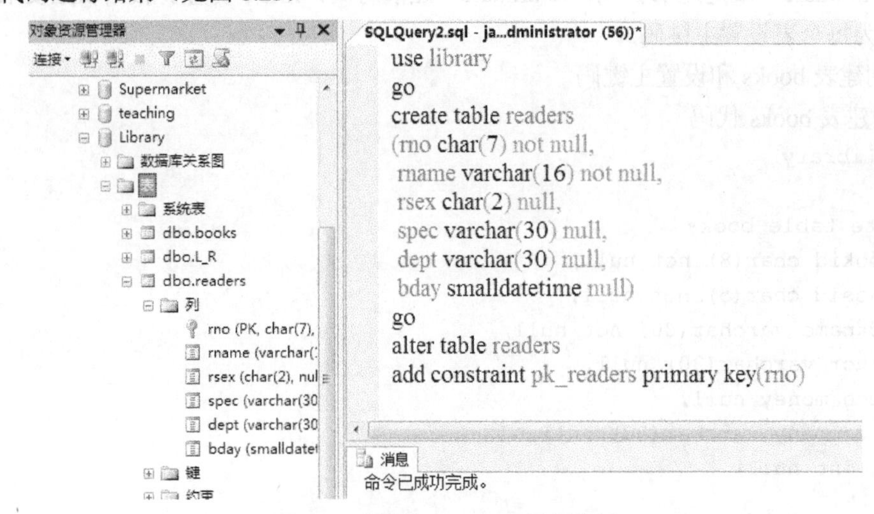

图 8.23　创建表 readers 及运行结果

③ 创建表 L_R 和设置主键码

● 创建表 L_R 代码

```
use Library
go
create table L_R
   (rno char(7) not null,
   bookid char(8) not null,
   lenddate smalldatetime null,
   limitdate smalldatetime null,
   returndate smalldatetime null,
   fine money null)
 go
alter table L_R add constraint pk_L_R primary key(rno,bookid)
```

● 代码运行结果（见图 8.24）

图 8.24　创建表 L_R 及运行结果

（3）在建好的 3 个表 books、readers 和 L_R 中，利用对象资源管理器分别输入 6 个、6 个和 10 个记录。

在“对象资源管理器”窗口中展开“数据库”，选中 Library 数据库，展开此数据库及下属的表，选择 dbo.books 或 dbo.readers 或 dbo.L_R，右键单击表并在弹出的菜单中选择“编辑前 200 行”选项，出现图 8.25 的界面后就可输入或修改此表的内容，最后单击“关闭”按钮即可保存。

① 表 books 记录（见图 8.25）

② 表 readers 记录（见图 8.26）

③ 表 L_R 记录（见图 8.27）

（4）在 Library 数据库中，用 insert 语句向表 books、readers 和 L_R 中分别添加一个新的记录；将某个读者（rno）借的某本图书（bookid）的限定还书日期（limitdate）延长一个月，并且罚金（fine）清零；在表 books、readers 和 L_R 中分别删除一个记录。

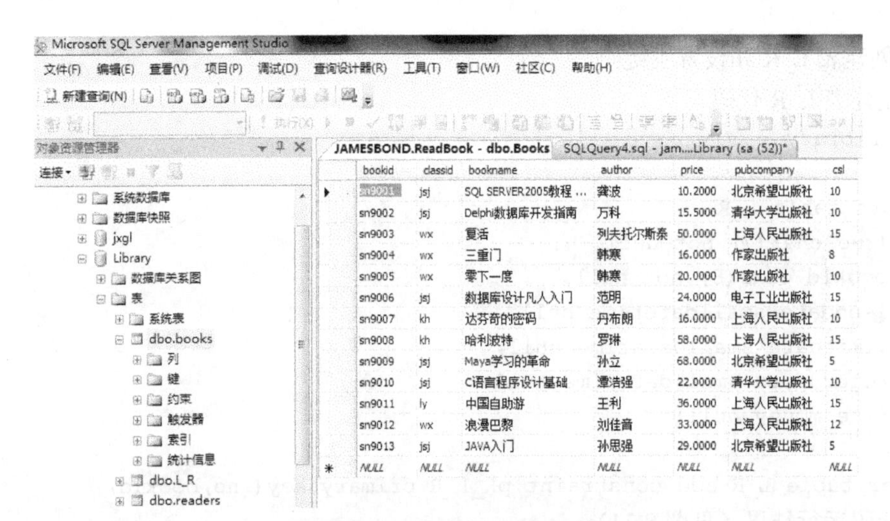

	bookid	classid	bookname	author	price	pubcompany	csl
▶	sn9001	jsj	SQL SERVER2005教程 …	龚波	10.2000	北京希望出版社	10
	sn9002	jsj	Delphi数据库开发指南	万科	15.5000	清华大学出版社	10
	sn9003	wx	复活	列夫托尔斯泰	50.0000	上海人民出版社	15
	sn9004	wx	三重门	韩寒	16.0000	作家出版社	8
	sn9005	wx	零下一度	韩寒	20.0000	作家出版社	10
	sn9006	jsj	数据库设计凡人入门	范明	24.0000	电子工业出版社	15
	sn9007	kh	达芬奇的密码	丹布朗	16.0000	上海人民出版社	10
	sn9008	kh	哈利波特	罗琳	58.0000	上海人民出版社	15
	sn9009	jsj	Maya学习的革命	孙立	68.0000	北京希望出版社	5
	sn9010	jsj	C语言程序设计基础	谭浩强	22.0000	清华大学出版社	10
	sn9011	ly	中国自助游	王利	36.0000	上海人民出版社	15
	sn9012	wx	浪漫巴黎	刘佳音	33.0000	上海人民出版社	12
	sn9013	jsj	JAVA入门	孙思强	29.0000	北京希望出版社	5
*	NULL	NULL	NULL	NULL	NULL	NULL	NULL

图 8.25　表 books 记录编辑界面

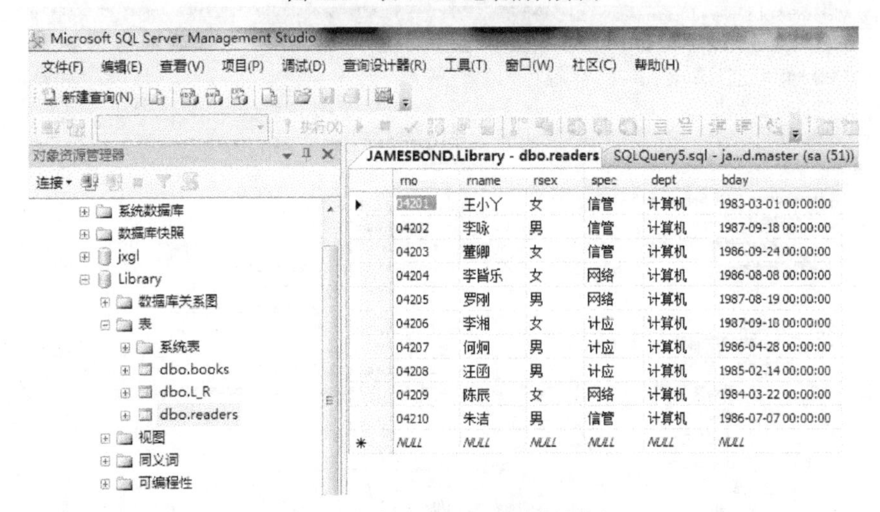

	rno	rname	rsex	spec	dept	bday
▶	04201	王小丫	女	信管	计算机	1983-03-01 00:00:00
	04202	李咏	男	信管	计算机	1987-09-18 00:00:00
	04203	董卿	女	信管	计算机	1986-09-24 00:00:00
	04204	李皆乐	女	网络	计算机	1986-08-08 00:00:00
	04205	罗刚	男	网络	计算机	1987-08-19 00:00:00
	04206	李湘	女	计应	计算机	1987-09-10 00:00:00
	04207	何炯	男	计应	计算机	1986-04-28 00:00:00
	04208	汪涵	男	计应	计算机	1985-02-14 00:00:00
	04209	陈辰	女	网络	计算机	1984-03-22 00:00:00
	04210	朱洁	男	信管	计算机	1986-07-07 00:00:00
*	NULL	NULL	NULL	NULL	NULL	NULL

图 8.26　表 readers 记录编辑界面

	rno	bookid	lenddate	limitdate	returndate	fine
▶	04201	sn9001	2006-01-01 00:00:00	2006-03-01 00:00:00	2006-02-20 00:00:00	0.0000
	04201	sn9002	2006-01-01 00:00:00	2006-03-01 00:00:00	2006-02-20 00:00:00	0.0000
	04201	sn9003	2006-03-01 00:00:00	2006-07-01 00:00:00	2006-03-20 00:00:00	0.0000
	04201	sn9006	2008-05-09 00:00:00	2008-08-09 00:00:00	2008-12-19 00:00:00	12.5000
	04202	sn9005	2005-12-08 00:00:00	2006-03-08 00:00:00	2006-05-12 00:00:00	6.4000
	04202	sn9006	2005-12-08 00:00:00	2006-03-08 00:00:00	2006-05-12 00:00:00	6.4000
	04204	sn9002	2009-09-05 00:00:00	2009-12-05 00:00:00	NULL	NULL
	04204	sn9003	2009-09-05 00:00:00	2009-12-05 00:00:00	NULL	NULL
	04204	sn9004	2005-12-18 00:00:00	2006-03-18 00:00:00	2006-04-20 00:00:00	3.2000
	04204	sn9008	2005-12-18 00:00:00	2006-03-18 00:00:00	2006-04-20 00:00:00	3.2000
	04204	sn9009	2006-03-20 00:00:00	2006-04-10 00:00:00	2006-04-20 00:00:00	0.0000
	04205	sn9001	2010-03-23 00:00:00	2010-06-23 00:00:00	NULL	NULL
	04205	sn9010	2010-03-23 00:00:00	2010-06-23 00:00:00	NULL	NULL
	04207	sn9004	2006-04-15 00:00:00	2006-05-30 00:00:00	2006-05-14 00:00:00	0.0000
	04208	sn9003	2006-02-19 00:00:00	2006-06-19 00:00:00	2006-09-19 00:00:00	3.0000
	04208	sn9004	2006-02-19 00:00:00	2006-05-30 00:00:00	2006-05-19 00:00:00	0.0000
	04208	sn9006	2006-02-19 00:00:00	2006-05-30 00:00:00	2006-05-19 00:00:00	0.0000
*	NULL	NULL	NULL	NULL	NULL	NULL

图 8.27　表 L_R 记录编辑界面

① 操作代码

```
use Library
go
insert into books
  values('sn9014','jsj','数据库技术与设计','范剑波',32.0,'西电出版社',10)
insert into readers
  values('04211','张三','男','计算机','计算机系','1996-12-12')
insert into L_R values('04211','sn9014','2016-04-01','2016-05-30',
  null,null)
go
Update L_R
Set limitdate=limitdate+30,fine=0
Where rno='04211' and bookid='sn9014'
go
delete from books where bookid='sn9014'
delete from readers where rno='04211'
delete from L_R Where rno='04211' and bookid='sn9014'
go
```

② 代码运行结果（见图 8.28）

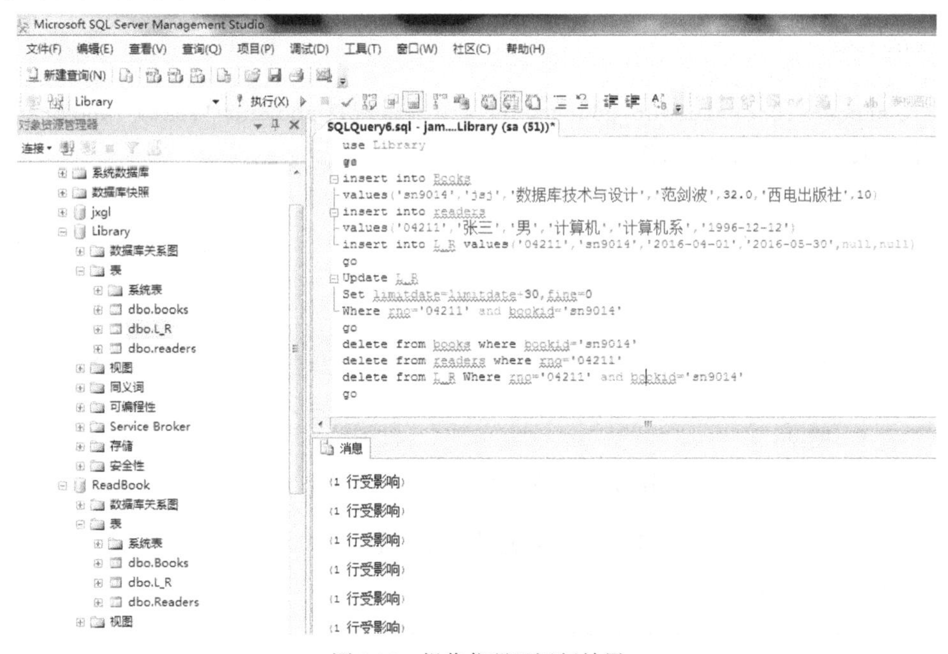

图 8.28　操作代码及运行结果

8.3　实验 3：SQL Server 数据查询

8.3.1　实验目的和要求

（1）理解数据操纵语言 SELECT 语句的语法和含义，掌握 WHERE 后查询选择的条件和 HAVING 后分组查询条件的区别。

（2）深入理解数据基本查询、数据分组查询、多表连接查询和数据子查询（嵌套子查询、相关子查询）的执行过程及注意事项，掌握它们的使用方法。

（3）要求学生在每次实验前，根据实验目的和要求设计出本次实验的具体步骤；在实验过程中，要求独立进行程序调试和排错，学会使用在线帮助和运用理论知识来分析及解决实验中遇到的问题，并记录实验的过程和结果；上机实验结束后，根据实验模板的要求写出实验报告，并对实验过程进行分析和总结。

8.3.2 实验内容与过程记录

在 SQL Server 上附加 teaching 数据库，其中 3 个表的属性及含义解释如下：学生表 dbo.student 有属性 sno、sname、spec、birthday、email、sex、scholarship，分别代表学号、姓名、专业、生日、电子邮箱、性别、奖学金；课程表 dbo.course 有属性 cno、cname、credit、teacher，分别代表课程号、课程名、学分、任课教师；选课表 dbo.student_course 有属性 sno、cno、grade，分别代表学号、课程号、成绩。在 teaching 数据库中完成下列 10 项查询。

（1）求选修'10101'号课程且成绩大于 80 分的所有男生的姓名。

① 查询 1 操作代码

```
use teaching
go
select sname
from student,student_course
where student.sno=student_course.sno and sex='男' and cno='10101' and grade>80
```

② 代码运行结果（见图 8.29）

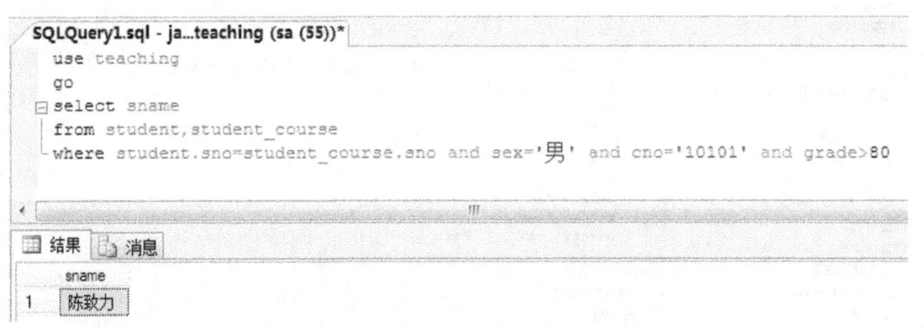

图 8.29 查询 1 操作代码及运行结果

（2）求至少选修'10102'和'10104'两门课程的学生信息。

① 查询 2 操作代码

```
use teaching
go
Select student.*  from student
Where sno in
    (select sno from student_course
     Where cno='10102' and sno in
                      (select sno from student_course
                       Where cno='10104'))
```

或者

```
use teaching
go
```

```
Select student.* from student
Where sno in
    (select sc1.sno from student_course sc1,student_course sc2
    Where sc1.cno='10102' and sc2.cno='10104' and sc1.sno=sc2.sno)
```

② 代码运行结果（见图 8.30）

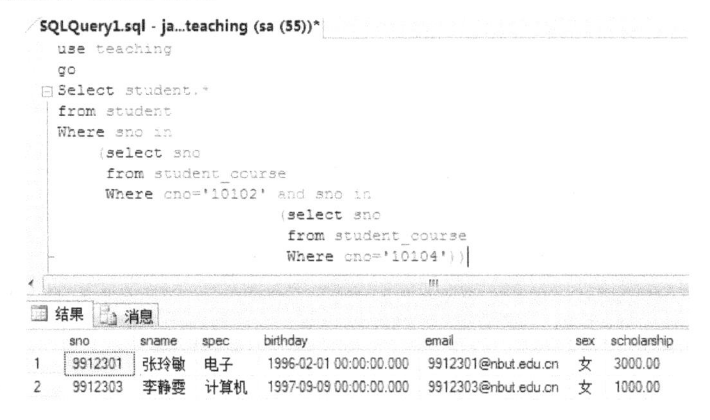

	sno	sname	spec	birthday	email	sex	scholarship
1	9912301	张玲敏	电子	1996-02-01 00:00:00.000	9912301@nbut.edu.cn	女	3000.00
2	9912303	李静雯	计算机	1997-09-09 00:00:00.000	9912303@nbut.edu.cn	女	1000.00

图 8.30　查询 2 操作代码及运行结果

（3）求每个学生所选课程的平均成绩，并用查询结果来创建一个新的数据表 XSPJCJ(sno, sname,avggrade)。

① 查询 3 操作代码

```
use teaching
go
Select s.sno,sname,avg(grade) as avggrade
Into XSPJCJ
From student s,student_course sc
Where s.sno=sc.sno
Group by s.sno,sname
```

② 代码运行结果（见图 8.31）

sno	sname	avggrade
9912301	张玲敏	81.000000
9912303	李静雯	36.750000
9912328	朱一鸣	70.500000
9912338	刘丹丹	63.000000
9921110	陈致力	79.000000
NULL	NULL	NULL

图 8.31　查询 3 操作代码及运行结果

(4) 求选修全部课程的所有学生的学号和姓名。

① 查询 4 操作代码

```
use teaching
go
Select s.sno,sname
From student s,student_course sc
Where s.sno=sc.sno
Group by s.sno,sname having count(*)=(select count(cno) From course)
```

② 代码运行结果（见图 8.32）

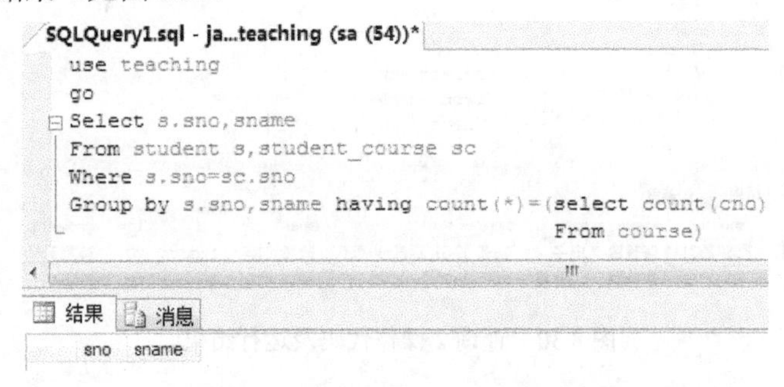

图 8.32　查询 4 操作代码及运行结果

(5) 求课程不及格学生的课程号、课程名、学号、姓名及成绩。

① 查询 5 操作代码

```
use teaching
go
Select c.cno,cname,s.sno,sname,grade
From student s,student_course sc,course c
Where s.sno=sc.sno and sc.cno=c.cno and grade<60
```

② 代码运行结果（见图 8.33）

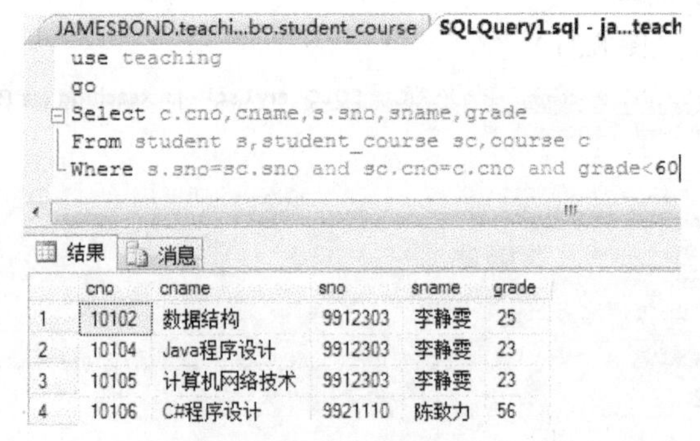

	cno	cname	sno	sname	grade
1	10102	数据结构	9912303	李静雯	25
2	10104	Java程序设计	9912303	李静雯	23
3	10105	计算机网络技术	9912303	李静雯	23
4	10106	C#程序设计	9921110	陈致力	56

图 8.33　查询 5 操作代码及运行结果

(6) 查询选修'Java 程序设计'课程的学生学号和姓名。

① 查询 6 操作代码

```
use teaching
go
Select s.sno,sname
From student s,student_course sc,course c
Where s.sno=sc.sno and sc.cno=c.cno and cname='Java 程序设计'
```

② 代码运行结果（见图8.34）

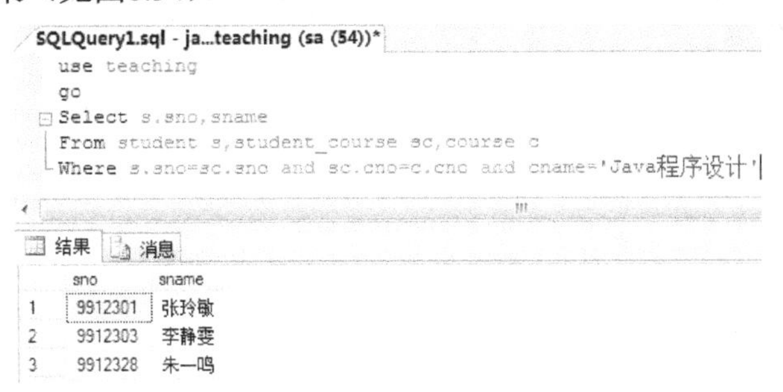

图 8.34　查询 6 操作代码及运行结果

（7）查询所有低于学生选课平均成绩的学生情况。

① 查询 7 操作代码

```
use teaching
go
Select distinct s.*
From student s,student_course sc
Where s.sno=sc.sno and grade<(select avg(grade) from student_course)
```

② 代码运行结果（见图8.35）

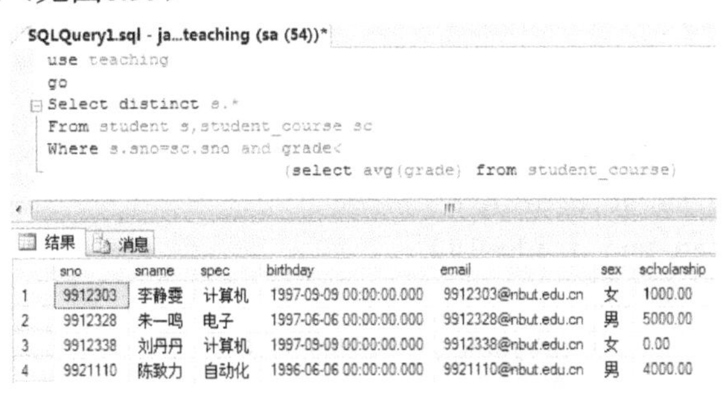

图 8.35　查询 7 操作代码及运行结果

（8）检索'信管'专业的学生信息，包括学号、姓名、性别。

① 查询 8 操作代码

```
use teaching
go
select sno,sname,sex
from student
where spec='信管'
```

② 代码运行结果（见图 8.36）

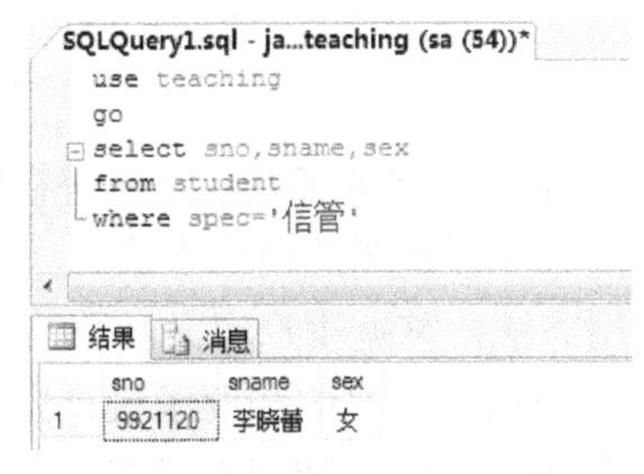

图 8.36　查询 8 操作代码及运行结果

（9）检索'网络'专业且有课程成绩不及格的学生信息，包括学号、姓名、课程名和分数。

① 查询 9 操作代码

```
use teaching
go
select s.sno,sname,cname,grade
from student s,student_course sc,course c
where s.sno=sc.sno and sc.cno=c.cno and spec='网络' and grade<60
```

② 代码运行结果（见图 8.37）

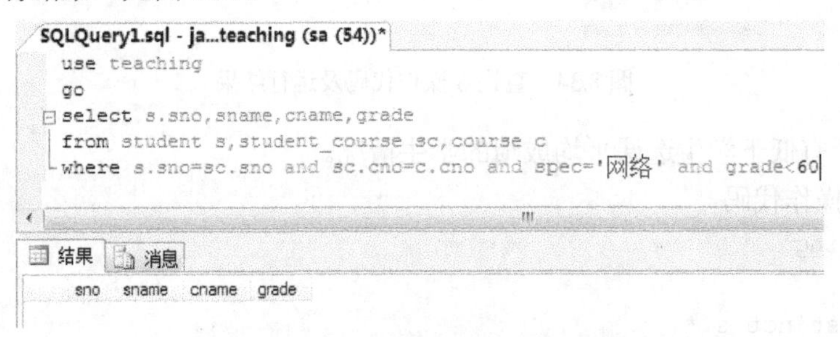

图 8.37　查询 9 操作代码及运行结果

（10）检索有学生成绩为满分（100 分）课程的课程号、课程名和学分。

① 查询 10 操作代码

```
use teaching
go
select distinct c.cno,cname,credit
from student_course sc,course c
where sc.cno=c.cno and grade=100
```

② 代码运行结果（见图 8.38）

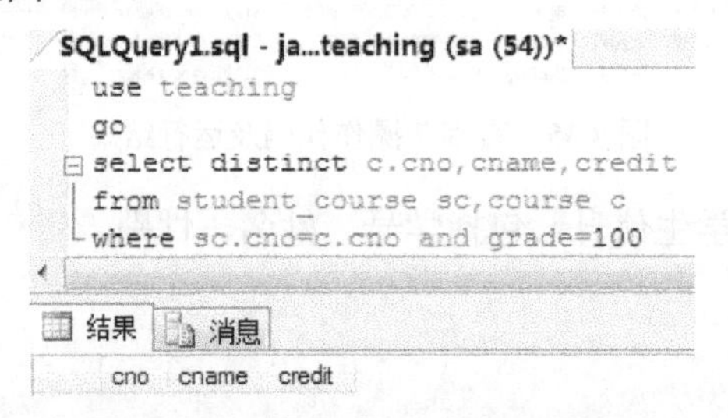

图 8.38　查询 10 操作代码及运行结果

8.4　实验 4：SQL Server 视图和函数

8.4.1　实验目的和要求

（1）理解创建视图 Create view 语句的格式和功能，掌握视图创建 3 个选项的含义。

（2）理解创建视图时的注意点，掌握视图的使用方法。

（3）理解常用系统函数的使用方法，掌握用户定义函数的使用方法。

（4）要求学生在每次实验前，根据实验目的和要求设计出本次实验的具体步骤；在实验过程中，要求独立进行程序调试和排错，学会使用在线帮助和运用理论知识来分析及解决实验中遇到的问题，并记录实验的过程和结果；上机实验结束后，根据实验模板的要求写出实验报告，并对实验过程进行分析和总结。

8.4.2 实验内容与过程记录

在 SQL Server 上附加 teaching 数据库，其中 3 个表的属性及含义解释如下：学生表 dbo.student 有属性 sno、sname、spec、birthday、email、sex、scholarship，分别代表学号、姓名、专业、生日、电子邮箱、性别、奖学金；课程表 dbo.course 有属性 cno、cname、credit、teacher，分别代表课程号、课程名、学分、任课教师；选课表 dbo.student_course 有属性 sno、cno、grade，分别代表学号、课程号、成绩。在 teaching 数据库中完成下列 10 项操作。

（1）将学生的学号、姓名及其平均成绩定义为一个视图 V1。

① 操作 1 代码

```
use teaching
go
Create view V1
As Select s.sno,sname,avg(grade) as avg_grade
  From student s,student_course sc
  Where s.sno=sc.sno
  Group by s.sno,sname
go
```

② 代码运行结果（见图 8.39）

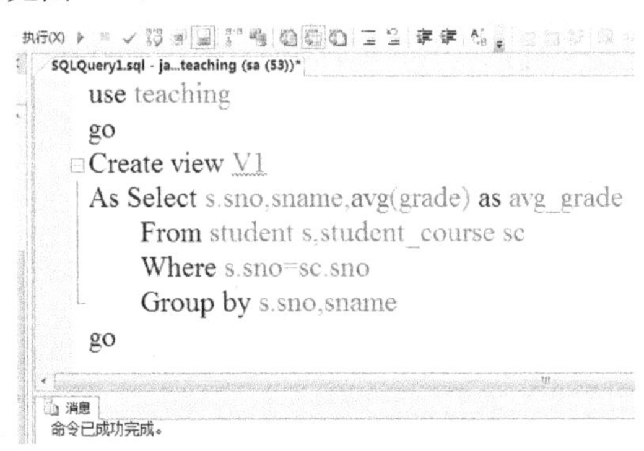

图 8.39 操作 1 代码及运行结果

（2）操作 1 创建的视图是否可更新，请说明原因。

由操作 1 创建的视图不可更新。因为在一般情况下，只有行、列子集视图才能更新，而由操作 1 创建的视图不仅用到分组，而且还有 avg 函数，所以不能更新。

（3）将没有一门课程成绩在 80 分以下的所有学生的信息（包括学号、姓名和专业）定义为一个视图 V3。

① 操作 3 代码

```
use teaching
go
Create view V3
As select s.sno,sname,spec from student s,student_course sc where s.sno=sc.sno
   group by s.sno,sname,spec having MIN(grade)>=80
go
```

② 代码运行结果（见图 8.40）

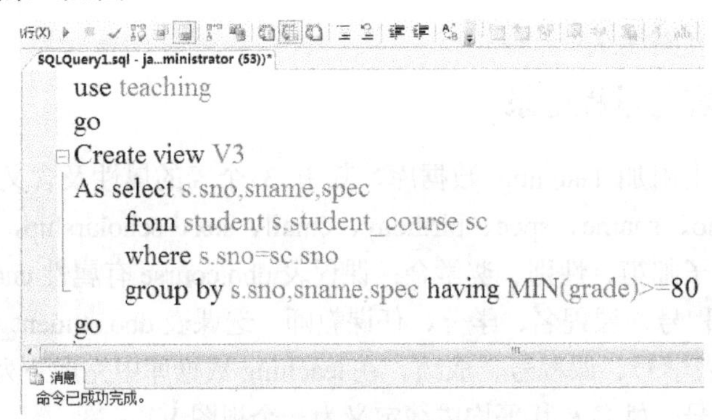

图 8.40　操作 3 代码及运行结果

（4）将获得奖学金（奖学金不为 0）的学生的奖学金数量变为原来的 2 倍，并将这些学生的信息定义为一个视图 V4。

① 操作 4 代码

```
use teaching
go
Create view V4
As select sno,sname,spec,birthday,email,sex,scholarship*2 as scholarship
   from student where scholarship>0
go
```

② 代码运行结果（见图 8.41）

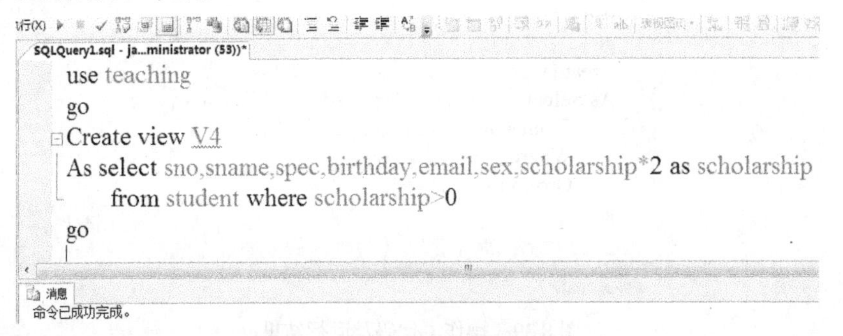

图 8.41　操作 4 代码及运行结果

（5）将学生成绩得过满分（100 分）的课程（包括课程号、课程名和学分）定义为一个视图 V5。

① 操作 5 代码

```
use teaching
go
create view V5
as select distinct c.cno,cname,credit
   from student_course sc,course c
   where sc.cno=c.cno and grade=100
go
```

② 代码运行结果（见图 8.42）

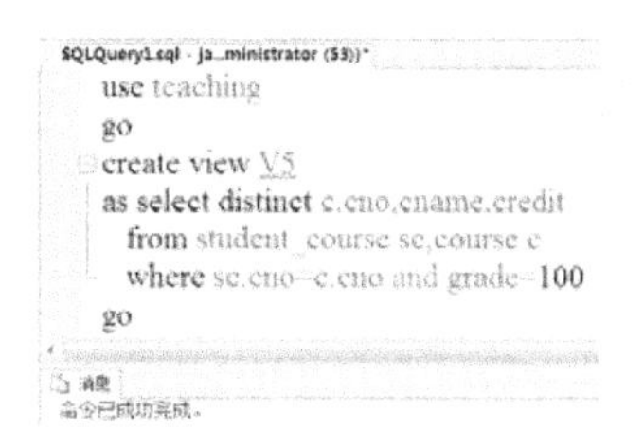

图 8.42　操作 5 代码及运行结果

（6）将 3 个表 dbo.student、dbo.student_course、dbo.course 连接操作定义为一个视图 V6。

① 操作 6 代码

```
use teaching
go
create view V6
as select s.sno,sname,spec,birthday,email,sex,scholarship,c.cno,cname,
        credit,teacher,grade
   from student s,student_course sc,course c
   where s.sno=sc.sno and sc.cno=c.cno
```

② 代码运行结果（见图 8.43）

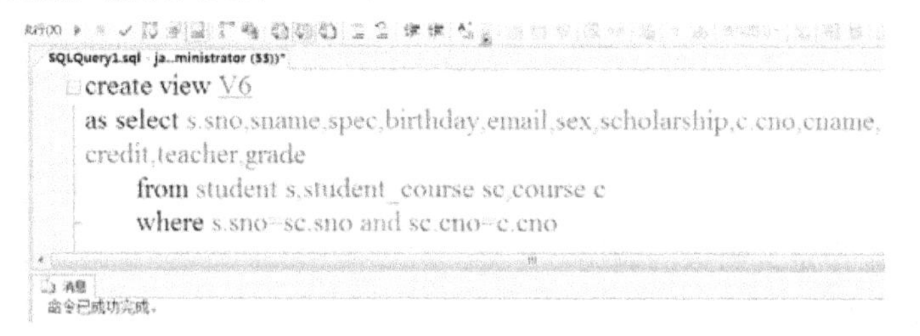

图 8.43　操作 6 代码及运行结果

（7）根据视图 V6 来查询选修了'数据库技术与设计'课程的所有学生的学号、姓名和成绩，并按成绩的降序排列。

① 操作 7 代码

```
use teaching
go
select sno,sname,grade
from V6
where cname='数据库技术与设计'
order by grade desc
go
```

② 代码运行结果（见图 8.44）

图 8.44　操作 7 代码及运行结果

(8) 求圆面积用户定义函数的创建。

① 操作 8 代码

```
use teaching
go
create function AREA(@R float)
returns float
as
    begin
        set @R=3.1415926*@R*@R
        return @R
    end
```

② 代码运行结果（见图 8.45）

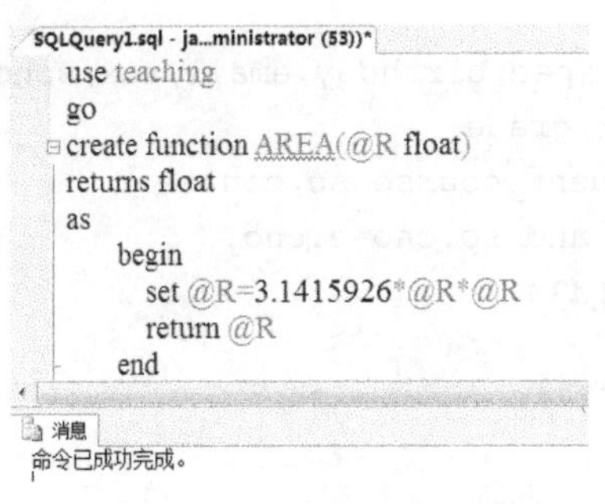

图 8.45　操作 8 代码及运行结果

(9) 求圆面积用户定义函数的调用。

① 操作 9 代码

```
Select dbo.AREA(3.5)          //调用函数并显示结果
```

或者

```
exec dbo.AREA 3.5             //调用函数但不显示结果
```

② 代码运行结果（见图 8.46）

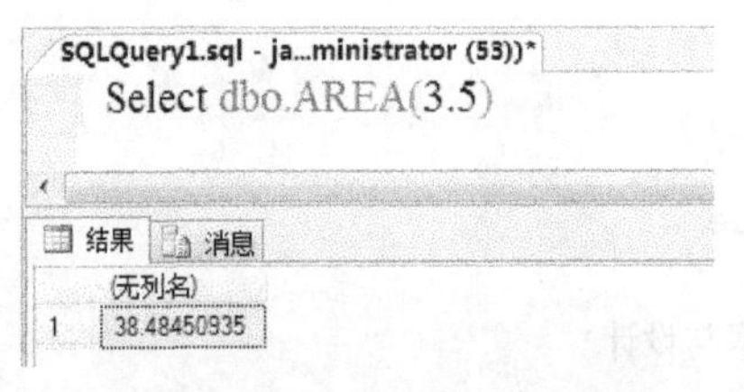

图 8.46　操作 9 代码及运行结果

(10) 求圆面积用户定义函数的删除。

① 操作 10 代码

```
Drop function AREA
```

② 代码运行结果（见图 8.47）

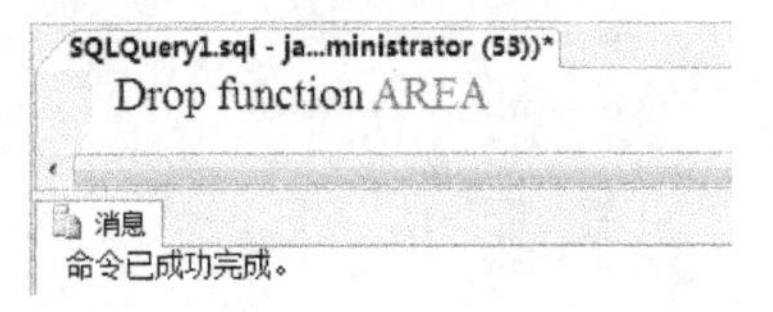

图 8.47　操作 10 代码及运行结果

小　　结

本章主要介绍了 SQL Server 和样本数据库安装、SQL Server 数据定义和更新、SQL Server 数据查询、SQL Server 视图和函数这 4 个实验，要求了解 SQL Server 数据定义、更新和函数；掌握 SQL Server 数据查询和视图等内容。

在本章学习中，要求读者结合实验多加以练习和实践，学会独立进行程序调试和排错，学会使用在线帮助和运用理论知识来分析及解决实验中遇到的问题，并记录实验的过程和结果。

习　　题

8.1　根据 8.1 节的内容，请指导教师编写实验 1 模板，让学生实践并完成；

8.2　根据 8.2 节的内容，请指导教师编写实验 2 模板，让学生实践并完成；

8.3　根据 8.3 节的内容，请指导教师编写实验 3 模板，让学生实践并完成；

8.4　根据 8.4 节的内容，请指导教师编写实验 4 模板，让学生实践并完成。

第9章　SQL Server综合实验

☞本章目标

本章主要介绍SQL Server综合练习、SQL Server存储过程和触发器两个实验，实践并掌握好这两个实验非常重要，不仅能加深对SQL Server综合实验的理解，而且能为学生在实践数据库设计实验时打下扎实的基础。

9.1　实验5：SQL Server综合练习

9.1.1　实验目的和要求

（1）巩固并掌握数据定义语言的使用，正确认识创建数据库和数据表语句的作用，进一步理解数据类型和各类约束对实现数据完整性的重要性。

（2）巩固并掌握数据操纵语言的使用，正确认识数据查询和数据更新语句的作用，熟练掌握数据查询语句的使用。

（3）巩固并掌握创建视图语句的格式和功能，理解视图创建3个选项的含义，熟练掌握视图的一般应用。

（4）要求学生在每次实验前，根据实验目的和要求设计出本次实验的具体步骤；在实验过程中，要求独立进行程序调试和排错，学会使用在线帮助和运用理论知识来分析及解决实验中遇到的问题，并记录实验的过程和结果；上机实验结束后，根据实验模板的要求写出实验报告，并对实验过程进行分析和总结。

9.1.2　实验内容与过程记录

某仓储超市采用POS（Point of Sale）机负责前台的销售收款，为及时掌握销售信息，并以此指导进货，拟建立商品进、销、存数据库管理系统。经过系统需求分析、概念结构设计和逻辑结构设计，可以简化得到如下一组关系模式（其中_____表示主键码，______表示外键码）：积分卡（顾客编号，顾客名，累计消费金额，积分点），销售详单（销售流水号，商品编码，数量，金额，顾客编号，收银员，时间），销售日汇总（日期，商品编码，数量），存货表（商品编码，数量），进货表（送货号码，商品编码，数量，日期），商品（商品编码，商品名称，单价）。请在SQL Server的查询分析器中按要求完成如下各题：

（1）创建名为Supermarket的数据库，数据文件名为Supermarket_data.mdf，日志文件名为Supermarket_log.ldf。

创建Supermarket数据库代码（代码运行结果略）：

```
create database Supermarket
on primary
    (name=Supermarket_data,filename='e:\Supermarket_data.mdf',
size=10mb,maxsize=50mb,filegrowth=20%)
```

```
log on
   (name=Supermarket_log,filename='e:\Supermarket_log.ldf',
size=5mb,maxsize=25mb,filegrowth=5mb)
collate chinese_prc_ci_as
go
```

（2）按表 9.1～表 9.6 要求创建 6 个数据表，并为每个表设置主键码和外键码（若有的话）。

表 9.1　Integralcard 积分卡信息表

列　名	数据类型	可否为空	说　明
User_id	char(10)	not null	顾客编号
User_name	varchar(20)	not null	顾客名
Cumulative_consumption	numeric(8,2)	not null	累计消费金额
Integral_point	numeric(5,0)	not null	积分点

表 9.2　Salesdetails 销售详单信息表

列　名	数据类型	可否为空	说　明
sales_id	char(10)	not null	销售流水号
commodity_code	char(10)	not null	商品编码
number	numeric(4,0)	null	数量
amount	numeric(9,2)	null	金额
User_id	char(10)	not null	顾客编号
cashier	varchar(20)	null	收银员
sd_time	datetime	null	时间

表 9.3　Salesdatesummary 销售日汇总信息表

列　名	数据类型	可否为空	说　明
sds_date	datetime	not null	日期
commodity_code	char(10)	not null	商品编码
number	numeric(4,0)	null	数量

表 9.4　Inventorylist 存货信息表

列　名	数据类型	可否为空	说　明
commodity_code	char(10)	not null	商品编码
number	numeric(4,0)	null	数量

表 9.5　Purchasetable 进货信息表

列　名	数据类型	可否为空	说　明
delivery_number	char(10)	not null	送货号码
commodity_code	char(10)	not null	商品编码
number	numeric(4,0)	null	数量
pt_date	datetime	not null	日期

表 9.6　Commodity 商品信息表

列　名	数据类型	可否为空	说　明
commodity_code	char(10)	not null	商品编码
commodity_name	varchar(10)	not null	商品名称
commodity_price	numeric(7,2）	not null	单价

① 创建 Integralcard 积分卡信息表（代码运行结果略）

```
use Supermarket
go
create table Integralcard
   (User_id char(10) not null,
    User_name varchar(20) not null,
    Cumulative_consumption numeric(8,2) not null,
    Integral_point numeric(5,0) not null)
go
alter table Integralcard add constraint pk_Integralcard primary key(User_id)
```

② 创建 Salesdetails 销售详单信息表（代码运行结果略）

```
use Supermarket
go
create table Salesdetails
    (sales_id char(10) not null,
    commodity_code char(10) not null,
    number numeric(4,0) null,
    amount numeric(9,2) null,
    User_id char(10) not null,
    cashier varchar(20) null,
    sd_time datetime null)
go
alter table Salesdetails add constraint pk_Salesdetails
     primary key(sales_id,commodity_code)
alter table Salesdetails add constraint fk_Salesdetails
     foreign key(User_id) references Integralcard(User_id)
```

③ 创建 Salesdatesummary 销售日汇总信息表（代码运行结果略）

```
use Supermarket
go
create table Salesdatesummary
    (sds_date datetime not null,
    commodity_code char(10) not null,
    number numeric(4,0) null)
go
alter table Salesdatesummary add constraint pk_Salesdatesummary
     primary key(sds_date,commodity_code)
```

④ 创建 Inventorylist 存货信息表（代码运行结果略）

```
use Supermarket
go
create table Inventorylist
    (commodity_code char(10) not null,
    number numeric(4,0) null)
go
alter table Inventorylist add constraint pk_Inventorylist
     primary key(commodity_code)
```

⑤ 创建 Purchasetable 进货信息表（代码运行结果略）

```
use Supermarket
```

```
go
create table Purchasetable
    (delivery_number char(10) not null,
    commodity_code char(10) not null,
    number numeric(4,0) null,
    pt_date datetime not null)
go
alter table Purchasetable add constraint pk_Purchasetable
     primary key(delivery_number,commodity_code)
```

⑥ 创建 Commodity 商品信息表（代码运行结果略）

```
use Supermarket
go
create table Commodity
    (commodity_code char(10) not null,
     commodity_name varchar(10) not null,
     commodity_price numeric(7,2) not null)
go
alter table Commodity add constraint pk_Commodity primary key(commodity_code)
```

（3）在建好的 6 个表中，利用对象资源管理器分别输入和更新若干个记录，要求主键码不能为空和重复，外键码只能取另一个表的主键码之一。

在“对象资源管理器”窗口展开“数据库”，选中 Supermarket 数据库，展开此数据库及下属的表，选择一个数据表（如 dbo.Integralcard），右键单击此表并在弹出的菜单中选择“编辑前 200 行”选项，即可输入或修改此表的内容，最后单击“关闭”按钮即可保存；其他 5 个表也类似处理（每个表记录编辑的界面略）。

（4）针对该数据库的 6 个表，完成如下 6 个查询操作请求。

① 查询顾客编号为'yh23001011'的顾客名、累计消费金额和积分点。

● 查询 1 操作代码

```
use Supermarket
go
select user_name,cumulative_consumption,integral_point
from Integralcard
where USER_ID='yh23001011'
```

● 代码运行结果（见图 9.1）

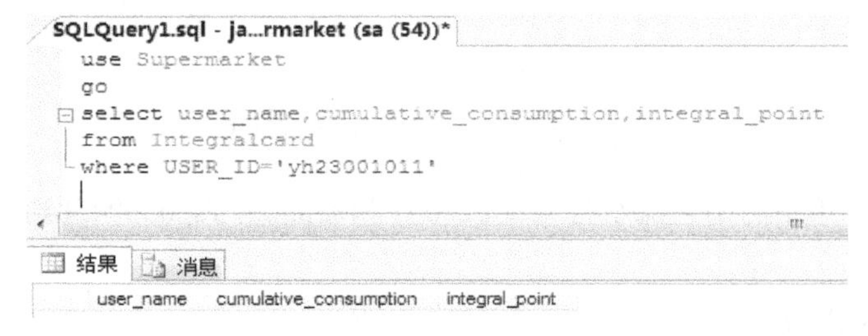

图 9.1　查询 1 操作代码及运行结果

② 查询顾客'张三'所购的全部商品的商品编码、商品名称、单价、数量和金额。

● 查询 2 操作代码

```
use Supermarket
```

```
go
select SD.commodity_code,commodity_name,commodity_price,number,amount
from Integralcard  II,Salesdetails  SD,Commodity  CC
where II.User_id=SD.User_id and SD.commodity_code=CC.commodity_code
     and User_name='张三'
```

● 代码运行结果（见图 9.2）

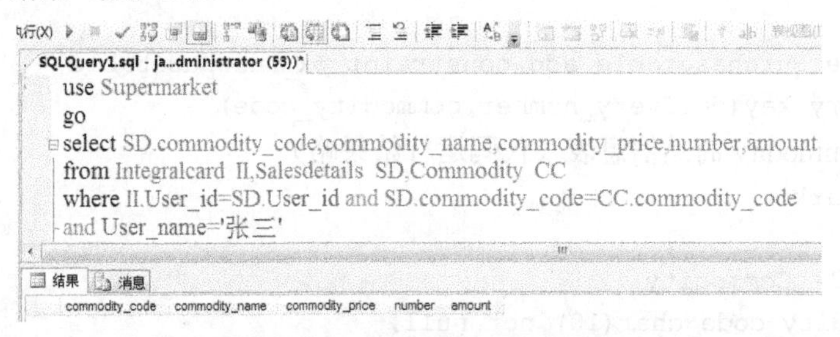

图 9.2　查询 2 操作代码及运行结果

③ 查询 2016 年 4 月各类商品销售数量的排行榜，要求显示商品编码、商品名称和数量（按降序排列）。

● 查询 3 操作代码

```
use Supermarket
go
select SD.commodity_code,commodity_name,sum(number) as sum_number
from Salesdatesummary  SD,Commodity  CC
where SD.commodity_code=CC.commodity_code
    and sds_date between '2016-04-01' and '2016-04-30'
group by SD.commodity_code,commodity_name
order by sum_number desc
```

● 代码运行结果（见图9.3）

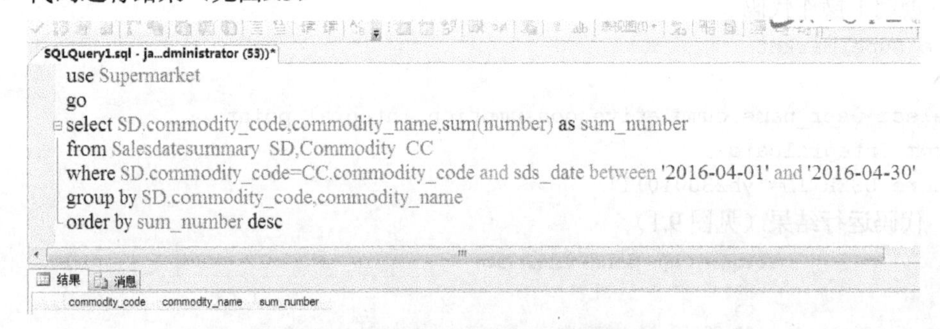

图 9.3　查询 3 操作代码及运行结果

④ 根据销售详单中的销售流水号'xs80020001'和商品编码'sp03004561'，对存货表中的数量进行更新。

● 查询 4 操作代码

```
use Supermarket
go
update Inventorylist
set number=number-(select number from Salesdetails
          where Salesdetails.sales_id='xs80020001'
```

```
                and commodity_code='sp03004561')
where commodity_code='sp03004561'
```

● 代码运行结果（见图 9.4）

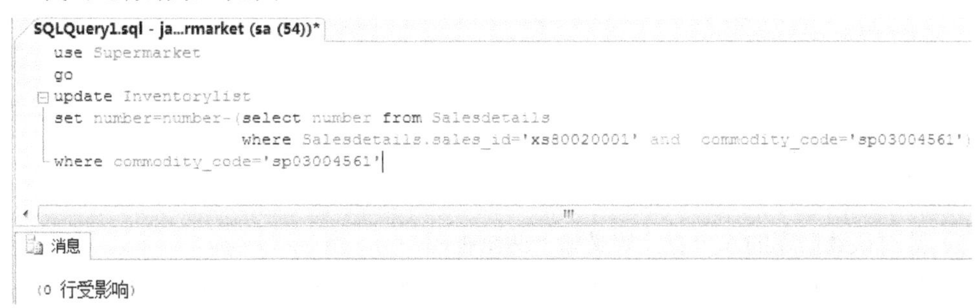

图 9.4　查询 4 操作代码及运行结果

⑤ 根据进货表中的送货号码'sh00012288'和商品编码'sp03006677'，对存货表中的数量进行更新。

● 查询 5 操作代码

```
use Supermarket
go
update Inventorylist
set number=number+(select number from Purchasetable
                where Purchasetable.delivery_number='sh00012288'
                      and commodity_code='sp03006677')
where commodity_code='sp03006677'
```

● 代码运行结果（见图 9.5）

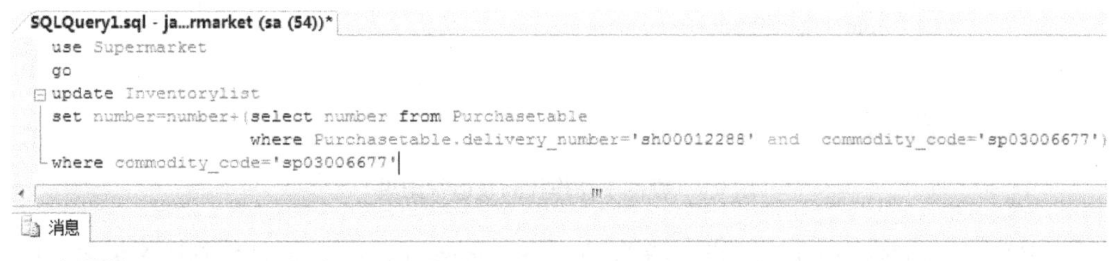

图 9.5　查询 5 操作代码及运行结果

⑥ 统计 2016 年 4 月中每一天的销售金额，要求显示日期、销售金额（按降序排列）。

● 查询 6 操作代码

```
use Supermarket
go
select sds_date,sum(number*commodity_price) as day_comsumption
from Salesdatesummary,Commodity
where Salesdatesummary.commodity_code=Commodity.commodity_code
     and sds_date between '2016-04-01' and '2016-04-30'
group by sds_date
order by day_comsumption desc
```

● 代码运行结果（见图 9.6）

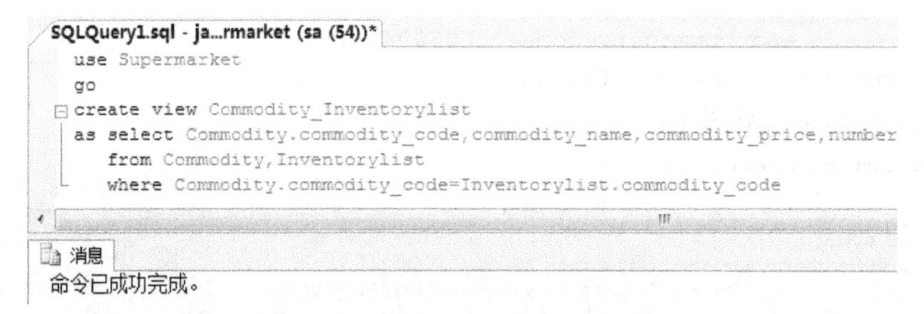

图 9.6　查询 6 操作代码及运行结果

（5）针对该数据库的 6 个表，定义如下两个视图。

① 定义一个商品存货的视图 Commodity_Inventorylist，属性包括商品编码、商品名称、单价和数量。

● 视图 1 操作代码

```
use Supermarket
go
create view Commodity_Inventorylist
as select Commodity.commodity_code,commodity_name,commodity_price,number
   from Commodity,Inventorylist
   where Commodity.commodity_code=Inventorylist.commodity_code
```

● 代码运行结果（见图 9.7）

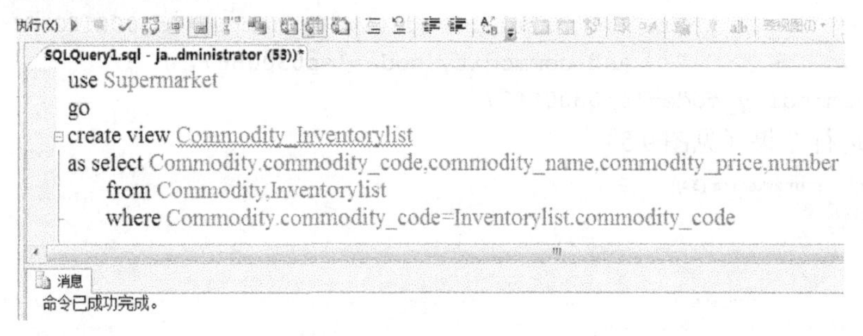

图 9.7　视图 1 操作代码及运行结果

② 定义一个顾客购买商品的详细清单 User_Purchase_Details，属性包括顾客编号、顾客名、商品编码、商品名称、单价和数量。

● 视图 2 操作代码

```
use Supermarket
go
create view User_Purchase_Details
as select Integralcard.User_id,User_name,Commodity.commodity_code,
        commodity_name,commodity_price,number
   from Integralcard,Salesdetails,Commodity
   where Integralcard.User_id=Salesdetails.User_id and
        Salesdetails.commodity_code=Commodity.commodity_code
```

● 代码运行结果（见图 9.8）

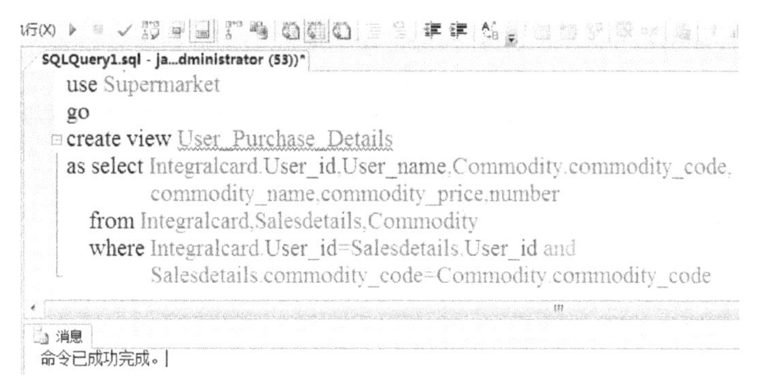

图 9.8　视图 2 操作代码及运行结果

9.2　实验 6：SQL Server 存储过程和触发器

9.2.1　实验目的和要求

（1）理解流程控制语言和游标，能读懂或编写基于流程控制语言的程序。

（2）理解存储过程的概念和语句格式，掌握存储过程的用法。

（3）理解触发器的概念和语句格式，了解触发器的用法。

（4）要求学生在每次实验前，根据实验目的和要求设计出本次实验的具体步骤；在实验过程中，要求独立进行程序调试和排错，学会使用在线帮助和运用理论知识来分析及解决实验中遇到的问题，并记录实验的过程和结果；上机实验结束后，根据实验模板的要求写出实验报告，并对实验过程进行分析和总结。

9.2.2　实验内容与过程记录

在 SQL Server 上附加 teaching 数据库，其中 3 个表的属性及含义解释如下：学生表 dbo.student 有属性 sno、sname、spec、birthday、email、sex、scholarship，分别代表学号、姓名、专业、生日、电子邮箱、性别、奖学金；课程表 dbo.course 有属性 cno、cname、credit、teacher，分别代表课程号、课程名、学分、任课教师；选课表 dbo.student_course 有属性 sno、cno、grade，分别代表学号、课程号、成绩。在 teaching 数据库中完成下列操作：

（1）已知 teaching 数据库的上述 3 个表，要求声明一个对选修'数据库技术与设计'课程的成绩可以进行更新的滚动游标，游标要处理的结果集应包含 5 个字段（s.sno、sname、sc.cno、cname、grade）。在打开游标前，先显示游标要处理的结果集内容；打开游标后，依次提取结果集中的每个记录（注意：取数后要检查操作的执行状态，若@@FETCH_STATUS 的值为 0，则表示取数成功，否则失败），并将成绩加 5 分，此过程可以不断进行下去，直至取数完毕，最后关闭游标和释放游标；为了验证结果的正确性，要求再次显示游标要处理的结果集内容。

① 游标操作代码

```
Use teaching
GO
SELECT s.sno,sname,sc.cno,cname,grade
FROM student s,student_course sc,course c
WHERE s.sno=sc.sno and sc.cno=c.cno and cname='数据库技术与设计'
DECLARE  s_sc_c  SCROLL CURSOR
```

```
FOR SELECT s.sno,sname,sc.cno,cname,grade
   FROM student s,student_course sc,course c
   WHERE s.sno=sc.sno and sc.cno=c.cno and cname='数据库技术与设计'
FOR UPDATE OF grade
DECLARE  @fetch_status  INT
OPEN  s_sc_c
FETCH  FIRST  FROM  s_sc_c
WHILE  @@FETCH_STATUS=0
BEGIN
   UPDATE  student_course
   SET grade=grade+5
   WHERE CURRENT OF s_sc_c
   FETCH  NEXT  FROM  s_sc_c
END
CLOSE  s_sc_c
DEALLOCATE  s_sc_c
GO
SELECT s.sno,sname,sc.cno,cname,grade
FROM student s,student_course sc,course c
WHERE s.sno=sc.sno and sc.cno=c.cno and cname='数据库技术与设计'
GO
```

② 代码运行结果（见图 9.9）

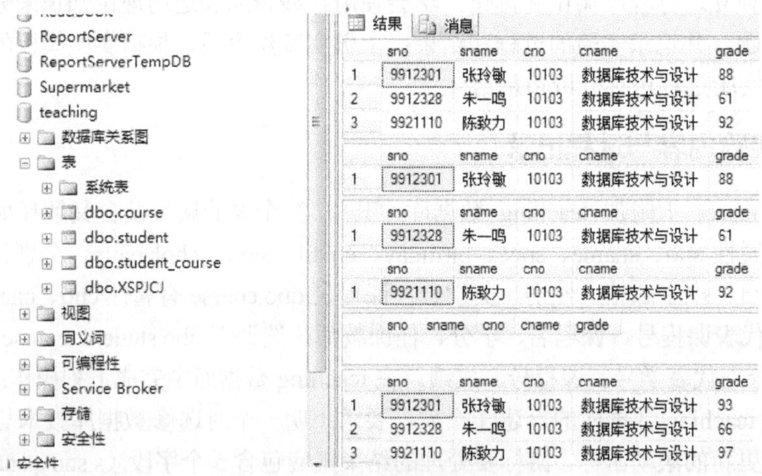

图 9.9　游标操作代码及运行结果

（2）已知 teaching 数据库的上述 3 个表，要求创建以下存储过程：

① 创建存储过程 SP1，要求查询'计算机'专业学生选修各课程成绩的平均分、最高分和最低分。

● 存储过程 1 操作代码

```
Use teaching
go
create procedure SP1
as SELECT sc.cno as 课程号,cname as 课程名,avg(grade) as 平均成绩,
        MAX(grade) as 最高分,min(grade) as 最低分
```

```
  FROM student s,student_course sc,course c
  WHERE s.sno=sc.sno and sc.cno=c.cno and spec='计算机'
  group by sc.cno,cname
go
```

● 代码运行结果（见图 9.10）

```
exec SP1
```

图 9.10 存储过程 1 操作代码及运行结果

② 创建存储过程 SP2，要求统计各个专业的学生人数，并按统计结果的降序排列。

● 存储过程 2 操作代码

```
Use teaching
GO
create procedure SP2
as SELECT spec as 专业名称,COUNT(*) as 专业人数
   FROM student
   group by spec
   order by 专业人数 desc
go
```

● 代码运行结果（见图 9.11）

```
exec SP2
```

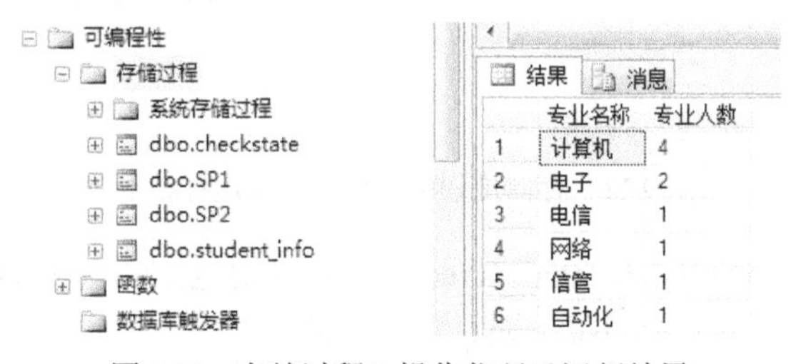

图 9.11 存储过程 2 操作代码及运行结果

③ 创建存储过程 SP3，要求查询至少选修两门课程的学生的学号、姓名、专业和性别。

● 存储过程 3 操作代码

```
Use teaching
GO
create procedure SP3
as SELECT s.sno,sname,spec,sex
  FROM student s,student_course sc
  WHERE s.sno=sc.sno
  group by s.sno,sname,spec,sex having COUNT(*)>=2
go
```

● 代码运行结果（见图 9.12）

```
exec SP3
```

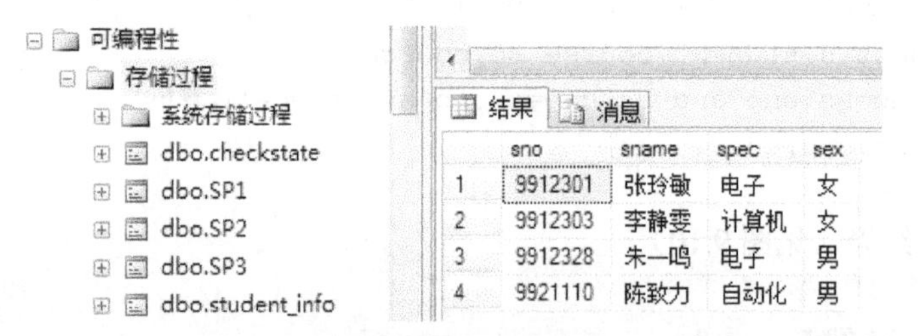

图 9.12　存储过程 3 操作代码及运行结果

④ 创建存储过程 SP4，要求查询平均分在 80 分及以上（这里指定分数作为参数）课程的课程号和课程名。

● 存储过程 4 操作代码

```
Use teaching
GO
create procedure SP4 @avg_grade int
as SELECT sc.cno,cname
  FROM student_course sc,course c
  WHERE sc.cno=c.cno
  group by sc.cno,cname having avg(grade)>= @avg_grade
go
```

● 代码运行结果（见图 9.13）

```
exec SP4 @avg_grade=80
```

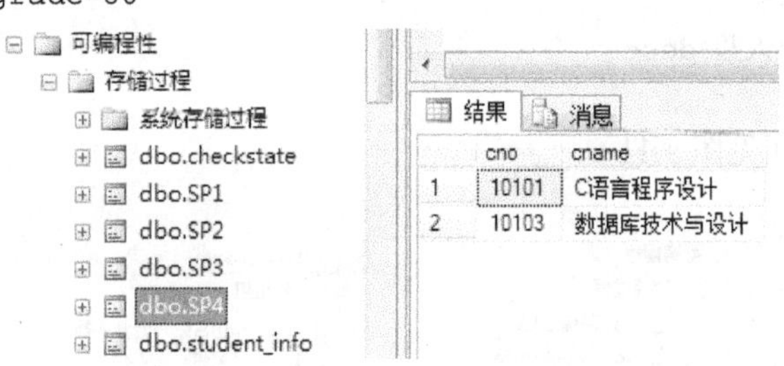

图 9.13　存储过程 4 操作代码及运行结果

（3）已知 teaching 数据库的 dbo.student_course 表，要求创建一个更新触发器 grade_update，当更新 grade 时能保证 0≤grade≤100。具体操作要求：

① 检验 dbo.student_course 表中 grade 字段的值是否可以超范围修改。

因为 dbo.student_course 表中只定义了主键码约束和外键码约束，没有对 grade 字段定义 CHECK 约束，所以经检验 grade 字段的值可以超范围修改。

② 编写 grade_update 触发器代码，并运行。

● 触发器操作代码

```
use teaching
go
Create trigger grade_update
On student_course
For update
As If update(grade)
      If (select count(*) from deleted,inserted
         where deleted.sno=inserted.sno and deleted.cno=inserted.cno
```

```
            and (inserted.grade<0 or inserted.grade>100))>0
      begin
         print '***成绩更新超范围***'
         rollback transaction
      end
go
```

● 代码运行结果（见图 9.14）

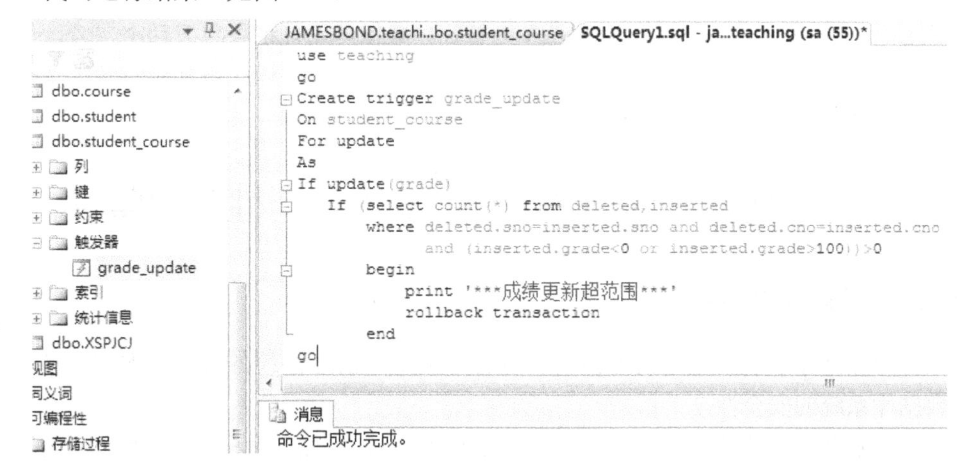

图 9.14　触发器操作代码及运行结果

③ 再检验 dbo.student_course 表中 grade 字段的值是否可以超范围修改。

因为在 dbo.student_course 表中设置了 grade_update 触发器，所以经检验 grade 字段的值不可以超范围修改。

④ 用 drop trigger grade_update 删除此触发器，再检验 dbo.student_course 表中 grade 字段的值是否可以超范围修改。

因为在 dbo.student_course 表中删除了 grade_update 触发器，所以经检验 grade 字段的值又可以超范围修改了。

小　结

本章主要介绍了 SQL Server 综合练习、SQL Server 存储过程和触发器这两个实验，要求掌握 SQL Server 综合练习、存储过程，了解 SQL Server 触发器等内容。

在本章学习中，要求读者结合实验多加以练习和实践，学会独立进行程序调试和排错，学会使用在线帮助和运用理论知识来分析及解决实验中遇到的问题，并记录实验的过程和结果。

习　题

9.1　根据 9.1 节的内容，请指导教师编写实验 5 模板，让学生实践并完成。

9.2　根据 9.2 节的内容，请指导教师编写实验 6 模板，让学生实践并完成。

第 10 章　数据库设计实验

☞本章目标

本章主要介绍 SQL Server 系统安全性和完整性、数据库设计综合练习两个实验，学习并掌握好这两个实验非常重要，不仅能加深对数据库设计实验的理解，而且能为学生在今后开发数据库应用系统时奠定结构设计和行为设计的基础。

10.1　实验 7：SQL Server 系统安全性和完整性

10.1.1　实验目的和要求

（1）理解数据库系统安全性的内容，掌握使用 SQL Server 系统的视图技术和许可子系统来实现数据库系统的安全性。

（2）理解数据库完整性的内容，掌握使用 SQL Server 系统的标识列、限制、规则、声明性引用完整性和触发器来实现数据库的完整性。

（3）要求学生在每次实验前，根据实验目的和要求设计出本次实验的具体步骤；在实验过程中，要求独立进行程序调试和排错，学会使用在线帮助和运用理论知识来分析及解决实验中遇到的问题，并记录实验的过程和结果；上机实验结束后，根据实验模板的要求写出实验报告，并对实验过程进行分析和总结。

10.1.2　实验内容与过程记录

在 SQL Server 上附加 teaching 数据库，其中 3 个表的含义解释如下：学生表 dbo.student 有属性 sno、sname、spec、birthday、email、sex、scholarship，分别代表学号、姓名、专业、生日、电子邮箱、性别、奖学金；课程表 dbo.course 有属性 cno、cname、credit、teacher，分别代表课程号、课程名、学分、任课教师；选课表 dbo.student_course 有属性 sno、cno、grade，分别代表学号、课程号、成绩。请在 SQL Server 中按要求完成如下各题。

1．SQL Server 系统的安全性练习

（1）视图技术可以使用户不能接触到无权使用的数据，请创建一个只能查看每个学生平均成绩的视图 student_avg_grade(sno,sname,avg_grade)。

● 视图操作代码

```
use teaching
go
create view student_avg_grade(sno,sname,avg_grade)
as select s.sno,sname,avg(grade)
  from student s,student_course sc
  where s.sno=sc.sno
  group by s.sno,sname
go
```

● 代码运行结果（见图 10.1）

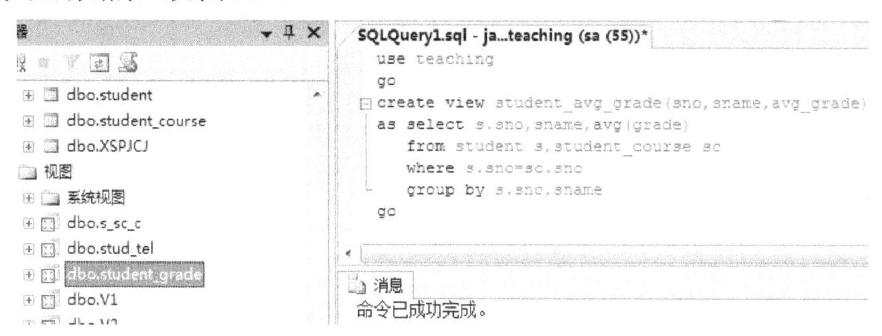

图 10.1　视图操作代码及运行结果

（2）采用 SQL Server 身份验证，并用系统管理员 sa 账户和密码登录到 SQL Server Management Studio 后，先展开数据库服务器→安全性→登录名，通过右键单击登录名，在“登录名-新建”对话框中创建登录名 s1，如图 10.2 所示；然后展开数据库 teaching→安全性→用户，通过右键单击用户，在“数据库用户-新建”对话框中创建用户名 u1，并使数据库用户名 u1 与数据库服务器登录名 s1 相关联，如图 10.3 所示。

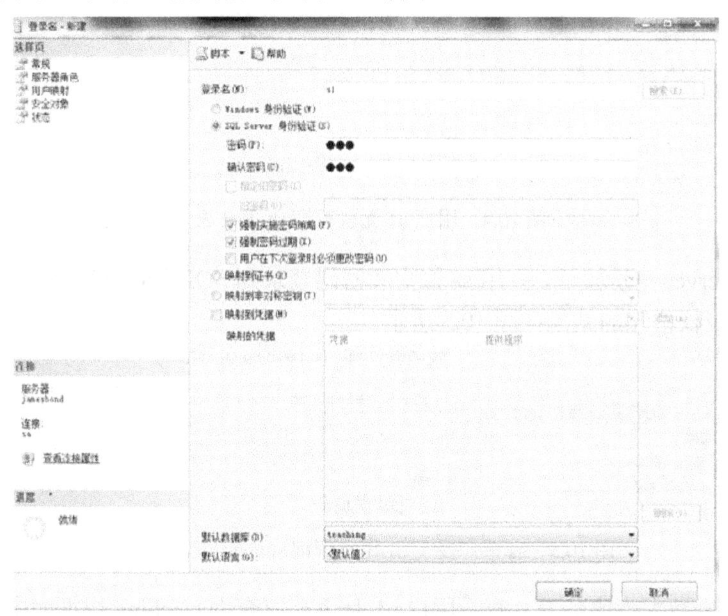

图 10.2　创建登录名 s1 的对话框

（3）用 grant 和 revoke 语句进行授权及收权操作，具体如下：

① 以 s1 登录数据库服务器，查看用户 u1 是否有权查询 teaching 数据库中的 student 表。为什么？

采用 SQL Server 身份验证，并用 s1 账户和密码登录到 SQL Server Management Studio 后，用户 u1 无权查询 teaching 数据库中的 student 表，因为系统管理员 sa 还没有授权。执行查询操作后的系统提示信息如图 10.4 所示。

② 以系统管理员 sa 身份登录数据库服务器，为 u1 用户授予查询 student 表的权力，同时允许 u1 将该权力授予其他用户。

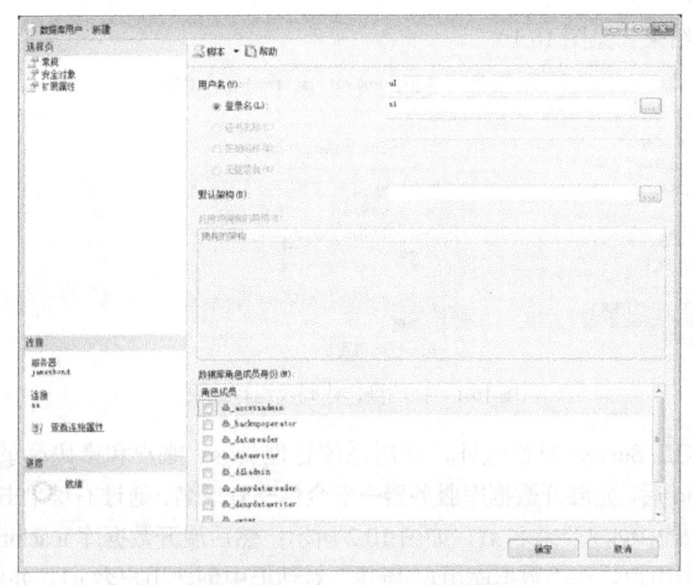

图 10.3　创建用户名 u1 的对话框

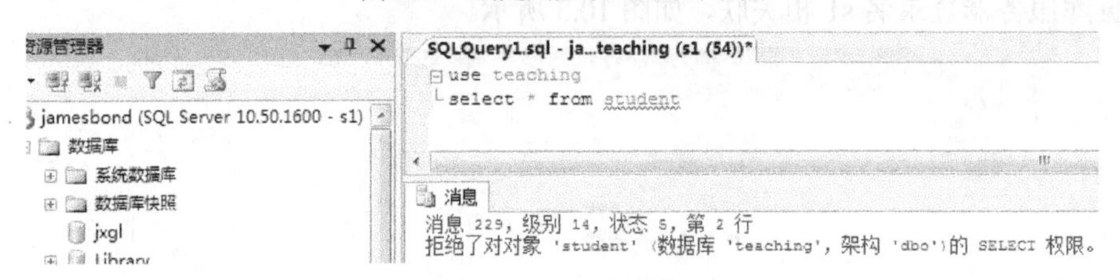

图 10.4　用户 u1 无权查询 student 表

采用 SQL Server 身份验证，并用 sa 账户和密码登录到 SQL Server Management Studio 后，为 u1 用户执行授权语句的结果如图 10.5 所示。

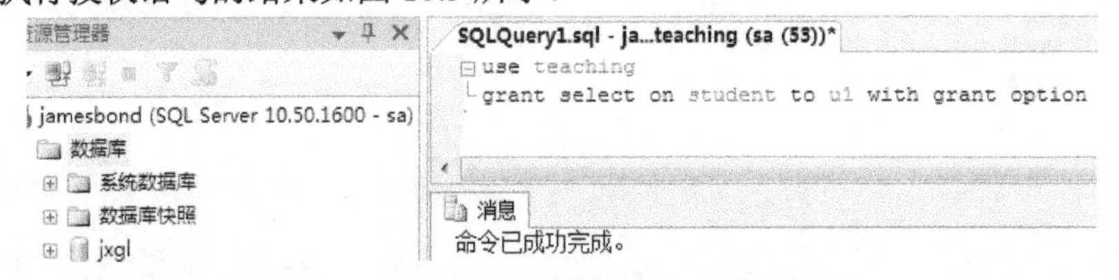

图 10.5　sa 账户授予 u1 用户查询 student 表的权力

③ 以 s1 登录数据库服务器，查看用户 u1 是否有权查询 teaching 数据库中的 student 表。

采用 SQL Server 身份验证，并用 s1 账户和密码登录到 SQL Server Management Studio 后，用户 u1 已有权查询 teaching 数据库中的 student 表，执行查询操作后的结果如图 10.6 所示。

④ 收回用户 u1 查询 student 表的权力。

采用 SQL Server 身份验证，并用 sa 账户和密码登录到 SQL Server Management Studio 后，为 u1 用户执行收权语句的结果如图 10.7 所示。

⑤ 再次以 s1 登录数据库服务器，查看用户 u1 的权限是否收回。

采用 SQL Server 身份验证，并用 s1 账户和密码登录到 SQL Server Management Studio 后，用户 u1 已无权查询 teaching 数据库中的 student 表，执行查询操作后的系统结果如图 10.8 所示。

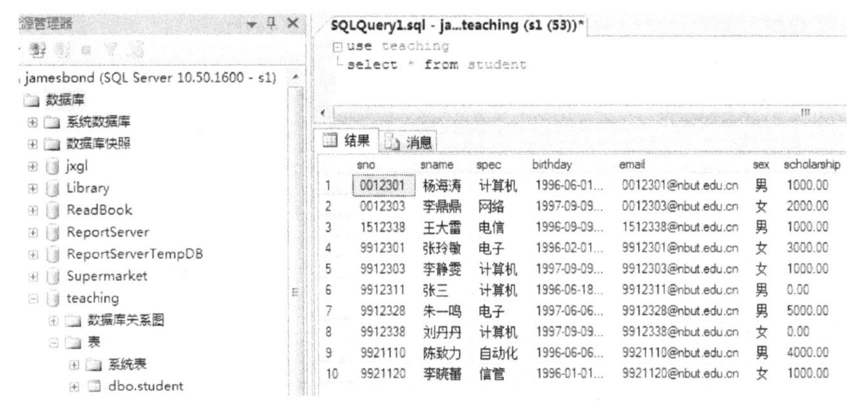

	sno	sname	spec	birthday	email	sex	scholarship
1	0012301	杨海涛	计算机	1996-06-01...	0012301@nbut.edu.cn	男	1000.00
2	0012303	李鼎鼎	网络	1997-09-09...	0012303@nbut.edu.cn	女	2000.00
3	1512338	王大雷	电信	1996-09-09...	1512338@nbut.edu.cn	男	1000.00
4	9912301	张玲敏	电子	1996-02-01...	9912301@nbut.edu.cn	女	3000.00
5	9912303	李静雯	计算机	1997-09-09...	9912303@nbut.edu.cn	女	1000.00
6	9912311	张三	计算机	1996-06-18...	9912311@nbut.edu.cn	男	0.00
7	9912328	朱一鸣	电子	1997-06-06...	9912328@nbut.edu.cn	男	5000.00
8	9912338	刘丹丹	计算机	1997-09-09...	9912338@nbut.edu.cn	女	0.00
9	9921110	陈致力	自动化	1996-06-06...	9921110@nbut.edu.cn	男	4000.00
10	9921120	李晓蕾	信管	1996-01-01...	9921120@nbut.edu.cn	女	1000.00

图 10.6　用户 u1 已有权查询 student 表

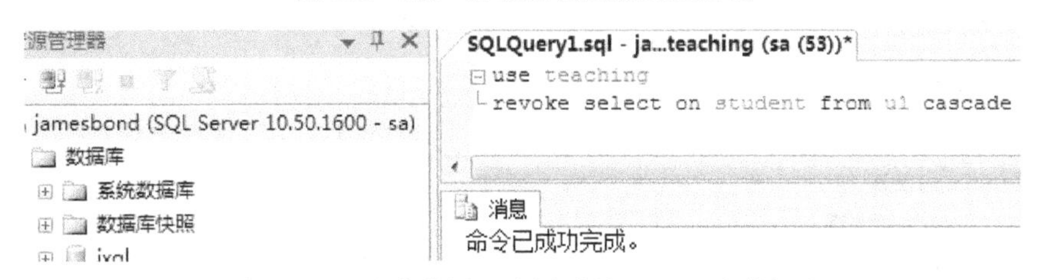

图 10.7　sa 账户收回 u1 用户查询 student 表的权力

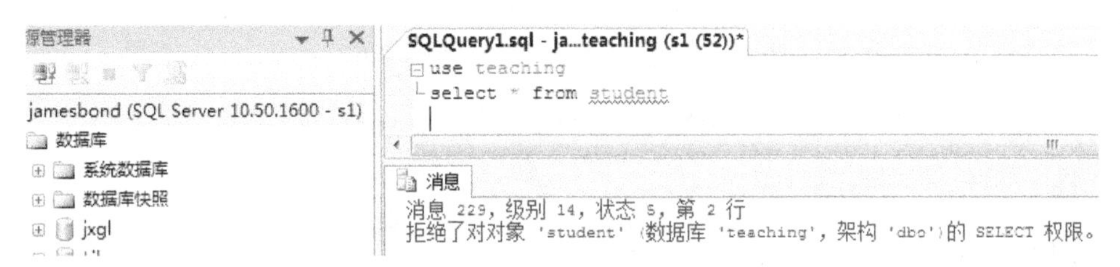

图 10.8　用户 u1 已无权查询 student 表

2．SQL Server 系统的完整性练习

以 teaching 数据库为例，在 SQL Server Management Studio 中创建数据库 S_C，在查询分析器中创建 student、student_course 和 course 这 3 个表时，分别设置 primary key、foreign key、not null、unique、check 完整性约束，然后用实验数据证实当操作违反了完整性约束条件时系统是如何处理的。

采用 SQL Server 身份验证，并用 sa 账户和密码登录数据库服务器后，右键单击“数据库”，再选“新建数据库”就会出现如下的新建数据库对话框，输入 S_C 数据库名称并单击“确定”按钮即可。

（1）举例说明如何在 student、course 表中设置 primary key、not null、unique 完整性约束。

① 在 S_C 数据库中创建 student 表，用到 primary key、not null、unique 完整性约束如图 10.9 所示。

② 在 S_C 数据库中创建 course 表，用到 primary key、not null、unique 完整性约束如图 10.10 所示。

（2）举例说明如何在 student_course 表中设置 primary key、foreign key、check 等完整性约束。

在 S_C 数据库中创建 student_course 表，用到 primary key、foreign key、check 等完整性约束如图 10.11 所示。

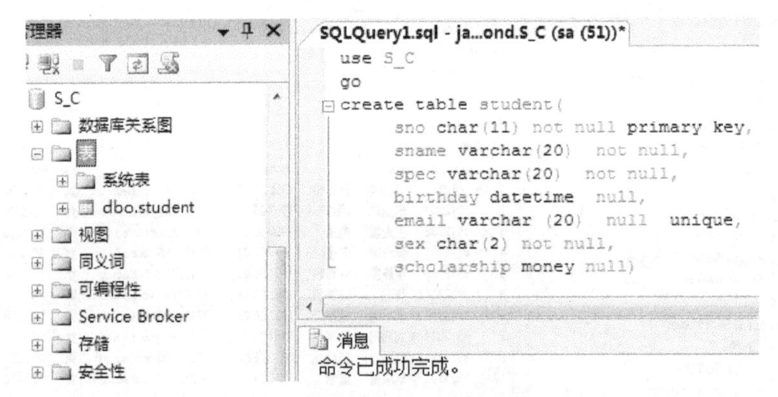

图 10.9 创建 student 表的完整性约束

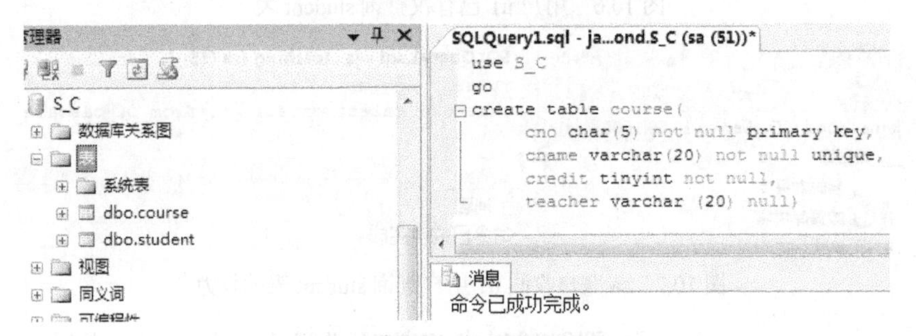

图 10.10 创建 course 表的完整性约束

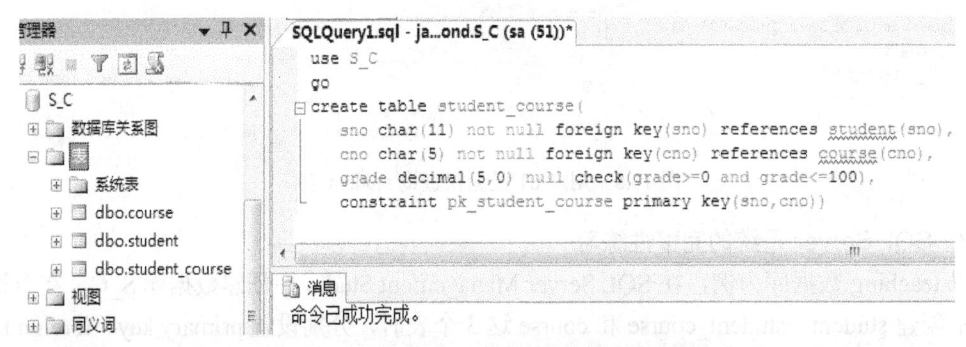

图 10.11 创建 student_course 表的完整性约束

（3）用 insert 语句向这 3 个表添加元组来检验已经建立的各类约束在实现数据完整性方面的作用（既要设计正确的元组，也要设计错误的元组），在实验报告中记录下测试的元组数据、违反的完整性约束类型、系统是如何处理的（或系统的提示信息）。

① 在 student 表中，主键码 sno 输入值不能重复（见图 10.12）；类似地，在 course 表中，主键码 cno 输入值也不能重复（运行结果略）。

② 在 student_course 表中，外键码 sno 输入值只能取 student 表主键码 sno 值之一，否则出错（见图 10.13）；类似地，外键码 cno 输入值也只能取 course 表主键码 cno 值之一，否则也出错（运行结果略）。

③ 在 student_course 表中，属性 grade 输入值只能取 0～100 之间的值，否则出错（见图 10.14）；其他完整性约束 not null、unique 也有类似的结果（运行结果略）。

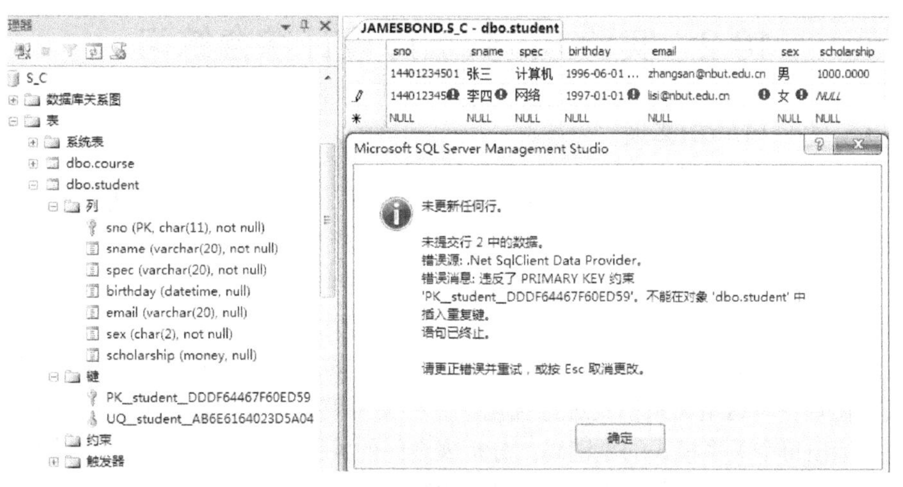

图 10.12　主键码 sno 输入值不能重复

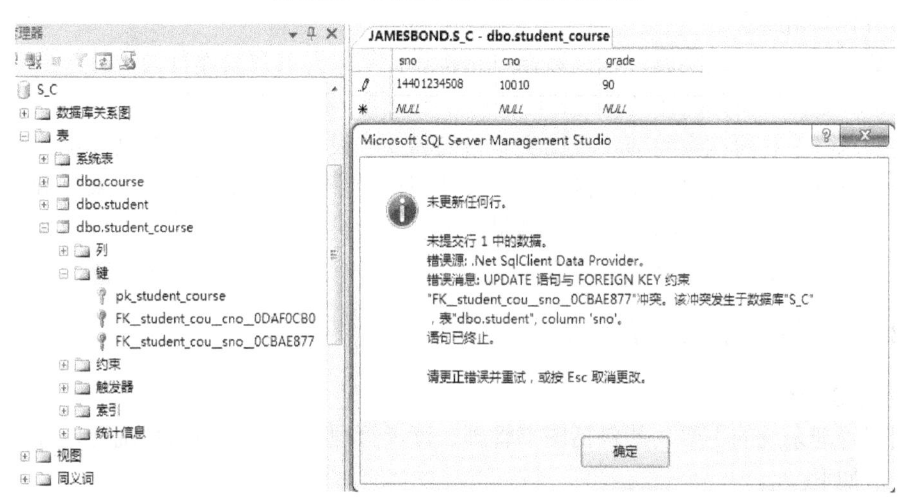

图 10.13　外键码 sno 输入值只能取 student 表主键码 sno 值之一

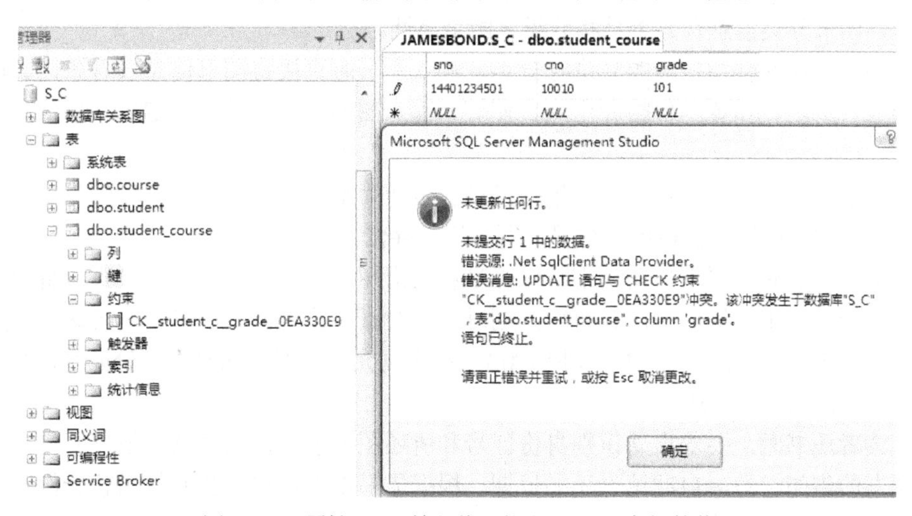

图 10.14　属性 grade 输入值只能取 0～100 之间的值

10.2 实验 8：数据库设计综合练习

10.2.1 实验目的和要求

（1）系统需求分析：仔细查看选定系统的功能要求，结合实际情况，通过小组内部讨论和查找资料来进一步细化需求，画出该系统主要的数据流图。

（2）概念结构设计：根据需求分析的结果，找出系统中需要的实体集、属性和联系的类型，画出系统的初步 E-R 图，确定该系统的概念数据模型。

（3）逻辑结构设计：根据概念结构设计的结果，按转换规则将其转换为一组关系模式，并应用规范化理论对这组关系模式进行优化。分析关系模式中每个属性的含义，选择合理的数据类型，标出每个关系模式的主键码；分析表之间的关系，标出关系模式的外键码。

（4）数据库物理设计：根据逻辑结构设计的结果，创建名为 Library 的数据库和该数据库所需要的所有数据库表。

（5）数据库应用系统实施：根据数据库结构设计结果开展数据库行为设计，主要包括功能模块设计和数据库事务设计（含完整性约束、触发器、存储过程和视图等）。

（6）要求学生在每次实验前，根据实验目的和要求设计出本次实验的具体步骤；在实验过程中，要求独立进行程序调试和排错，学会使用在线帮助和运用理论知识来分析及解决实验中遇到的问题，并记录实验的过程和结果；上机实验结束后，根据实验模板的要求写出实验报告，并对实验过程进行分析和总结。

10.2.2 实验内容与过程记录

1．系统需求分析

某图书管理系统的主要功能包括图书管理、读者管理、借还管理和系统管理等，其具体的需求分析如下：

（1）所有图书均按分类号进行分类，一个分类号可包含许多图书，而一本图书只属于一个分类号，图书分类信息有分类号和分类名两个属性。

（2）图书存储文件均按分类号进行分类，购入新书时直接将图书信息（含条码、国际书号、分类号、书名、作者、价格和出版日期等）写入图书存储文件（规定每本书信息为一个记录）。

（3）对于初次借书的读者，系统根据身份证号作为唯一标识，并将读者信息（含身份证号、姓名、单位、地址、已借图书数量）写入读者存储文件。

（4）读者借书时，要求自动识别身份证号和所借图书条码，系统首先检查该身份证号是否有效，若无效，则拒绝借书；若有效，则进一步检查该读者已借图书是否已达上限（设置读者最多能借 5 本），若已达上限，则拒绝借书；否则允许借书，同时将身份证号、图书条码和借阅日期等信息写入借还书文件中。

（5）读者还书时，要求自动识别身份证号和所还图书条码，系统从借还书文件中读出此人所还图书的借阅记录，自动填上还书日期，根据借书期限计算罚款并将罚款金额写入罚金字段中，最后再写回到借还书文件中。

借书、还书、查询等操作通过图书管理系统处理后可得到借书信息、还书信息、查询信息、拒绝借书、罚款信息等。根据上述需求分析，可画出图书管理系统的主要数据流图，如

图10.15所示。

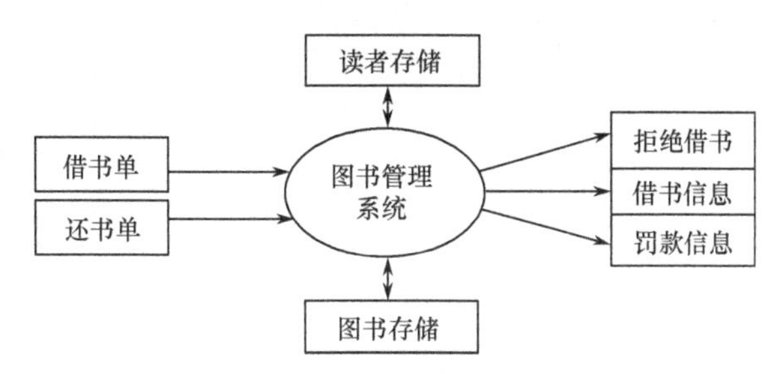

图 10.15　图书管理系统的主要数据流图

2. 概念结构设计

根据需求分析的情况，可画出图书管理系统的 E-R 图，如图 10.16 所示。

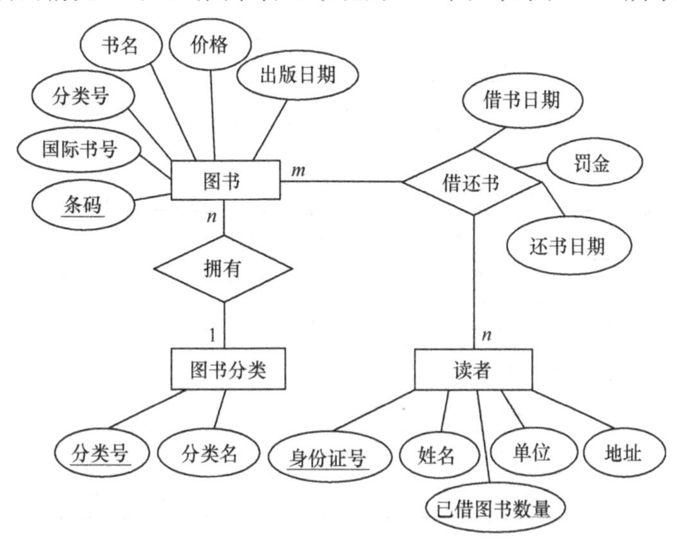

图 10.16　图书管理系统的 E-R 图

3. 逻辑结构设计

（1）将上述 E-R 图转化为一组关系模式，并说明范式等级。

图书分类（<u>分类号</u>，分类名）∈ BCNF

图书（<u>条码</u>、国际书号，分类号，书名，价格，出版日期）∈ BCNF

读者（<u>身份证号</u>，姓名、单位、地址、已借图书数量）∈ BCNF

借还书（<u>条码，身份证号</u>，借书日期，还书日期，罚金）∈ BCNF

（2）将这组关系模式用表格形式表示（见表 10.1～表 10.4），表名和列名均用英文名或拼音缩写表示。

表 10.1　bookclass 图书分类表

列名	数据类型	是否允许为空	完整性要求
classid	varchar(10)	not null	主键码
classname	varchar(50)	not null	

表 10.2　books 图书表

列名	数据类型	是否允许为空	完整性要求
barcode	varchar(20)	not null	主键码
ibookid	varchar(20)	not null	
classid	varchar(10)	not null	外键码
bookname	varchar(50)	not null	
price	money	null	
purchasedate	datetime	null	

表 10.3　readers 读者表

列名	数据类型	是否允许为空	完整性要求
id	char(18)	not null	主键码
name	varchar(20)	not null	
workunit	varchar(50)	null	
address	varchar(50)	null	
borrowednumber	int	not null	在[0,5]之间

表 10.4　L_R 借还书表

<table>
<tr><th>列名</th><th>数据类型</th><th>是否允许为空</th><th colspan="2">完整性要求</th></tr>
<tr><td>barcode</td><td>varchar(20)</td><td>not null</td><td rowspan="2">主键码</td><td>外键码</td></tr>
<tr><td>id</td><td>char(18)</td><td>not null</td><td>外键码</td></tr>
<tr><td>lenddate</td><td>datetime</td><td>null</td><td colspan="2"></td></tr>
<tr><td>returndate</td><td>datetime</td><td>null</td><td colspan="2"></td></tr>
<tr><td>fine</td><td>money</td><td>null</td><td colspan="2">超 30 天每天罚 0.1 元</td></tr>
</table>

4．数据库物理设计

经过逻辑结构设计后，可以在SQL Server Management Studio中创建Library数据库和图书分类表、图书表、读者表、借还书表，至此数据库结构设计已经完成。

（1）在 SQL Server Management Studio 中，给出创建 Library 数据库的代码（代码运行结果图略）。

```
create database Library
on primary
  (name=Library_data,filename='e:\Library_data.mdf',
size=10mb,maxsize=50mb,filegrowth=20%)
log on
  (name=Library_log,filename='e:\Library_log.ldf',
size=5mb,maxsize=25mb,filegrowth=5mb)
collate chinese_prc_ci_as
go
```

（2）在 SQL Server Management Studio 中，给出创建该数据库所属所有数据库表的代码（代码运行结果图略）。

```
use Library
go
```

```
--创建图书分类表：bookclass
create table bookclass
   (classid varchar(10) not null primary key,
    classname varchar(50) not null)
go
--创建图书表：books
create table books
   (barcode varchar(20) not null primary key,
    ibookid varchar(20) not null,
    classid varchar(10) not null,
    bookname varchar(50) not null,
    price money null,
    purchasedate datetime null,
    constraint classid_fk foreign key(classid) reference
       bookclass(classid))
go
--创建读者表：readers
create table readers
    (id char(18) not null primary key,
    name varchar(20) not null,
    workunit varchar(50) null,
    address varchar(50) null,
    borrowednumber int not null
    check(borrowednumber>=0 and borrowednumber<=5))
go
--创建借还书表：L_R
create table L_R
    (barcode varchar(20) not null,
    id char(18) not null,
    lenddate datetime null,
    returndate datetime null,
    fine money null,
    constraint pk_L_R primary key(barcode,id),
    constraint barcode_fk foreign key(barcode) references books(barcode),
    constraint id_fk foreign key(id) references readers(id))
go
```

5．数据库应用系统实施

经过数据库结构设计以后，下面就要进行数据库行为设计了。数据库应用系统实施要通过功能事务设计来实现。功能事务设计是计算机模拟人进行事务设计的过程，包括输入设计、输出设计和功能设计，一般通过面向对象程序设计语言（如Java、C#、C++）和数据库管理系统（如SQL Server、MySQL、Oracle）一起配合来完成。而数据库行为设计则从数据库管理系统的角度来进行功能事务设计，主要包括以下两个方面。

（1）功能模块设计

经过分析可得到某图书管理系统的功能模块图（其中查询统计功能可归到下面相应的模块中），如图 10.17 所示。

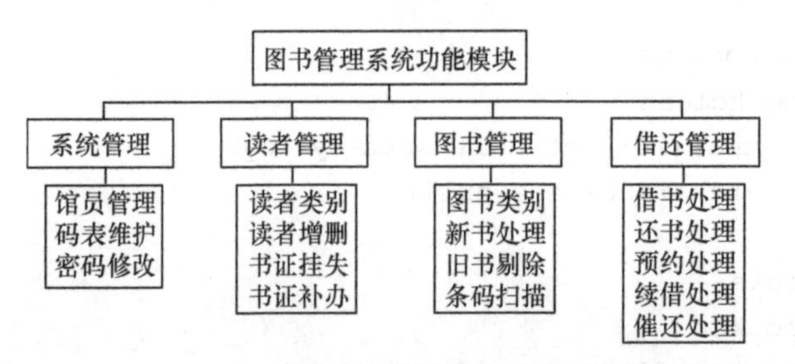

图 10.17　某图书管理系统的功能模块图

（2）数据库事务设计

根据上面功能模块的分析，可以在 SQL Server Management Studio 的 Library 数据库中按需要实现数据的完整性约束，包括标识列、限制、规则、声明性引用完整性，对于复杂操作采用触发器和存储过程；同时为该系统的用户建立需要的视图等（代码运行结果图略）。

① 在 L_R 表中创建插入触发器 L_R_insert，按实验要求进行验证：若读者身份证号没有注册或已借图书数量达 5 本，则拒绝借书；借书成功后，读者表中 borrowednumber 值加 1。

```
create trigger L_R_insert
on L_R
for insert
as
if (select count(*) from inserted, readers
   where inserted.id=readers.id) = 0
      begin
          rollback transaction
          print '此身份证号没有注册，拒绝借书！'
      end
else
   if (select borrowednumber from inserted, readers
      where inserted.id=readers.id) >=5
      begin
          rollback transaction
          print '此读者已借图书已达 5 本，拒绝借书！'
      end
   else
--借书成功后，读者表中 borrowednumber 值加 1
      begin
          update Readers
          set borrowednumber=borrowednumber+1
          from inserted, readers
              where inserted.id=readers.id
      end
```

② 在 L_R 表中创建更新触发器 L_R_update，按实验要求进行验证：若还书超过 30 天期限，则按每天 0.10 元进行罚款，并写入罚款字段 fine 中；还书成功后，读者表中 borrowednumber 值减 1。

```
create trigger L_R _update
on L_R
for update
```

```
    as
    if update(returndate)
        if (select datediff(day,L_R.lenddate,inserted.returndate)
            from inserted, L_R
            where L_R.barcode=inserted.barcode and L_R.id=inserted.id)>30
--还书超过 30 天期限，则按每天 0.10 元进行罚款，并写入罚款字段 fine 中
            Begin
                update L_R
                set
fine=(datediff(day,L_R.lenddate,inserted.returndate)-30)*0.10
                from inserted, L_R
                where L_R.barcode=inserted.barcode and L_R.id=inserted.id
            end
--还书成功后，读者表中 borrowednumber 值减 1
    update Readers
    set borrowednumber=borrowednumber-1
    from inserted, readers
    where inserted.id=readers.id
```

③ 创建一个当前已借图书数量达 5 本的读者视图 borrowednumber5(id,name)。

```
Create view borrowednumber5(id,name)
As select id,name
    From readers
    Where borrowednumber=5
```

④ 创建一个当前已借图书数量为 0 本的读者视图 borrowednumber0(id,name)。

```
Create view borrowednumber0(id,name)
As select id,name
   From readers
   Where borrowednumber=0
```

⑤ 创建一个借书超期有罚金的读者信息、图书信息和罚款信息的视图 readers_books_fine(id,name,barcode,bookname,fine)。

```
Create view readers_books_fine(id,name,barcode,bookname,fine)
As select readers.id,name,books.barcode,bookname,fine
  From books,L_R,readers
  Where books.barcode=L_R.barcode and readers.id= L_R.id
      and fine is not null
```

⑥ 创建一个已出借图书信息的视图 borrowedbooks(ibookid,bookname)。

```
Create view borrowedbooks (ibookid,bookname)
As select ibookid,bookname
   From books,L_R
   Where books.barcode=L_R.barcode and returndate is null
```

小　　结

本章主要介绍了 SQL Server 安全性和完整性、数据库设计综合练习这两个实验，要求掌握 SQL Server 安全性和完整性、掌握数据库结构设计和行为设计的方法。

在本章学习中，要求读者结合实验多加以练习和实践，学会独立进行程序调试和排错，学会使用在线帮助和运用理论知识来分析及解决实验中遇到的问题，并记录实验的过程和结果。

习　题

10.1　根据 10.1 节的内容，请指导教师编写实验 7 模板，让学生实践并完成。

10.2　根据 10.2 节的内容，请指导教师编写实验 8 模板，让学生实践并完成。

附录A “数据库理论与技术”课程教学大纲

课程代码：01151250
课程名称：数据库理论与技术（Theory and Technology of Database）
开课学期：4
学分/学时：2.5/48
课程类别：专业限制选修课程
适用专业：计算机科学与技术专业
先修课程：程序设计Ⅰ，程序设计Ⅱ，离散结构
后修课程：软件工程

一、教学目标

通过本课程的理论学习和实践，全面掌握数据库的基本理论和相关技术，为解决计算机科学与技术专业相关复杂工程中数据库有关问题打下扎实的基础，使学生具备以下能力：

目标1：能够综合运用数据库理论知识分析和求解计算机专业领域复杂工程问题的数据模型。（毕业要求指标点1.3）

目标2：具备运用数据库理论知识对数据库模式设计问题的分析结果进行归纳和总结的能力。（毕业要求指标点2.3）

目标3：能够运用数据库理论知识分析和设计数据模型，为计算机应用系统设计问题提供解决方案。（毕业要求指标点4.1）

目标4：能够针对具体的对象，选用满足特定需求的数据库现代工具，模拟和预测专业问题，具备数据库管理系统的使用、管理和维护能力。（毕业要求指标点5.3）

1. 教学目标对指标点的支撑矩阵

序号	毕业要求指标点	教学目标
1	1.3 模型求解能力 能应用数学方法对模型求解，并应用工程知识对计算机专业领域复杂工程问题的解决途径进行比较与综合，能求解具体对象的数学模型	目标1
2	2.3 结论获取能力 能运用基本原理对复杂工程问题的分析结果进行归纳、总结，借助文献研究，分析过程的影响因素，获得有效结论	目标2
3	4.1 方案分析能力 能够基于科学原理，通过文献研究或相关方法，调研和分析复杂计算机应用系统设计问题的解决方案	目标3
4	5.3 模拟和预测能力 能够针对具体的对象，开发或选用满足特定需求的现代工具，模拟和预测专业问题，并能够分析其局限性	目标4

2. 教学活动对教学目标的支撑矩阵

教学活动	课堂讲授	分组实验	评价依据
目标 1	√		作业/测验/考试
目标 2	√		作业/测验/考试
目标 3	√		作业/测验/考试
目标 4	√	√	实验/测验/考试

二、教学内容

一级知识点	二级知识点	目标				支撑说明	达成途径	学时
		目标1	目标2	目标3	目标4			
数据库系统基础	数据库系统概述	√				掌握运用关系代数来分析、表达数据库的查询，支撑目标 1	作业/测验/考试	6
	关系数据模型▲							
数据库建模	E-R 图的设计与约束建模★▲			√		能够运用 E-R 图分析和构建数据库应用系统的概念数据模型，支撑目标 3	作业/测验/考试	3
关系数据库模式设计	关系模式的存储异常和数据依赖		√			能够运用函数依赖和关系规范化理论对设计的关系模式进行分析、总结和评价，并获得有效结论，支撑目标 2	作业/测验/考试	6
	函数依赖的概念★▲							
	函数依赖的规则▲							
	关系的规范化★							
	模式分解的优劣▲							
关系数据库系统设计	数据库设计概述			√		能够运用数据库基本理论和技术对数据库应用系统进行相应的分析和设计，支撑目标 3	作业/测验/考试	6
	需求分析▲							
	概念结构设计★▲							
	逻辑结构设计★							
	数据库物理设计							
	数据库应用系统的实施与调优							
SQL 语言	SQL Server 的数据库				√	能使用 SQL Server 软件对数据库中的复杂问题进行模拟和预测，具备数据库管理系统的使用、管理和维护能力，支撑目标 4	实验/测验/考试	11
	SQL Server 的数据表★							
	SQL Server 的数据更新★							
	SQL Server 的数据查询★							
	SQL Server 的视图							
	SQL Server 的函数							

续表

一级知识点	二级知识点	目标				支撑说明	达成途径	学时
		目标1	目标2	目标3	目标4			
	SQL Server 的流程控制语言*							
	SQL Server 的游标*							
	SQL Server 的存储过程和触发器▲							
	SQL Server 的数据库保护（安全性、完整性★、恢复技术、并发控制）							
合计								32

注：★表示重点内容，▲表示难点内容，*表示选讲或自学内容。

三、教学方式与考核方法

1. 教学环节要求

本课程完整的教学过程包括：理论教学、课后作业、实践训练 3 部分。

理论教学采用课堂讲解方式，以课后作业形式完成知识点的练习；实践训练将紧密配合理论教学内容，在规定时间内完成实验，并以实验报告形式提交实践的结果。

2. 教学方式

线下以课堂讲授为主，辅以多媒体课件；线上以慕课教学为主，辅以短视频、直播、问答、作业、测验等形式，本课程的慕课平台上有丰富的教学资源。

3. 考核方式

本课程考核由平时成绩、期末考试组合而成，成绩采用百分计分制。各部分所占比例如下：

平时成绩占 50%，其中作业占 10%、实验占 20%、单元测验占 20%，平时作业和实验评价指标见下表。平时成绩支持教学目标 1、2、3、4。

期末成绩占50%，采用闭卷考试方式，考核学生对所学知识点的掌握程度。期末成绩支持教学目标 1、2、3、4。

教学目标	毕业要求指标点	考核方式					总贡献度
		平时贡献度（50%）				期末贡献度（50%）	
		作业	实验	测验	小计		
目标 1	指标点 1.3	4%	0	6%	10%	15%	25%
目标 2	指标点 2.3	2%	0	4%	6%	10%	16%
目标 3	指标点 4.1	4%	0	4%	8%	10%	18%
目标 4	指标点 5.3	0	20%	6%	26%	15%	41%
小计		10%	20%	20%	50%	50%	100%

“数据库理论与技术”课程作业和实验成绩评价指标

评价	评分说明及方法	权重
1、平时作业	作业布置时要求关注知识点的练习，作业练习时则要求学生认真、独立、按时完成老师布置的作业。 A（95 分）：所有题目答题正确（基本没有错误）； B（85 分）：80%以上题目答题正确； C（75 分）：70%以上题目答题正确； D（65 分）：50%以上题目答题正确； E（55 分）：50%以下题目答题正确； F（0 分）：未上交作业。	占总分数 10%
2、实验	要求学生能根据计算机专业领域复杂工程问题选择恰当的算法和技术来完成数据库的实验，具备数据库管理系统的使用、管理和维护能力。 实验分为 8 次考核，评分标准分 A（95 分）、B（85 分）、C（75 分）、D（65 分）、E（55 分）和 F（0 分）6 个等级，具体评分标准见每次实验报告中的评分标准。	占总分数 20%

四、实践教学

实践环节教学安排如下表。

序号	实践名称	目标				支撑说明	达成途径	学时
		目标1	目标2	目标3	目标4			
实践 1	SQL Server 及样本数据库的安装				√	具备使用、管理和维护 SQL Server 软件的能力，支撑目标 4	实验报告	2
实践 2	SQL Server 的数据定义和更新				√	能使用 SQL Server 软件对数据定义和更新问题进行模拟和预测，支撑目标 4	实验报告	2
实践 3	SQL Server 的数据查询				√	能使用 SQL Server 软件对数据查询问题进行模拟和预测，并能够分析其局限性，支撑目标 4	实验报告	2
实践 4	SQL Server 的视图和函数				√	能使用 SQL Server 软件对视图和函数进行创建，支撑目标 4	实验报告	2
实践 5	SQL Server 的综合练习				√	能使用 SQL Server 软件对数据库中的复杂问题进行模拟和预测，支撑目标 4	实验报告	2
实践 6	SQL Server 的存储过程和触发器				√	能使用 SQL Server 软件对存储过程和触发器进行创建，支撑目标 4。	实验报告	2
实践 7	SQL Server 的安全性和完整性				√	能使用 SQL Server 软件对数据安全性和完整性问题进行模拟和预测，支撑目标 4	实验报告	2
实践 8	数据库设计的综合练习				√	能使用 SQL Server 软件对数据库中的复杂问题进行模拟和预测，支撑目标 4	实验报告	2
合计								16

实践 1

活动名称：SQL Server 及样本数据库的安装	时间安排：2 学时
活动内容与目标： 1、了解 SQL Server 的安装环境（包括硬件需求和软件需求），掌握 SQL Server 的安装过程。 2、了解 SQL Server 的管理工具（包括服务器的配置、注册、连接、启动、关闭和常用工具等），掌握 SQL Server 的对象资源管理器和查询分析器的使用方法。 3、了解 SQL Server Management Studio 登录时的身份验证，掌握 SQL Server 联机丛书的使用方法，掌握 SQL Server 数据库的附加和分离。 4、要求学生在每次实验前，根据实验目的和内容设计出本次实验的具体步骤；在实验过程中，要求独立进行程序调试和排错，学会使用在线帮助和运用理论知识来分析及解决实验中遇到的问题，并记录实验的过程和结果；上机实验结束后，根据实验模板的要求写出实验报告，并对实验过程进行分析和总结。	
考核形式与要求： 考核形式：实验报告 要　　求：在实验过程中，要求学生独立进行程序调试和排错，学会使用在线帮助和运用理论知识来分析及解决实验中遇到的问题，并记录实验的过程和结果；上机实验结束后，根据实验模板的要求写出实验报告，并对实验过程进行分析和总结。	
评分标准： A（95 分）：完全掌握 SQL Server 的安装过程，熟悉 SQL Server 对象资源管理器和查询分析器的界面和使用方法，并能通过 SQL Server 帮助来查询“SELECT 语句”的语法，掌握用户数据库的附加和分离方法。能够灵活使用数据库现代工具。 B（85 分）：掌握 SQL Server 的安装过程，熟悉 SQL Server 对象资源管理器和查询分析器的界面和使用方法，并能通过 SQL Server 帮助来查询“SELECT 语句”的语法，掌握用户数据库的附加和分离方法。能够使用数据库现代工具。 C（75 分）：基本掌握 SQL Server 的安装过程，基本熟悉 SQL Server 对象资源管理器和查询分析器的界面和使用方法，并基本能通过 SQL Server 帮助来查询“SELECT 语句”的语法，基本掌握用户数据库的附加和分离方法。基本会使用数据库现代工具。 D（65 分）：掌握部分 SQL Server 的安装过程，熟悉部分 SQL Server 对象资源管理器和查询分析器的界面和使用方法，并能通过 SQL Server 帮助来查询“SELECT 语句”的语法，掌握用户数据库的附加和分离方法。能够简单使用数据库现代工具。 E（55 分）：没有掌握 SQL Server 的安装过程，不熟悉 SQL Server 对象资源管理器和查询分析器的界面和使用方法，并不能通过 SQL Server 帮助来查询“SELECT 语句”的语法，没有掌握用户数据库的附加和分离方法。不会使用数据库现代工具。 F（0 分）：没有参与实验。	

实践 2

活动名称：SQL Server 的数据定义和更新	时间安排：2 学时
活动内容与目标： 1、通过对 SQL Server 的使用，加深对数据库、表、用户定义数据类型、索引等数据库对象和常用系统存储过程的理解。 2、理解数据定义语句 Create Database、Create Table 的格式和功能，掌握这些语句的使用方法。 3、理解数据更新语句 Insert、Update、Delete 的格式和功能，掌握这些语句的使用方法。	
考核形式与要求： 考核形式：实验报告 要　　求：要求学生在实验前，根据实验目的和内容设计出本次实验的具体步骤；在实验过程中，要求独立进行程序调试和排错，学会使用在线帮助和运用理论知识来分析及解决实验中遇到的问题，并记录实验的过程和结果；上机实验结束后，根据实验模板的要求写出实验报告，并对实验过程进行分析和总结。	
评分标准： A（95 分）：完全掌握数据定义语言语句和数据更新语句的格式、功能和使用方法，能够灵活使用数据库现代工具对复杂问题进行模拟与预测。 B（85 分）：掌握数据定义语言语句和数据更新语句的格式、功能和使用方法，能够使用数据库现代工具对复杂问题进行模拟与预测。 C（75 分）：基本掌握数据定义语言语句和数据更新语句的格式、功能和使用方法，基本能够使用数据库现代工具对复杂问题进行模拟与预测。 D（65 分）：掌握部分数据定义语言语句和数据更新语句的格式、功能和使用方法，较能够使用数据库现代工具对复杂问题进行模拟与预测。 E（55 分）：没有掌握数据定义语言语句和数据更新语句的格式、功能和使用方法，不能够使用数据库现代工具对复杂问题进行模拟与预测。 F（0 分）：没有参与实验。	

实践 3

活动名称：SQL Server 的数据查询	时间安排：2 学时
活动内容与目标： 1、理解数据操纵语言 Select 语句的语法和含义，掌握 Where 后查询选择的条件和 Having 后分组查询条件的区别。 2、深入理解数据基本查询、数据分组查询、多表连接查询和数据子查询（嵌套子查询、相关子查询）的执行过程和注意事项，掌握它们的使用方法。	
考核形式与要求： 考核形式：实验报告 要　　求：要求学生在每次实验前，根据实验目的和内容设计出本次实验的具体步骤；在实验过程中，要求独立进行程序调试和排错，学会使用在线帮助和运用理论知识来分析及解决实验中遇到的问题，并记录实验的过程和结果；上机实验结束后，根据实验模板的要求写出实验报告，并对实验过程进行分析和总结。	
评分标准： A（95 分）：完全掌握数据查询语句 Select 的语法、功能和使用，能够灵活使用数据库现代工具对计算机复杂问题进行模拟与预测。 B（85 分）：掌握数据查询语句 Select 的语法、功能和使用，能够使用数据库现代工具对计算机复杂问题进行模拟与预测。 C（75 分）：基本掌握数据查询语句 Select 的语法、功能和使用，基本能够使用数据库现代工具对计算机复杂问题进行模拟与预测。 D（65 分）：掌握部分数据查询语句 Select 的语法、功能和使用，初步能够使用数据库现代工具对计算机复杂问题进行模拟与预测。 E（55 分）：没有掌握数据查询语句 Select 的语法、功能和使用，不能够使用数据库现代工具对计算机复杂问题进行模拟与预测。 F（0 分）：没有参与实验。	

实践 4

活动名称： SQL Server 的视图和函数	时间安排：2 学时
活动内容与目标： 1、理解创建视图 Create view 语句的语句格式和功能，掌握视图创建 3 个选项的含义。 2、理解创建视图时的注意点，掌握视图的使用方法。 3、理解常用内置函数的使用方法，掌握用户定义函数的使用方法。	
考核形式与要求： 考核形式：实验报告 要　　求：要求学生在每次实验前，根据实验目的和内容设计出本次实验的具体步骤；在实验过程中，要求独立进行程序调试和排错，学会使用在线帮助和运用理论知识来分析及解决实验中遇到的问题，并记录实验的过程和结果；上机实验结束后，根据实验模板的要求写出实验报告，并对实验过程进行分析和总结。	
评分标准： A（95 分）：完全掌握创建视图语句和函数的语句格式、功能和使用，能够灵活使用数据库现代工具对计算机复杂问题进行模拟与预测。 B（85 分）：掌握创建视图语句和函数的语句格式、功能和使用，能够使用数据库现代工具对计算机复杂问题进行模拟与预测。 C（75 分）：基本掌握创建视图语句和函数的语句格式、功能和使用，基本能够使用数据库现代工具对计算机复杂问题进行模拟与预测。 D（65 分）：掌握部分创建视图语句和函数的语句格式、功能和使用，初步能够使用数据库现代工具对计算机复杂问题进行模拟与预测。 E（55 分）：没有掌握创建视图语句和函数的语句格式、功能和使用，不能够使用数据库现代工具对计算机复杂问题进行模拟与预测。 F（0 分）：没有参与实验。	

实践 5

活动名称：SQL Server 的综合练习	时间安排：2 学时
活动内容与目标： 1、巩固并掌握数据定义语言的使用，正确认识创建数据库和数据表语句的作用，进一步理解数据类型和各类约束对实现数据完整性的重要性。 2、巩固并掌握数据操纵语言的使用，正确认识数据查询和数据更新语句的作用，熟练掌握数据查询语句的使用。 3、巩固并掌握创建视图语句的格式和功能，理解视图创建 3 个选项的含义，熟练掌握视图的一般应用。	
考核形式与要求： 考核形式：实验报告 要　　求：要求学生在每次实验前，根据实验目的和内容设计出本次实验的具体步骤；在实验过程中，要求独立进行程序调试和排错，学会使用在线帮助和运用理论知识来分析及解决实验中遇到的问题，并记录实验的过程和结果；上机实验结束后，根据实验模板的要求写出实验报告，并对实验过程进行分析和总结。	
评分标准： A（95 分）：能够灵活使用数据库现代工具，利用创建数据库和数据表、数据操纵语句、视图、函数和数据完整性等对计算机复杂问题进行模拟与预测。 B（85 分）：能够使用数据库现代工具，利用创建数据库和数据表、数据操纵语句、视图、函数和数据完整性等对计算机复杂问题进行模拟与预测。 C（75 分）：基本能够使用数据库现代工具，利用创建数据库和数据表、数据操纵语句、视图、函数和数据完整性等对计算机复杂问题进行模拟与预测。 D（65 分）：初步能够使用数据库现代工具，利用创建数据库和数据表、数据操纵语句、视图、函数和数据完整性等对计算机复杂问题进行模拟与预测。 E（55 分）：不能够使用数据库现代工具，利用创建数据库和数据表、数据操纵语句、视图、函数和数据完整性等对计算机复杂问题进行模拟与预测。 F（0 分）：没有参与实验。	

实践 6

活动名称：SQL Server 的存储过程和触发器	时间安排：2 学时
活动内容与目标： 1、理解流程控制语言和游标，能读懂或编写基于流程控制语言的程序。 2、理解存储过程的概念和语句格式，掌握存储过程的用法。 3、理解触发器的概念和语句格式，掌握触发器的用法。	
考核形式与要求： 考核形式：实验报告 要　　求：要求学生在每次实验前，根据实验目的和内容设计出本次实验的具体步骤；在实验过程中，要求独立进行程序调试和排错，学会使用在线帮助和运用理论知识来分析及解决实验中遇到的问题，并记录实验的过程和结果；上机实验结束后，根据实验模板的要求写出实验报告，并对实验过程进行分析和总结。	
评分标准： A（95 分）：完全掌握流程控制语言、游标、存储过程和触发器的语句格式、功能和用法，能够灵活使用数据库现代工具对计算机复杂问题进行模拟与预测。 B（85 分）：掌握流程控制语言、游标和存储过程和触发器的语句格式、功能和用法，能够使用数据库现代工具对计算机复杂问题进行模拟与预测。 C（75 分）：基本掌握流程控制语言、游标、存储过程和触发器的语句格式、功能和用法，基本能够使用数据库现代工具对计算机复杂问题进行模拟与预测。 D（65 分）：掌握部分流程控制语言、游标、存储过程和触发器的语句格式、功能和用法，能够使用数据库现代工具对部分计算机复杂问题进行模拟与预测。 E（55 分）：没有掌握流程控制语言、游标、存储过程和触发器的语句格式、功能和用法，不能够使用数据库现代工具对计算机复杂问题进行模拟与预测。 F（0 分）：没有参与实验。	

实践 7

<table>
<tr><th>活动名称： SQL Server 的安全性和完整性</th><th>时间安排：2 学时</th></tr>
<tr><td colspan="2">活动内容与目标：
1、理解数据库安全性的内容，掌握使用 SQL Server 系统的视图技术和许可子系统来实现数据库的安全性。
2、理解数据库完整性的内容，掌握使用 SQL Server 系统的标识列、限制、规则、声明性引用完整性和触发器实现数据库的完整性。</td></tr>
<tr><td colspan="2">考核形式与要求：
考核形式：实验报告
要　　求：要求学生在每次实验前，根据实验目的和内容设计出本次实验的具体步骤；在实验过程中，要求独立进行程序调试和排错，学会使用在线帮助和运用理论知识来分析及解决实验中遇到的问题，并记录实验的过程和结果；上机实验结束后，根据实验模板的要求写出实验报告，并对实验过程进行分析和总结。</td></tr>
<tr><td colspan="2">评分标准：
A（95 分）：完全掌握 SQL Server 系统的视图技术和许可子系统，能够灵活使用数据库现代工具来实现数据库的安全性。
B（85 分）：掌握 SQL Server 系统的视图技术和许可子系统，能够使用数据库现代工具来实现数据库的安全性。
C（75 分）：基本掌握 SQL Server 系统的视图技术和许可子系统，基本能够使用数据库现代工具来实现数据库的安全性。
D（65 分）：部分掌握 SQL Server 系统的视图技术和许可子系统，初步能够使用数据库现代工具来实现数据库的安全性。
E（55 分）：没有掌握 SQL Server 系统的视图技术和许可子系统，不能够使用数据库现代工具来实现数据库的安全性。
F（0 分）：没有参与实验。</td></tr>
</table>

实践 8

<table>
<tr><th>活动名称：数据库设计的综合练习</th><th>时间安排：2 学时</th></tr>
<tr><td colspan="2">活动内容与目标：
1、系统需求分析：仔细查看选定系统的功能要求，结合实际情况，通过小组内部讨论和查找资料来进一步细化需求，画出该系统主要的数据流图。
2、概念结构设计：根据需求分析的结果，找出系统中需要的实体、属性和联系的类型，画出局部和整体的 E-R 图，确定该系统的概念结构模型。
3、逻辑结构设计：根据概念结构设计的结果，按转换规则将其转换为一组关系模型，并应用规范化理论对此关系数据库模型进行优化。分析关系模式中每个属性的含义，选择合理的数据类型，标识出每个关系模式的主键码；分析表之间的关系，标识出关系模式的外键码。
4、数据库物理设计：根据逻辑结构设计的结果，准备创建名为 Library 的数据库，画出该数据库所需要的所有数据库表。
5、数据库实现：在 SQL Server Management Studio 中，给出创建 Library 数据库的代码和截图，给出创建该数据库所属所有数据库表的代码和截图，并要求实现数据的完整性约束，同时为该系统的用户建立需要的视图。</td></tr>
<tr><td colspan="2">考核形式与要求：
考核形式：实验报告
要　　求：要求学生在每次实验前，根据实验目的和内容设计出本次实验的具体步骤；在实验过程中，要求独立进行程序调试和排错，学会使用在线帮助和运用理论知识来分析及解决实验中遇到的问题，并记录实验的过程和结果；上机实验结束后，根据实验模板的要求写出实验报告，并对实验过程进行分析和总结。</td></tr>
<tr><td colspan="2">评分标准：
A（95 分）：完全掌握关系数据库系统设计，能够灵活应用关系数据库系统分析和设计计算机数据库的复杂工程问题，并获得有效数据库相关结论的能力。
B（85 分）：掌握关系数据库系统设计，能够应用关系数据库系统分析和设计计算机数据库的复杂工程问题，并获得有效数据库相关结论的能力。
C（75 分）：基本掌握关系数据库系统设计，基本能够应用关系数据库系统分析和设计计算机数据库的复杂工程问题，并获得有效数据库相关结论的能力。
D（65 分）：部分掌握关系数据库系统设计，初步能够应用关系数据库系统分析和设计计算机数据库的复杂工程问题，并获得有效数据库相关结论的能力。
E（55 分）：没有掌握关系数据库系统设计，不能够应用关系数据库系统分析和设计计算机数据库的复杂工程问题，并获得有效数据库相关结论的能力。
F（0 分）：没有参与实验。</td></tr>
</table>

五、持续改进

本课程根据学生课后作业、单元测验、实践训练等环节及学生、教学督导等反馈，及时对教学中存在的问题进行改进，并在下一轮课程教学中加以改进和提高，确保相应毕业要求指标点达成。

六、推荐参考书及资料

1．教材

范剑波，刘良旭.数据库技术与设计.西安：西安电子科技大学出版社，2016.

2．推荐参考书及资料

- Abraham Silberschatz，Henry F.Korth，S.Sudarshan. 数据库系统概念. 北京：机械工业出版社，2012.
- Itzik Ben-Gan. SQL Server 2012 T-SQL 基础教程.北京：人民邮电出版社，2013.
- 明日科技. 软件开发视频大讲堂：SQL Server 从入门到精通.北京：清华大学出版社，2012.
- 柳玲，徐玲，王志平，王成良 .数据库技术及应用实验与课程设计教程.北京：清华大学出版社，2015.
- 王珊，萨师煊. 数据库系统概论. 第五版.北京：高等教育出版社，2014.

附录B “数据库理论与技术”课程模拟试题及参考答案

题　号	一	二	三	四	五	六	七	总分	复核人
应得分	30	20	20	30				100	
实得分									
评卷人									

本试卷适用班级：

一、关系代数题（每小题5分，共30分）

设某商业集团为仓库存储商品设计了3个基本表：S(sno,sname,saddr)，其中S表示仓库表，3个属性分别表示仓库号、仓库名称和仓库地址；SG(sno,gno,quantity)，其中SG表示存储表，3个属性分别表示仓库号、商品号和数量；G(gno,gname,price)，其中G表示商品表，3个属性分别表示商品号、商品名称和单价。**请用关系代数表达式完成下列操作。**

1．检索商品号为'G341'商品的商品名称和单价。

$$\pi_{gname,price}(\sigma_{gno='G341'}(G))$$

2．检索仓库名称为'镇海'仓库存储的商品信息，包括商品号和商品名称。

$$\pi_{gno,gname}（\sigma_{sname='镇海'}（S）\bowtie SG \bowtie G）$$

3．将SG表中'S3'号仓库存储的'G18'号商品的数量修改为100。

$$(SG-\{('S3', 'G18',?)\})\cup\{('S3', 'G18',100)\}$$

4．检索'G667'号商品存储的信息，包括商品号、商品名称、存储的仓库名称和数量。

$$\pi_{gno,gname,sname,quantity}(\sigma_{gno='G667'}(G) \bowtie SG \bowtie S）$$

5．检索存储至少2种商品的仓库号。

$$\pi_{sno}(\sigma_{1=4\wedge 2\neq 5}(SG\times SG))$$

6．检索存储'G27'号商品且存储数量大于80的仓库号和仓库名。

$$\pi_{sno,sname}（\sigma_{gno='G27'\wedge quantity>80}（SG）\bowtie S）$$

二、关系模式设计题（每小题5分，共20分）

设有关系模式$R(A,B,C,D,E)$，$F=\{A\rightarrow B,B\rightarrow C,AD\rightarrow E\}$，要求：

7．通过闭包计算求出R的所有键码，并说明此关系模式是第几范式？

（1）单属性：$A^+=ABC$，　$B^+=BC$，　$C^+=C$，　$D^+=D$　$E^+=E$

（2）双属性：$AB^+=ABC$，　$AC^+=ABC$　$AD^+=ABCDE$，　$AE^+=ABCE$，　$BC^+=BC$，
$BD^+=BCD$，　$BE^+=BCE$，　$CD^+=CD$，　$CE^+=CE$，　$DE^+=DE$

（3）三属性：$ABC^+=ABC$，　$ABD^+=ABCD$，　$ABE^+=ABCE$，　$ACD^+=ABCDE$，
$ACE^+=ABCE$，$ADE^+=ABCDE$，$BCD^+=BCD$，　$BCE^+=BCE$，
$BDE^+=BCDE$，$CDE^+=CDE$

（4）四属性：$ABCD^+=ABCDE$，$ABCE^+=ABCE$，$ACDE^+=ABCDE$， $ABDE^+=ABCDE$，$BCDE^+=BCDE$

（5）五属性：$ABCDE^+=ABCDE$

键码为 AD。由于存在非主属性对键码的部分依赖，所以是第一范式。

8．若 R 分解为 $R_1(A,B,C)$和 $R_2(A,D,E)$，则分解是否保持函数依赖？并给出证明。

答：保持函数依赖。

因为 $R_1(A,B,C)$的函数依赖集 $F_1=\{A\to B,B\to C\}$，$R_2(A,D,E)$的函数依赖集 $F_2=\{AD\to E\}$，$F_1\cup F_2=F$，故保持函数依赖。

9．指出 $R_1(A,B,C)$和 $R_2(A,D,E)$的最高范式等级，并给出证明。

答：$R_1(A,B,C)$的最高范式等级是第二范式，因为不存在非主属性对键码的部分依赖，但存在非主属性对键码传递函数依赖。

$R_2(A,D,E)$的最高范式等级是 BCNF，因为每个决定因素都包含键码。

10．可否将 $R_1(A,B,C)$分解成若干个 BCNF？请写出分解结果。

答：可以，分解为 $R_{11}(A,B)$，$R_{12}(B,C)$。

三、综合题（每题 10 分，共 20 分）

某工厂（包括厂名和厂长名）需要建立一个管理数据库存储以下信息：

（1）一个工厂内有多个车间，每个车间有车间号、车间主任姓名、地址和电话；

（2）一个车间有多个工人，每个工人有职工号、姓名、年龄、性别和工种；

（3）一个车间生产多种产品，产品有产品号和价格；

（4）一个车间生产多种零件，一种零件也可能为多个车间制造，零件有零件号、重量和价格；

（5）一种产品由多种零件组成，一种零件也可装配出多种产品。

11．根据以上信息画出概念数据模型（E-R 图），并注明实体集的属性、实体集之间联系的类型及实体集的主键（10 分）。

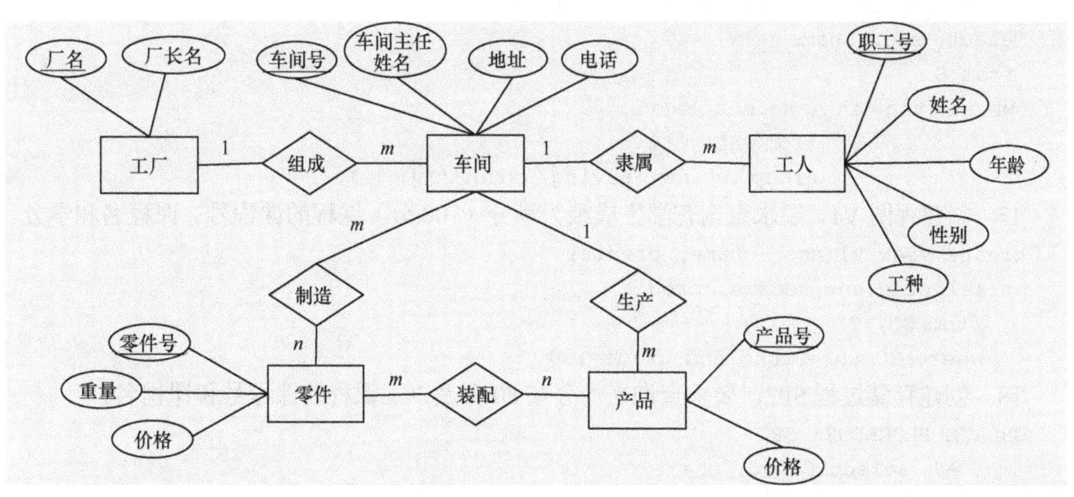

12．根据上面画出的 E-R 图，给出相应的一组关系模式，并写出范式等级（10 分）。

相应关系模式如下：

工厂（<u>厂名</u>、厂长姓名）　　是 BCNF

车间（<u>车间号</u>、车间主任姓名、地址、电话、厂名）　　是 BCNF

工人（<u>职工号</u>、姓名、年龄、性别、工种、车间号）　　　　是 BCNF
产品（<u>产品号</u>、价格、车间号）　　　　是 BCNF
零件（<u>零件号</u>、重量、价格）　　　　是 BCNF
制造（<u>车间号、零件号</u>）　　　　是 BCNF
装配（<u>产品号、零件号</u>）　　　　是 BCNF

四、SQL 操作题（每小题 5 分，共 30 分）

已知 3 个关系模式：S(<u>sno</u>,sname,age,sex,dept)，其中 S 表示学生表，5 个属性分别表示学号、姓名、年龄、性别和系名；C(<u>cno</u>,cname,credit,teacher)，其中 C 表示课程表，4 个属性分别表示课程号、课程名、学分和任课教师；SC(<u>sno,cno</u>,grade)，其中 SC 表示学生选课表，3 个属性分别表示学号、课程号和成绩。上述 3 个关系模式中带下画线的字段为主键，**请用 SQL 语言完成以下题目。**

13．检索'计算机系'所有姓'李'的男学生的学号、姓名和年龄。

```
Select sno, sname, age
from  S
where dept='计算机系'and sname like'李%'and sex='男'
```

14．检索'机械系'选修了课程号为'001'的学生信息，包括学号、姓名、课程名和成绩。

```
Select  S.sno, sname, cname, grade
from  S, SC, C
where dept='机械系'and SC.cno= '001'and S.sno=SC.sno and C.cno=SC.cno
```

15．检索每个学生选课的情况，包括学号、姓名、课程名和成绩，并按学号升序、成绩降序排序。

```
select  S.sno, sname, cname, grade
from  S, C, SC
where  S.sno=SC.sno and C.cno=SC.cno
order by  S.sno ASC, grade DESC
```

16．检索只选修了一门课程的学生学号和姓名。

```
Select  sno, sname
 from S
 where  sno  in ( select  sno
                  from  SC
                  group by sno  having  count (*) =1 )
```

17．创建视图 V1，要求查询有学生成绩为满分（100 分）课程的课程号、课程名和学分。

```
create view v1(cno, cname, credit)
as select c.cno, cname, credit
   from SC, C
   where SC.cno=C.cno and grade=100
```

18．创建存储过程 SP2，要求查询平均分在 80 分及以上课程的课程号和课程名。

```
CREATE PROCEDURE SP2
     AS  select C.cno, cname
         from SC,C
         where SC.cno=C.cno
         group by C.cno, cname having avg(grade)>=80
```

参考文献

[1] Fan J B, Liu LX et al. Reform and practice of training engineering professionals in 2C+E computer science. 2011 International Joint Conference of IEEE TrustCom-11/IEEE ICESS-11/FCST-11[C]，2011.

[2] 范剑波，刘良旭.基于2C+E的数据库理论与技术课程的改革与实践.计算机教育[J]，2013.

[3] 范剑波.数据库技术与设计.西安：西安电子科技大学出版社，2016.

[4] 范剑波等.基于OBE的“数据库理论与技术”课程的教学设计与实施效果分析.宁波工程学院学报[J]，2020年6月第二期.

[5] 史加权.数据库系统教程.北京：清华大学出版社，2001.

[6] 萨师煊，王珊.数据库系统概论.3版.北京：高等教育出版社，2000.

[7] 陈懿.数据库系统工程师全真试题精解.北京：冶金工业出版社，2005：208-210，212-214.

[8] 明日科技.软件开发视频大讲堂：SQL Server从入门到精通.北京：清华大学出版社，2012.

举报电话：（010）88254396；（010）88258888

传　　真：（010）88254397

E-mail:　　dbqq@phei.com.cn

通信地址：北京市万寿路 173 信箱

电子工业出版社总编办公室

邮　　编：100036